18675

BIBLIOTHEQUE
DES
PHILOSOPHES
CHIMIQUES.
NOUVELLE EDITION,

Revûë, corrigée & augmentée de plusieurs Philosophes, avec des Figures & des Notes pour faciliter l'intelligence de leur Doctrine,

Par Monsieur J. M. D. R.
TOME II.

A PARIS.
Chez ANDRÉ CAILLEAU, Place de Sor-
bonne, au coin de la ruë des Maçons,
à S. André.

───────────────
M. DCC. XL.
Avec Approbation & Privilége du Roi.

TRAITÉS

CONTENUS

Dans ce second Volume.

I. **M***orien.*

II. *La Tourbe des Philosophes.*

III. *Artephius.*

IV. *Flamel.*

V. *Le Trevisan.*

VI. *Zachaire.*

LA TOURBE
DES PHILOSOPHES,
OU
L'ASSEMBLE'E
DES DISCIPLES
DE PYTHAGORAS,

APPELLE'E LE CODE DE VERITE'.

RISLEUS dit : Je vous dis que notre Maître Pythagoras est le pied des Prophétes, & la tête des Sages, & qu'il a eu tant de Dons de Dieu & de sagesse, que personne après Hermès n'en a eu tant que lui, Il a donc voulu assembler ses Disciples, qui étoient envoyez par toutes les Régions & Provinces, pour traiter de ce précieux Art, afin que leur parole serve de régle à ceux qui viendront après eux. Et il a commandé

Tome II. * A

qu'IXIMEDRUS parlât le prémier, qui étoit de très-bon conseil, lequel dit: Toutes choses ont un commencement & une nature, laquelle d'elle-même est suffisante, sans aide d'autre, pour se multiplier à l'infini, autrement tout seroit perdu & corrompu.

La Tourbe dit: Maître, si tu commences, nous suivrons tes paroles. Et Pythagoras dit: Sçachez, Vous tous, qui cherchez cet Art, que jamais il ne se fait de vraie Teinture, sinon de notre Pierre rouge, parquoi ne perdez pas vos ames ni votre argent, & ne recevez pas de tristesse en vos cœurs, & de ce, je vous assure, & tenez ceci de moi, comme de votre Maître. Que si vous ne changez cette Pierre rouge en blanc, & si ensuite vous ne la faites encore rouge, & ainsi si vous ne faites Teinture de Teinture, vous ne faites rien. Cuisez donc cette Pierre & la rompez & lui ôtez sa noirceur en la cuisant & en la lavant jusqu'à ce qu'elle soit blanche, & puis la redressez comme elle doit.

Arisleus dit: La Clef de cette Oeuvre est l'Art de blanchir. Prenez donc le Corps que je vous ai montré, & que notre Maître vous a dit, & en faites de subtiles Tablettes, & les mettez dans l'Eau de notre Marine, laquelle Eau est permanente, & notre Corps est (1) gouverné d'elle, & puis mettez tout à un feu lent, jusqu'à ce que les Tablettes soient rompues, & réduites en Eau. (2) Mêlez & cuisez continuellement à léger feu, jusqu'à ce qu'il se fasse Bouillon (3) poivreux & le cuisez & tournez en son Eau, jusqu'à ce qu'il soit congelé, & vous fasse varier les yeux comme les fleurs, que nous appellons fleurs de Soleil. Cuisez-le jusqu'à ce qu'il n'y ait rien de noir & que la blancheur apparoisse, & puis le gouvernez & cuisez avec la (4) Gomme de l'Or, & mêlez tout par feu sans y toucher, jusqu'à tant que tout soit fait rouge. Et ayez patience, & ne vous ennuyez point, & l'abbreuvez de son Eau, qui est sortie de lui, laquelle est Eau permanente, jusqu'à ce qu'il soit fait rouge. Celui-ci est l'Airain brûlé, & la Fleur & le Levain de l'Or, lequel vous cuirez avec l'Eau permanente, qui est toujours avec lui, & digérez & cuisez jusqu'à ce qu'il soit desséché. Faites ceci continuellement

---

(1) Gouverneur.
(2) Ce Corps, est l'Or des Philosophes, qui se prépare, comme on peut le voir dans la prémiére des douze Clefs de Philosophie de Basile Valentin : Et l'Eau de *Marine*, est le Mercure Philosophique, dont ceux, qui veulent s'adonner à la Science Hermétique, peuvent prendre connoissance dans la Parabole du Cosmopolite.
(3) Gras.
(4) L'Ame.

jusqu'à ce qu'il n'y ait plus d'humidité, & que tout se fasse une Poudre très-subtile.

PARMENIDES dit : Sçachez que les Envieux ont parlé en maintes maniéres, d'Eaux, de Boüillons, de Pierres & de Métaux, afin de vous tromper, vous qui cherchez cette Science secréte. Laissez tout cela, & faites (1) le blanc rouge. Connoissez & avisez prémiérement ce que c'est que Plomb & Etain l'un après l'autre, & sçachez que si vous ne prenez les Natures, & vous ne conjoigniez les Parens (2) avec leurs proches Parens, & qui sont de même sang, vous ne ferez rien : car les Natures se rencontrent & se poursuivent l'une l'autre, & se pourrissent & s'engendrent : car Nature est gouvernée par Nature qui la détruit, & la réduit en poudre, & la fait devenir à rien : puis la renouvelle & l'engendre souventes fois. Etudiez (3) & lisez afin que vous sçachiez la vérité, & co

---

(1) Le rouge blanc, & le blanc rouge.

(2) Ce sont l'Or & le Mercure. Ils sont l'un & l'autre de même *sang*, parce que l'Or tire son origine du Mercure, comme on peut le voir dans le Chapitre V. du Livre II. de la Somme de Géber.

(3) Parménides, que le Trévisan dit avoir été celui qui l'a retiré de ses erreurs, parle ici du combat qui se fait entre l'Or & le Mercure dans le prémier Régime du second Oeuvre. Flamel en fait la description dans le quatriéme Chapitre de son Livre, sous la figure de deux Dragons, l'un ailé, & l'autre sans ailes.

que c'est qui la pourrit & la renouvelle, & quelles choses ce sont, & comme elles s'entr'aiment, & comment après leur amour, il leur arrive inimitié & corruption, & comment elles s'embrassent ensemble, jusqu'à ce qu'elles soient faites Un. Quand vous connoîtrez ces choses, mettez la main à cet Art; autrement, si vous les ignorez, ne vous approchez point de cette Oeuvre divine, car tout ne sera qu'infortune, désespoir & tristesse pour vous. Regardez donc les paroles des Sages, comme ils ont compris toute l'Oeuvre en ces paroles, en disant, *Nature s'éjoüit en Nature; Nature surmonte Nature, & Nature contient Nature.* En ces paroles est contenuë toute l'Oeuvre, & pour ce laissez tant de choses superfluës, & prenez l'Eau vive & la congelez dans son Corps, & en son Soufre qui ne brûle point, & faites nature blanche, & ainsi tout deviendra blanc. Et si vous cuisez encore plus, il se fait rouge, & l'Eau de Mer devient rouge & de couleur de sang, & c'est signe que Dieu a fait tout son tems, & vient pour glorifier les bons, & c'est le dernier signe de son avénement. Mais auparavant le Soleil perdra sa lumière, (1) & la Lune fera la fonction du Soleil, &

---

(1) Le Soleil des Philosophes, c'est-à-dire l'Or, perd sa lumière dans la dissolution qu'en fait leur Mercure, lorsque l'Artiste les a mis ensemble sur le

puis pareillement auſſi la Lune s'obſcurcira & ſe tournera en ſang, & toute la Mer & toute la Terre ſe fendra, & les Corps qui étoient morts ſe léveront des tombeaux, & ſeront glorifiez, & auront la face glorieuſe & plus reluiſante mille fois que le Soleil. Et le Corps, l'Eſprit & l'Ame ſeront en unité glorifiez, rendant graces à Dieu, de ce qu'après tant de tourmens, peines & autres tribulations, ils ſont venus à tel bien & à telle perfection, que jamais ils ne peuvent être corrompus ni ſéparez. Si vous ne m'entendez, n'étudiez plus, & ne vous en mêlez jamais, car vous êtes hors du nombre des Sages. Je ne ſçaurois parler plus clairement. Si tu ne l'entends la prémiére fois, étudie-le la ſeconde, troiſiéme & quatriéme fois, ou toujours, juſqu'à ce que tu l'entendes; car tout eſt en cette Figure, depuis le commencement juſqu'à la fin, auſſi bien qu'Homme le ſçauroit expoſer. Romps-toi la tête à l'entendre, afin que tu travailles & que tu manges.

Lucas dit: Sçachez que le Corps &

feu dans l'Oeuf Philoſophique; & la Lune, qui eſt ce Mercure, s'obſcurcit à ſon tour, l'un & l'autre devenant comme de la poix noire fonduë pendant le Régime de Saturne. Après quoi ces deux Corps, ou pour mieux dire ce Corps & cet Eſprit, qui ne ſont plus qu'une même Subſtance, par l'union de leurs moindres parties, ſortent comme du tombeau; & prennent une nature nouvelle, plus brillante & plus parfaite que celle qu'ils avoient avant cette union.

l'Esprit s'aident l'un à l'autre; l'Esprit rompt prémiérement le Corps, afin qu'il lui aide par après. Quand le Corps est mort, abreuvez-le de son lait, qui est en lui, & prenez garde que l'Esprit ne s'enfuie; mais tenez-le toujours joint avec son Corps. Et si l'un fuit le feu, & que l'autre le souffre bien, quand ils sont tous deux joints ensemble, tous deux souffrent bien le feu : Et sçachez qu'une partie du Corps en surmonte dix de l'Esprit (1) & le fortifie : Et sçachez que notre Soufre brûle tout, & qu'il se fait lui-même depuis le commencement jusqu'à la fin, en lui aidant selon Nature.

LE VICAIRE dit : Sçachez que sans feu rien n'est engendré, mettez votre Composition en son Vaisseau, & faites feu modéré, tout par tout, & gardez-vous de feu fort & violent; car ils n'auroient point de mouvement l'un à l'autre. Observez que le feu soit lent; car si vous faites le feu plus fort qu'il ne faut, il sera rouge avant son tems. Car prémiérement nous le voulons noir, & puis blanc, & puis rouge : parce que Nature ne travaille que par dégrés & altérations. Je vous ai dit l'Art suffisamment, si vous étes raisonnables; car vous n'avez pas à travailler de plusieurs choses, mais seulement d'une, laquelle s'al-

_____
(1) Voyez sur cet Article les Paraboles du Trévisan | & du Cosmopolite.

tére de dégrés en dégrés jusqu'à sa perfec‑
tion.

PYTHAGORAS dit : Disons autres cho‑
ses qui ne sont pourtant pas autres choses;
mais les noms sont autres & différens. Et
sçachez que la chose que nous entendons,
de laquelle les Philosophes parlent en tant
de maniéres, suit & atteint son Compagnon
sans feu, comme l'Aiman tire le Fer. Et
cette chose, en l'embrassement, fait appa‑
roître plusieurs Couleurs, & est trouvée
par tout; & est Pierre, & n'est pas Pierre,
chére & vile, claire & précieuse, obscure
& connuë d'un chacun, & n'a qu'un nom,
& si en a plusieurs; & c'est le crachat (1) de
la Lune. Fendez donc la Geline noire, (2)
& l'abreuvez de lait, & lui donnez de la
gomme à manger, afin qu'elle se guérisse,
& gardez son sang dedans son ventre, &
la nourrissez tant de lait, qu'elle perde &
muë ses plumes noires, & perde ses aîles
& ne vole plus. Alors vous la verrez belle,
& qu'elle aura les plumes blanches & relui‑

---

(1) Influences Célestes que la Lune reçoit pour les communiquer aux Corps inférieurs.

(2) Pythagore appelle ici Géline noire, ce que d'autres Philosophes nom‑ ment Corbeau, dont il faut couper la tête, c'est-à-dire blanchir le Composé après le Régime de Sa‑ turne, durant lequel le Corps & l'Esprit s'unissant ensemble, sont après leur union, devenus noirs, & ne se subliment plus jus‑ qu'au Régime de Jupiter. Voyez Philaléthe Chapitre XXV. & XXVI.

santes. Lors donnez lui à manger du safran & de la roüille de fer, & puis lui donnez à boire du sang, & la nourrissez ainsi par un long-tems, & puis la laissez aller; car il n'y a venin qui lui puisse nuire & qu'elle ne vainque. Et elle regarde le Soleil fixement sans cligner.

ACSUBOFES dit : Maître tu as dis sans envie ce qu'il appartient de dire; Dieu te récompense.

PYTHAGORAS dit : Et toi Acsubofes, dis ce qu'il t'en semble : Et il dit : Sçachez que Soufre contient Soufre, & une Humidité contient l'autre.

LA TOURBE dit : Est-ce tout ? Tu ne dis rien de nouveau. Et il dit : L'Humidité est un venin, lequel, quand il pénétre le Corps, il le teint d'une couleur invariable. Car quand l'un fuit & l'autre suit; l'un prend l'autre & ne fuient plus, pour ce que Nature a pris son pareil, comme son Ennemi, & se sont entre-tuez. Voici comme vous ferez, & le régime est tel. Confisez-le en Urine d'Enfant, & en Eau de Mer, & en Eau nette permanente (1), avant qu'il soit teint, & le cuisez à petit feu, jusqu'à ce que la noirceur apparoisse : car lors il est certain que le Corps est dissout & pourri : Et puis cuisez-le avec son

---

(1) Ces trois termes signifient la même chose, c'est-à-dire le Mercure des Philosophes.

humeur, jusqu'à ce qu'il véte une Robe rouge, & toujours cuisez plus, jusqu'à ce que vous y voyez la couleur serpentine que vous demandez.

SICTUS dit: Sçachez, tous Investigateurs de l'Art, que le fondement de cet Art, pour lequel tout le monde pense, n'est qu'une chose, que les Sages estiment la plus haute qu'aucune Nature qui soit; mais les Fous la croyent la plus vile de toutes les choses. Vous êtes bien maudits, vous qui êtes fous; je vous jure si les Rois la sçavoient, jamais nul n'y viendroit.

PYTHAGORAS dit: Nomme là: Et il dit: C'est Vinaigre très-aigre (1), qui rend le Corps noir, blanc & rouge, & de toutes couleurs, & convertit le Corps en Esprit. Et sçachez que si vous mettez le Corps sur le feu sans vinaigre, il se brûle & se corrompt, & sçachez que la prémiére humeur est froide. Gardez-vous donc de faire le feu trop fort au commencement, parce qu'il est ennemi de froideur, & si vous le cuisez bien, & lui ôtez sa noirceur, il devient Pierre, ressemblant au Marbre d'extrême blancheur. Et sçachez que toute l'intention & le commencement de l'Oeuvre

---

(1) Dissolvant des Philosophes. Quiconque le connoît, a une parfaite connoissance de la Pierre Philosophale. Le Cosmopolite & l'Auteur de la Lumière sortant des Ténèbres en parlent assez clairement.

est la blancheur, après laquelle vient la rougeur, qui est la perfection de l'Oeuvre. Je vous jure par mon Dieu que j'ai cherché long-tems dans les Livres, afin de parvenir à cette Science, & j'ai prié Dieu qu'il m'enseignât ce que c'étoit : Et quand Dieu m'eut oüi, il me montra une Eau nette, que je connus être pur vinaigre, & après plus je lisois les Livres, plus je les entendois.

SOCRATES dit : Sçachez que notre Oeuvre est faite de Mâle & de Fémelle : Cuisez-les jusqu'au noir, puis jusqu'au blanc : Cuisez tout cent cinquante jours, & je vous dis que pourvû que vous connoissiez les Matiéres qui sont nécessaires en notre Oeuvre, & les Régimes, vous trouverez que ce n'est autre chose de leurs Régimes qu'Oeuvres de Femmes & Jeu d'Enfans. Mais les Philosophes ont dit tant de Régimes, afin de vous faire errer. Mais quoi ? *Entendez tout selon Nature & selon son Régime :* Et me croyez, sans tant chercher. Je ne vous commande que cuire ; cuisez au commencement, cuisez au milieu, cuisez à la fin, & ne faites autre chose ; car Nature se parachévera bien.

ZENON dit : Sçachez que l'Année est divisée en quatre parties (1). L'Hyver est

(1) Zénon parle ici des divers dégrés du feu extérieur, qui donne le mouvement au feu intérieur de

de compléxion froide, pluvieuse & aquatique. Le Printems est un peu chaudelet. Le troisiéme est chaud, à sçavoir l'Eté. Le quatriéme, à sçavoir l'Automne, est fort sec, & l'on y cuëille les fruits, car ils sont mûrs. En cette maniére gouvernez vos Natures & non autrement, sinon ne vous en prenez qu'à vous-mêmes, & non pas à nous.

La Tourbe dit: Tu parles bien, dis encore quelque chose; & il dit, c'est assez.

Platon dit: Notre Gomme (1) baille notre Lait, & notre Lait dissout notre Gomme, & ils croissent dans la Pierre de Paradis, qui est le bois de vie, en laquelle Pierre il y a deux contraires ensemble, à sçavoir Feu & Eau. Celui-ci vivifie celui-là, & celui-ci tuë celui-là, & ces deux étans conjoints, demeurent toujours, dont il y apparoît rougeur orientale & rougeur de sang, & notre Homme est vieux (2), & notre Dragon jeune, qui mange sa tête avec sa queuë, & la tête & la queuë sont Ame & Esprit; & l'Ame & l'Esprit sont créés de lui, & l'un est d'Orient, sçavoir l'Enfant, & le vieux est d'Occident. Le Corbeau volant par l'air & au tems d'Aoust,

---

Soufre des Philosophes. Voyez Artéphius sur la nature des Feux, & Philaléthe dans ses sept Régimes.

(1) Semence de l'Or, ou Soufre des philosophes.

(2) L'Homme vieux, c'est l'Or des Philosophes; & le Dragon jeune, le Mercure Philosophique.

mué sa plume en un creux de Chêne, & il
a la plume jaune, qui lui tombe en mangeant des Serpens, & la tête lui devient
rouge comme pavot. C'est la Fontaine du
torrent; elle court par deux veines (1), &
leur commencement vient d'un canal; l'une
est salée, l'autre est douce. Le Corbeau se
purge, & elle le nettoye, & il dira: Celui
qui m'a nettoyé, me fera rouge; sinon je
le tûrai & m'envolerai. Qui a vû ceci en
peut parler & porter témoignage; & qui
ne l'a vû, ne le peut croire. Éveille la Bête
sauvage (2), mets lui des Oiseaux domestiques auprès d'elle, qui la prennent & l'empêchent de voler, & puis quand elle est
prise, donne aux Oiseaux, pour leur peine,
son foye à manger & son sang à boire, pour

(1) Les deux *Veines* ou *Ruisseaux* de cette Fontaine sont les deux Mercures, que le Trévisan appelle *Mercure double*. L'un est salé, c'est-à-dire, qu'il a en soi une ponticité ou acrimonie, qui lui donne la puissance de dissoudre le Corps de l'Or. L'autre est doux; c'est-à-dire, le Mercure, qui est extrait de cet Or par la Dissolution; lequel, selon le témoignage des Philosophes, a une douceur très-agréable. Ces deux Mercures ont *leur commencement d'un Canal*, parce que l'Or est formé d'un Mercure & d'un Soufre, qui tirent l'un & l'autre leur origine de l'Esprit Univer-sel.

(2) Cette Bête sauvage est l'Or préparé par l'Antimoine, ou pour parler comme Basile Valentin, c'est le Lyon vainqueur du Loup; Et les Oiseaux domestiques, sont les Aigles; c'est-à-dire, les dix parties du Mercure Philosophique contre une de cet Or, qu'on met dans le Vaisseau pour dissoudre ce même Or, le réduire en ses premiers Principes, & en tirer le Soufre Solaire.

les animer après: Et au Cheval que tu montes, fait lui une couverture blanche, & le Cheval est un fort Lyon couvert d'un poil, & dessus l'un & l'autre est un Griffon. Cette chose a trois Angles en sa Sustance, (1) & en a quatre en sa vertu, & en a deux en sa Matiére, & en a une en sa Racine. J'ai passé par plusieurs chemins, & toujours mon Chien près de moi. Il vient un Loup d'Orient & mon Chien & moi d'Occident. Le Loup mordit le Chien, & le Chien mordit le Loup, & tous deux sont devenus enragez, & s'entretuent l'un l'autre, jusqu'à ce que d'eux se fasse un grand Venin, & ensuite une Thériaque. C'est là la Pierre cachée tant aux Hommes qu'aux Démons. Je t'ai exposé ce que chacun avoit célé, & je te l'ai dit. (2)

THEOPHILUS dit: Tu as parlé bien obscurément. Et PLATON dit: Expose ce que j'ai dit. Et il dit: Sçachez, tous Fils de doctrine, que le secret de tout est une couverture ténébreuse, de laquelle les Phi-

---

(1) Cette chose a trois Angles en sa Substance; ce sont les trois Principes, le Sel, le Soufre & le Mercure. Quatre en sa vertu; ce sont les Qualités des quatre Elémens, le Froid, le Chaud, le Sec & l'Humide. Deux en sa Matiére; ce sont les deux Mercures, ou le Mâle & la Femelle. Un en sa Racine; c'est l'Esprit Universel, en qui sont réunies toutes les vertus des Cieux, & duquel ces deux Mercures sont produits.

(2) Cette Enigme se trouve dévelopée dans les Oeuvres de Philaléthe & de Basile-Valentin.

losophes ont tant de fois parlé, & cette veste ou couverture se fait ainsi. Faites de votre Corps Tablettes menuës, & les cuisez avec le venin, deux à sept & deux, c'est tout. Cuisez-le en cette Eau quarante jours, & tirez votre Vaisseau, & vous trouverez le vétement que vous demandez. Lavez-le en le cuisant tant qu'il n'y ait point de noirceur, & le congelez ; car quand il est congelé, c'est un grand Sécret, & il s'en fait une Pierre, qui est appellée *Dasuma*, c'està-dire graisse. Mais prémiérement, après qu'elle est pourrie, jettez un peu de sel blanc pour la sécher, & qu'elle ne puë point, & alors vous trouverez ce que je vous ai dit. Cuisez-la jusqu'à ce qu'elle soit comme une Manne blanche; & puis encore recommencez jusqu'à ce que vous voyez apparoître diverses couleurs.

La Tourbe dit : Tu as très-bien parlé.

Notius dit : Et moi, je veux dire aussi quelque chose. En l'Homme il y a deux digestions ; la prémiére se fait en son estomac, & est blanche : la seconde, se fait dans le foye, & celle-là est rouge. Car quand je me leve au matin, & que je voi mon urine blanche, je me remets au lit, & j'y demeure trois ou quatre heures davantage, & mon urine, quand je la regarde à midi, est rouge comme sang, car elle est fort cuite. La prémiére ne fut cuite que trois heures, & pour ce étoit-elle encore blanche & cruë: mais après par quatre heures, elle est très bien cuite, & de couleur de sang. Je t'ai dit ce que j'ai fait. Qui a oreilles, les ouvre & qu'il écoute; & qui a bouche, qu'il la tienne close.

BELE dit: Tu as très-bien parlé & sans envie, Dieu t'aide, & donne grace aux Disciples de t'oüir & entendre. Si jamais aucun Philosophe n'eût parlé davantage, les gens n'erreroient pas tant qu'ils font. Car autre chose ne les fait errer que tant de paroles & divers noms. Mais moi je dis que tous Métaux sont imparfaits durant qu'ils sont en noirceur, & pour ce le Plomb n'est pas parfait, car il est noir. Mais celui qui lui ôte sa noirceur, est en lui-même, & le blanchira. Parquoi il ne te faut guéres chercher. Blanchis donc le Plomb, & ôte la rougeur du Laton & rougis la Lune, & c'est tout. Mais entends par ceci que notre Plomb est un Métal qui n'est pas *vulgal*, mais qui vient de notre Miniére, & aussi l'Argent, & aussi toute la Composition.

BOCOSTUS dit: Tu as bien parlé pour ceux qui viendront après nous, & je te veux aider. Sçachez, vous qui cherchez ce précieux Art, que si vous n'ôtez l'Esprit du Corps mort, & ne le cachez en un autre Esprit, & puis si de tous deux vous n'en n'en faites une Ame, vous ne faites rien. Tuez donc le Corps & le pourrissez, & tirez de lui l'Esprit blanc, & l'Ame le glorifiera. Et sçachez que l'Esprit ne vient point du Corps, mais vient de l'Esprit, & l'Ame vient de tous deux. Le Corps est Esprit, mais l'Esprit n'est pas Corps: l'un a l'autre; mais l'autre ne le tient pas, & notez ceci, car autrement vous ne faites rien.

MELOTUS dit: Il vous faut pourrir tout par quarante jours, & puis le sublimer * neuf fois en son Vaisseau, puis encore pourrissez-le & le confisez, & pour lors sçachez qu'il teint tout ce dans quoi il entre, & infiniment. Vous l'entendez assez dire, mais personne ne le croit sinon que Dieu le veille, & c'est par juste jugement de Dieu que cela est ainsi. * Cinq.

GREGORIUS dit: Notre Pierre est appellée *Ephoddebuts*, c'est-à-dire, Vétement de pourpre, & n'est autre chose que tuer le Vif & vivifier le Mort; & en vivifiant le Mort, tu tuës le Vif, & en tuant le Vif tu vivifies le Mort. Et sçache que c'est tout un, & que ce n'est rien d'étrange; car lui-même se tuë, & lui-même se vivifie.

LE VICAIRE dit: Vous parlez trop clairement.

BELE répond: Tu es fort Envieux. Et il dit: Je vous commande de prendre ce qu'il vous ont dit & y faites ce que vous devez sans erreur, & vous avez un bon exemple. Si vous ne sçavez comment faire, faites comme Nature fait ; aidez-lui seulement. Quand la Lune est en conjonction, elle n'a point de lumière ; mais quand elle est vis-à-vis du Soleil, elle est claire. Et si ce n'étoit l'Air, qui est entre nous & le Feu, le Feu consumeroit tout.

La Tourbe dit : Vicaire, vous parlez négligemment & peu, & il dit : La prémière fois que je parlerai, je dirai les Poids, le Régime, les Couleurs, le tems & les lieux de notre Vénin. Que chacun de vous parle à son plaisir. J'ai dit le mien.

Bonellus dit : Prenez le royal *Corsufle* (1), qui est rouge, & lui donnez de l'urine de Veau jusqu'à ce que sa nature soit convertie ; car Nature convertit Nature & la transmuë. Et la Nature est cachée dans le ventre de *Corsufle*. Nourrissez-la jusqu'à ce qu'elle soit d'âge & grande, & qu'elle puisse aller d'elle-même.

Brimblius dit : Prenez la Matière que chacun connoît, & lui ôtez sa noirceur, & puis lui fortifiez son feu à son tems, car déja elle peut le souffrir, & il viendra diverses couleurs. Le prémier jour safran ; le second comme rouille ; le troisiéme comme pavot

---

(1) Corps, que les Philosophes appellent *Rébis*, parce qu'il est composé de deux Substances, le Soufre & le Mercure.

du désert ; le quatriéme comme sang fortement brûlé. Quand il est ainsi, alors le Corps est spirituel, teignant & purifiant tous les Imparfaits. Vous avez tout le Sécret.

ARISLEUS dit : La Pierre est une Mére qui conçoit son Enfant & le tuë (1) & le met en son ventre. Alors il est plus parfait qu'il n'étoit auparavant, & se nourrit dans elle. Après il tuë sa Mére & la met en son ventre & la nourrit ; & le Fils est le Persécuteur de sa propre Mére, & ils ont divers tems de tribulations ensemble ; & c'est l'un des plus grands miracles dont on ait jamais oüi parler : & il est vrai, car la Mére engendre le Fils, & le Fils engendre sa Mére & la tuë.

LA TOURBE dit : Sçachez, Fils de doctrine, que notre Pierre est faite de deux choses seulement. Toutesfois les Envieux disent qu'il n'y en a qu'un seule, parce que la Racine n'est qu'une, car c'est toute une Matiére. Les autres Envieux disent, qu'il y a quatre choses, car il y a quatre qualités, Froid, Chaud, Sec & Humide ; mais

---

(1) La Mére, qui tuë son Fils, & le met dans son ventre, c'est le Mercure qui dissout l'Or, dont celui-ci tire son origine, & l'absorbe en sa Substance Et le Fils tuë sa Mére, & la met aussi dans son ventre, c'est l'Or, qui en se dissolvant, congéle le Mercure, qui est Esprit, & le réduit en Corps C'est ce que les Philosophes appellent faire le volatil fixe, & tendre le fixe volatil.

cela est trouvé en deux, qui se font jusqu'à la fin.

Pythagoras dit : Vous parlez bien, Enfans, & n'êtes pas Envieux. Toute la Tourbe dit : Nous parlerions bien plus clairement ; mais vous avez commandé que nous ne parlassions point trop clairement, parce que les Fous sçauroient cette Science aussi bien que les Sages. Et Pythagoras dit : Autrement, si vous parliez trop clairement, je ne voudrois point que vos paroles fussent écrites en aucun Livre ; mais aussi je vous commande que vous ne soyez pas trop obscurs.

Baleus dit : Je vous dis que la Mére porte le deüil de la mort de son Fils, & le Fils porte une robe de joye couleur de sang de la mort de sa Mére, & ainsi se récompensent. La Mére est toujours plus pitoyable envers l'Enfant, que l'Enfant envers la Mére.

Sticos dit : Si vous n'ôtez le Feu, qui est enfermé dans le Corps, & ne le joignez avec l'Eau, vous ne faites rien. Partant je vous commande que vous laviez par Feu votre Matiére, & la cuisiez par Eau ; car notre Eau la cuit & la brûle, & notre Feu la lave, & la dépoüille. Et entendez bien mes paroles, & ne vous rompez point la tête à imaginer tant de choses. Sçachez que rien n'engendre rien, & chacun fait son semblable. Et vous ne trouverez pas ce que vous cherchez en la chose, si elle n'y est, quoique vous fassiez.

Bonellus dit : Sçachez que notre Eau n'est pas l'Eau vulgaire ; mais que c'est une Eau permanente, qui cherche sans cesse son Compagnon ; & quand elle le trouve, elle le prend subitement, & lui & elle sont une chose tant seulement. Elle le parfait, & lui la parfait sans autre chose quelconque ; & tout se fait Eau prémiérement couverte de noirceur ; & quand vous le voyez noir, sçachez que la noirceur ne dure que quarante jours ou quarante-deux au plus ; puis vous le verrez blanc & épais, & c'est signe que le Fixe commence à avoir domination sur l'Humide, & que le Sec boit le Froid, & le Chaud le congele de lui-même.

Sistocos dit : Vous, qui cherchez cet Art, je vous prie laissez tant de noms obscurs, car notre Matiére n'est qu'une ; c'est-à-dire Eau. Mais quoi ? quand un Aveugle méne l'autre, tous deux tombent dans la fosse : pourquoi vous même pouvez tout faire ; car c'est Nature qui vous achéve tout. Cuisez la Nége, cuisez le Lait, cuisez la Fleur du Sel, cuisez le Marbre, cuisez l'Etain, cuisez l'Argent, cuisez l'Airain, cuisez le Fer, cuisez le Soleil, & vous aurez tout. Vous voyez que je ne vous commande que cuire, car le feu lent est tout.

EPHISTUS dit : Sçachez que le feu léger est cause de perfection, & le contraire est toujours cause de corruption. Cuisez donc prémiérement par un feu lent, jusqu'à ce que tout puisse souffrir un feu fort ; car si vous faites votre feu fort, il ne se dissoudra point, & s'il ne se dissout point, il ne se congélera jamais. Car le Corps ne peut cuire l'Eau par tout elle, ni entiérement ; & le feu qui est enfermé dedans le Corps, n'est point réveillé ni excité si le Corps n'est dissout.

MORIEN dit : L'Eau teint l'Eau, & une Humeur teint l'autre, & un Soufre l'autre, & le blanc blanchit le rouge petit à petit ; aussi pareillement peu à peu le rouge rougit le blanc, & l'un rend l'autre volatil, & puis l'autre le fixe, & puis se fait Un en une moyenne Substance parfaite, plus que ni l'une ni l'autre toute seule auparavant. Entends-moi & laisse ces Herbes, ces Pierres, ces Métaux & ces Espéces étrangéres, & prie Dieu de tout ton cœur qu'il te fasse être des nôtres.

BASEM dit : Vous ne pouvez venir à votre fin sans illumination & sans patience, & sans avoir courage d'attendre ; car qui n'aura patience, n'entrera point en cet Art. Comment croyez-vous entendre notre Matiére dès la prémiére fois, ni de la seconde, ni de la troisiéme ? Lisez tout tant de fois que vous doutiez & ayez ce Livre comme une lumiére devant les yeux, & ayez patience d'attendre. J'ai vû en mon tems un grand Philofophe, qui fçavoit auſſi bien que moi, & que pas un de nous ; mais par ſon impatience & trop grande hâte, & trop de convoitiſe, par la juſtice de Dieu, comme je croi, par force de feu il perdit tout, & ne peut pas voir ce qu'il vouloit. Et pour ce, notre Maître Pythagoras dit, que quiconque lira nos Livres, & y vacquera, & n'aura point de vaines penſées en la tête, & priera Dieu, il commandera par le Monde. Car vous cherchez un grand Sécret ; pourquoi donc ne voulez-vous pas prendre peine ? Ne voyez-vous pas qu'un Homme tuë l'autre, & auſſi ſe tuë lui-même pour de l'argent ? Que déveriez-vous donc faire, & quelle peine prendre afin de parvenir à cette haute Science, qui eſt de ſi grand profit ? Quand vous plantez & ſemez, n'attendez-vous pas le fruit juſqu'au tems de ſa maturité ? Comment donc voulez-vous avoir le fruit de cet Art en ſi peu de tems ? Je vous le dis, afin qu'après vous ne nous maudiſſiez, que toute précipitation en cet Art vient de par le Diable, qui tâche de détourner les Hommes de leurs bons propos. Soyez fermes & croyez votre Maître, comme nous croyons le nôtre. Pour l'avoir crû & avoir ſçû, nous avons eu profit : pareillement si vous nous croyez, vous aurez profit.

Bele dit : Vous avez bien conseillé les Disciples. Mais je vous dis que Dieu a créé le Monde de quatre Elémens, & le Soleil en est le Maître & Seigneur ; mais on n'en voit que deux tant seulement ; c'est la Terre & l'Eau. Et il y a un Air enfermé dans l'Eau, & un autre dans la Terre, & l'Air est tiré du Feu, qui tient la Terre dans l'Air, & la Terre tient l'Eau & le Feu dessus l'Air. La Terre & le Feu sont amis ; l'Air & l'Eau sont amis ; le Feu est ami à l'Eau par l'Air, & l'Air est ami à la Terre par l'Eau ; & l'Eau tient l'Air dessus & dessous, & la Terre tient l'Air, & l'Air aussi tient la Terre. Le Feu est tenu en la Terre, & l'Air l'ouvre & l'enferme en l'Eau : & l'Eau l'ouvre par l'Air, & le met en l'Air, qui est enfermé en la Terre, par le Feu qui y est aussi enfermé. L'Air ouvre, & le Feu ferme l'Eau en l'Air, & l'Air ouvre le Feu en la Terre. Celui-là est béni qui entend mes paroles ; car jamais Homme ne parla plus clairement. Ce sont les paroles de notre Maître Pythagoras.

Azarme dit : Quand Dieu fit le Monde, il le fit tout rond pour plus comprendre. Et le Pére de tout est Fils à son Oncle, & son Oncle est Fils de ce Pére. Le Fils

Fils est Frére de l'Oncle, & le Pére est sa Sœur. Le Fils est Pére de l'Oncle, & l'Oncle est Fils du Pére, & le Pére est Fils de son Oncle, qui est Fils de lui. Et qui ne m'entend, ne le croit pas. Sa Sœur est Pére du Fils, & le Pére est Oncle grand de sa Sœur, qui est Pére du Fils. Le Fils est la Mére du grand Oncle de sa Sœur, qui est son Pére, & son Fils est son Oncle, & sa Sœur est sa Mére & sa Fille. Et la Fille est Niéce du Pére, qui est son Fils d'elle, & celui-là est Pére d'elle, qui est son Fils. Entendez-nous nous deux, qui parlons bien; car Dieu a voulu que nous parlassions ainsi par sa justice & son jugement.

LE VICAIRE dit : Vous parlez bien obscurément & trop. Mais je veux tout déclarer la Matiére, sans faire tant de sermons obscurs. Je vous commande, Fils de doctrine, congélez l'Argent vif. De plusieurs choses faites deux, trois, & trois, un. Un avec trois c'est quatre. 4, 3, 2, 1. de 4. à 3. il y a un, de 3. à 4. il y a 1. donc 1. & 1, 3, & 4. de 3. à 1. il y a 2. de 2. à 3. 1. de 3. à 2, 1. 1, 2, & 3. & 1. 2. de 2. & 1. 1. de 1. à 2. 1. donc 1. Je vous ai tout dit.

SIRUS dit : Vous étes tous Envieux; Sçachez, Fils de doctrine, que l'Enfant est engendré d'Homme & de Femme, & si les deux Spermes ne sont conjoints ensemble, vous ne faites rien. Mais quand la Sperme de la Femme vient à la porte de la matrice, & rencontre le Sperme de l'Homme, ils se conjoignent ensemble ; Et l'un est chaud & sec, l'autre froid & humide. Et incontinent qu'ils y sont entrez, ils sont mêlez, & Nature, qui gouverne par la volonté de Dieu, ferme la porte de la matrice, & ils entrent dans une peau, qui est dans la matrice, laquelle est une des chambres d'icelle, & se ferme si exactement la porte de la matrice & la cellule de ladite peau, où sont les Spermes, que la Femme n'a point ses purgations, & ne sort rien dehors. Donc se tient la chaleur naturelle tout à l'entour de la matrice, doucement, digérant les deux Spermes ensemble : & le Sperme de l'Homme ne fait sinon de convertir & meurir celui de la Femme, & lors peu à peu la Substance que la Femme jette, augmente le Sperme, & le nourrit & en grossit, & se convertit par l'œuvre du Sperme de l'Homme & de la chaleur naturelle, en l'aide du Composé ensemble, & se cuit, & digére, & subtilise, & purifie, jusqu'à ce que l'Esprit ait mouvement dans cette composition. Aux prémiers quarante jours il y a mouvement, & aux autres jours il se fait en lait, puis en sang, puis en membres principaux, & en la formation du cœur & du foye & des autres membres. Et alors les purgations, qui étoient sales, sanguines & noires de putréfaction, se blanchissent par décoction, & sont portées blanches aux mammelles, dequoi après se nourrit l'Enfant & s'allaite jusqu'à ce qu'il soit grand. Et lors on lui donne à boire toute sorte de breuvages, & à manger de toutes viandes, & il s'agrandit & se fortifie d'os, de nerfs, de veines & de sang. Il en est ainsi de notre Oeuvre, qui bien l'entend. Et sçachez que quoi que nous disions en plusieurs lieux, mettez ceci, mettez cela; toutesfois nous entendons qu'il ne faut mettre qu'une fois tant seulement, & fermer jusqu'à la fin, quoique nous disions, ouvrez & mettez : car nous faisons tout ceci afin d'en faire errer plusieurs. Mais les Sages, qui entendent nos paroles, sçavent bien notre intention, & comme Nature se gouverne. Car nous ne faisons autre chose, sinon d'administrer à la Nature la Matière, dont elle puisse d'elle-même travailler à son intention, comme vous voyez en toute génération. Prémiérement, quand nous voulons faire un Arbre, nous le semons de sa semence parfaite, qui est venuë de lui; car chaque semence fait le fruit semblable à ce dont elle est sortie; & puis quand nous l'avons semée, nous la laissons en terre. Alors elle se pourrit, & puis pousse un germe blanc que la terre nourrit; & c'est par la vertu

C ij

active, qui est de dans la semence pourrie; & croît tant qu'elle fait un Arbre, tel que celui dont elle est sortie. Et lors de cet Arbre vient une autre semence, qui peut encore se multiplier à l'infini. Ainsi nous, nous ne faisons sinon aider à la Matiére, & Nature l'achéve. Aussi, si une Femme va à plusieurs Hommes, jamais elle ne conçoit; & si d'avanture elle conçoit, elle rend l'Enfant mort. Car si vous mêlez des choses cruës avec des choses cuites, il se fera mauvaise digestion. Parquoi il ne nous faut avoir autre chose, sinon les deux Spermes d'une Racine, & les cuire : car ils s'altérent ; mais que vous leur aidiez de la maniére que vous devez jusqu'à la fin. Donc faites ainsi, & laissez tant de paroles & régimes, & regardez comme Nature fait, & tâchez de l'imiter en son régime, & ne soyez pas si téméraires que de vouloir faire plus par vos régimes qu'elle : car si elle ne le fait, vous ne le sçauriez faire par chose qui soit de votre invention. Car nul ne peut faire notre Pierre, sinon de notre seule Matiére, & par notre seul Régime. Et pour ce, laissez toutes ces paroles étranges, & vous conformez à Nature. Car je vous dis que ce n'est autre chose qui vous fait faillir, sinon que les paroles étranges & les mots divers, & les régimes, & tant de poids qu'ils ont dit. Mais notez qu'en quelque manière qu'ils ayent parlé, Nature n'est qu'une chose, & sont tous d'accord, & disent tous le même. Mais les Fous prennent nos paroles comme nous les disons, sans entendre ni quoi ni pourquoi. Et ils doivent regarder si nos paroles sont raisonnables & naturelles, & alors si elles sont raisonnables & naturelles, ils les doivent prendre ; mais si elles ne sont point raisonnables, ils doivent entendre notre intention, & non pas s'en tenir aux paroles. Mais sçachez que nous sommes tous d'accord, quelque chose que nous disions. Donc accordez l'un par l'autre, & nous considérez ; car l'un éclaircit ce que l'autre cache, & ainsi tout y est, qui bien le cherche. Et quiconque voit nos Livres & les entend, il n'a que faire d'aller chercher Pays, ni villes, ni de dépenser son argent.

BASEN dit : Tu as été trop hardi ; notre Maître n'entendoit pas qu'on parlât si clairement. Et il dit : Je ne veux point être Envieux comme vous autres. Sçachez vous tous, qui cherchez cet Art, que quelques Philosophes, afin de cacher cette Science, ont dit qu'il faut la faire par heures & par images. Mais je te dis que ceci n'y est pas nécessaire, ni n'y aide, ni n'y nuit ; car toujours la Matière est prête à recevoir la vertu qu'elle doit. Et notre Maître le dit plus clairement en disant :

Notre Médecine se peut faire en tous lieux, en tout tems, en toutes heures, & de toutes gens, & est trouvée par tout, & n'y a rien à faire. Mais ceux qui disent cela, ce n'est que pour cacher la Science. Car je te dis que toi-même, quand tu la sçauras, tu la celeras. C'est pourquoi ne t'étonne pas s'ils la célent, car c'est la volonté de Dieu.

LANUS dit : Sçachez que notre Oeuvre est faite de 3. de 4. de 2. & d'un, & le Feu est 1. & est 2. & les Couleurs trois, & les Jours 7. & 3. & 4. & un, & m'entendez. Et sçachez que le Vinaigre, si vous faites trop de feu s'envole, & vous trouverez au dessus * de la Maison comme petits * Monts blancs ; car le Vinaigre est spirituel & s'envole : Parquoi je vous commande que vous le gouverniez sagement & par petit feu ; car petit feu est toujours cause seulement de recueillir la chaleur du Soufre dissout. Autrement vous ne ferez rien ; Et sçachez que Dieu créa une Masse & sept Planettes, & quatre Elémens & deux Poles, là où tout se sostient, & neuf ordres d'Anges & deux Principes, Matiére & forme. Entendez ce que je vous ai dit, car je vous ai révélé Merveilles. * *Dessous.* * *Nœuds.*

ACSUBOFFES dit : Mettez l'Homme rouge avec la Femme blanche en une Maison ronde, environnée de chaleur lente continuellement, & les y laissez tant que tout soit converti en Eau, non pas vulgaire, mais Philosophique. Alors, si vous avez bien gouverné, vous verrez une noirceur dessus, laquelle est signe de pourriture, & durera quarante, ou quarante-deux jours. Laissez-les-là tous deux continuellement jusqu'à ce qu'il n'y ait plus de noirceur, & faites à la fin comme au commencement. Et sçachez que la fin n'est que le commencement, & que la mort est cause de la vie, & le commencement de la fin. Voyez noir, voyez blanc, voyez rouge, c'est tout; car cette mort est vie éternelle après la mort glorieuse & parfaite.

LA TOURBE dit: Sçachez que vous avez oüi les vérités. Prenez-les là où elles sont, & les triez comme on trie les bonnes herbes des mauvaises. Et sçachez que notre Oeuvre se doit cuire sept fois, & qu'à chacune des sept, il faut lui donner une couleur jusqu'à sa perfection. Et quand il est parfait, c'est une Teinture vive, plus excellente qu'elle ne peut entrer en tête d'Homme, & n'est rien, ni la Matiére, ni le Régime. Et si l'on sçavoit le vrai Régime, & qu'on le dît aux Fous, ils diroient qu'il n'est pas possible, par si petit Régime, de faire une chose si précieuse. Mais laissez-les en leur croyance, & n'y allez point par croyance; mais nous entendez & connoissez les Racines dont tout se multiplie.

THEOPHILUS dit : Sçachez que toute la Tourbe a bien conclu.

PYTHAGORAS dit : Laissez-moi parler & vous taisez. Je veux que vous recommenciez de nouveau à parler chacun de vous. Car les Envieux ont tellement gâté cette Science, que maintenant à peine personne la peut-il croire, & par ainsi un tel Don de Dieu est réputé faux. Mai je vous dis que c'est une chose que je sçai; que j'ai vû & touché : Et je sçai la raison, & la raison est par tout aux Herbes & Arbres & Hommes & Anges & en toute Nature.

THEOPHILUS dit : Notre Maître, il me semble que les Serpens portent un venin dans leur ventre, duquel si on mangeoit, on en mourroit : Mais qui prendroit après du Venin d'une Pâte, qui est la Thériaque, un Venin consommeroit l'autre, & empêcheroit de mourir.

SOCRATES dit : Sçachez que les Philosophes ont appellé notre Eau, Eau de vie, & ont bien dit; car prémiérement elle tuë le Corps, puis le fait vivre & le fait jeune.

SEVERILIUS dit : Tu est Envieux. Et il dit : Dites ce qu'il vous semblera bon. Sçachez que notre Matiére est un Oeuf, la Cocque c'est le Vaisseau, & il y a dedans blanc & rouge : laissez-le couver à sa Mére sept semaines, ou neuf jours, ou trois jours ; ou une, ou deux fois : ou le sublimez, lequel que vous voudrez, à petit bain deux cent quatre-vingt jours, & il s'y fera un Poulet, ayant la crête rouge, la plume blanche, & les pieds noirs. Je t'ai dit ce que mes Fréres t'avoient célé, & m'entends.

ARISTOTE dit : Sçachez que plusieurs parlent en diverses maniéres ; mais la vérité n'est qu'une chose, laquelle est au fumier, & d'elle-même se connoît.

PYTHAGORAS dit : Comment Aristote es tu assez hardi de parler ? Tu n'es pas encore assez sçavant pour parler avec nous ; tu devrois écouter ; toutesfois ce que tu as dit est vrai, écoute les Maîtres & Platon.

LUCAS dit : Je me suis tant émerveillé du Soleil de ce que quand je regarde vis à vis d'une forte épaisse nuée, elle apparoît jaune, verte, rouge & bleüe, & ce sont nos Couleurs diverses, que le Soufre fait paroître.

NOSTIUS dit : Prenez la Pierre qui est appellée *Bénibel* ; Car toute l'eau d'elle est couleur de pourpre & de rougeur serpentine. Lavez donc le Sable de la Mer jusqu'à ce qu'il soit blanc, & le laissez sécher au Soleil, & divers vents se léveront d'Occident, & puis viendra le Soleil sur le Midi en son règne, & puis s'éleveront les vents d'Orient; mais la Lune fait lever les vents d'Occident, & puis tout se rapaise.

Archimius dit: Sçachez que Mercure est caché sous les rayons du Soleil, & la Lune les lui fait perdre & le prend, & domine sur lui: mais toutesfois cette domination, le Soleil la lui a donnée par deux jours; après elle la rend au Soleil, & va en déclinant. Et Vénus est Messagére du Soleil, & lui fait avoir sa Seigneurie; & Mars est celui qui lui présente. Et quand le Soleil a son Royaume, pour la peine que ses six Compagnons ont pris, il leur donne de très-beaux vétemens de sa livrée. Ainsi sçachez, Enfans, que le Soleil n'est point ingrat à ses Serviteurs, comme vous voyez. Et qui a vû ceci en parle sûrement, & l'entend clairement.

Le Philosophe dit: Notre Matiére est appellée *Oeuf, Serpent, Gomme, Eau de vie, Mâle, Fémelle, Bembel, Corsuffle, Thériaque, Oiseau, Herbe, Arbre, Eau*; mais tout n'est qu'une chose, à sçavoir, Eau; & n'est qu'un Régime, à sçavoir, Cuire.

Danaus dit: Sçachez que les Envieux ont dit que cet Oeuvre se fait en trois jours, les autres en sept, les autres en un; ils disent tous vrai selon leur intention. Mais sçachez que nos mois durent chacun 23.

DES PHILOSOPHES. 35

jours, & deux jours avec : & la femaine de chacun mois, à fept jours, & chaque jour 40 heures ; car ce font nos tems & nos heures ; donc tout y eft, & le tems.

Eximiganus dit : Moüillez, féchez, noirciffez, blanchiffez, pulvérifez & rougiffez, & vous avez tout le fecret de l'Art en ce peu de mots. Le 1. eft noir, le 2. blanc, & le 3. rouge. 80. 120. 280. deux les font, & ils font faits 120. Gomme, Lait, Marbre, Lune. 280. Airain, Fer, Safran, Sang, 80. Pêche, Poivre, Noix. Si vous m'entendez, vous êtes bienneureux ; finon, ne cherchez plus rien, car tout eft en mes paroles.

Nostius dit : Sçachez qu'Homme ne produit qu'Homme, & Oifeau qu'Oifeau, ni Bête brute que Bête brute : Et fçachez que nulle chofe ne s'amande qu'en fa nature & femence : Et fçachez que quelque chofe que nous difions, nous fommes tous d'accord. Mais les Ignorans croyent que nous fommes différens ; cependant fçachez que tout eft un, & qu'il faut un fort petit feu pour diffoudre, car la froideur de l'Eau nous feroit contraire, & nous voulons qu'elle domine fur fon Corps. Comment donc la froideur pourroit-elle dominer, fi elle eft confommée ? Parquoi nous t'avons fouvent parlé de petit feu, & par ce feu lent, la noirceur apparoît, qui eft l'Esprit altérant l'autre Esprit. Après ténèbres vient clarté, & après tristesse grande joye, & fondement sur Pierre marbreuse est de notre intention, & parole continuë.

Isimindrius dit: Sçachez que notre prémier Esprit s'altére : le second se mêle, & le troisiéme se brûle. Prémiérement donc mettez sur neuf onces de notre Matiére, du Vinaigre deux fois autant au prémier, quand il se met sur notre feu, & faites cuire *Bembel, Yeldic, Salmich, Zarnech, Zenic, Orpiment blanc, Soufre rouge, le nôtre*, non pas le vulgal. *Bembel* est noir, & *Yeldic* aussi, & ont domination en hyver durant les pluyes, lorsque les nuits sont longues : Et le Soleil en ce tems-là décend du Signe de la Vierge dans celui des Balances & du Scorpion qui sont froids & humides, quatre-vingt ou quatre-vingt-deux dégrés; puis vient *Zarnech* & *Zenic* très-blanc & *Orpiment*, qui est quand la Lune monte trois autres Signes, les uns à demi froids & humides, & les autres à demi chauds & humides; & durent chacun de ces Signes 23. points de leur nombre. Et notre Soufre rouge est quand la châleur du feu passe les nuës, & se joint avec les rays du Soleil & de la Lune; & Vénus a déja vaincu Saturne, & Jupiter par la convenance qu'il a à sa compléxion. Alors Mercure, qui n'a plus d'aide, décend, car toutes

DES PHILOSOPHES.

Influences célestes sont contre lui, &
...eu & Vénus ; & le Soleil brûle ses rays
...ds & humides : & lors par la grande
...trariété de chaud & de froid, Mercure
...celle, jette étincelles spirituelles im-
...pables, & en ce débat décend trois Si-
...s chauds & secs, & il demeure en cha-
... Signe quarante-trois, vingt-quatrième
...n dégré, & un tiers. Et ainsi celui qui
...n'entendra, relise ; car j'en appelle Dieu
...moin que voici la plus claire parole que
...sse jamais ouïe, pour sçavoir cette
...ience, & moi-même l'ai fait ainsi.

Eximiganus dit : Sçachez que toute
...re intention prémiére est la veste téné-
...euse vraye : car sçachez que sans noir-
...ur, vous ne pouvez blanchir. Prenez
...nc la Pierre rouge la blanchissez de noir-
...ur, & la rougissez de blancheur : & sça-
...ez que dans le ventre de la noirceur, la
...ncheur y est cachée : tirez la dehors
...mme vous sçavez : puis tirez du ventre
... cette blancheur, la rougeur, comme
...us voudrez, car tout gît en ces trois
...ints.

La Tourbe dit : Maître, tout ce que
...us disons n'est sinon *faire du fixe le vola-*
...; *& du volatil le fixe :* & puis du tout
...re un moyen entre deux, qui n'est ni
...o ni humide, ni froid ni chaud, ni dur ni
...ol, ni fixe ni trop volatil, & le tout pour

faire un moyen entre deux : car il tient en lui deux Natures unies ensemble. Et sçachez que ceci se fait en sept bons jours, & non pas en un moment. Car toute altération se fait par continuelle action & passion : Et notez ce que je dis, car c'est la fin de notre Science.

ARCHIMUS dit : Prenez *Arzent* ; ce sont Vers noirs, & Vénin de vielles tuilles rouges marines, & ont horrible regard, & les cuisez à feu ni trop chaud ni trop froid : car s'il est froid, ils ne s'altérent point ; & s'il est trop chaud, il ne se fait pas conjonction par vrai amour d'eux-mêmes. Continuë ton feu trois jours durant comme aux Oeufs de Poule sous la Mére, & comme une chaleur de siévre environnée, & gardez-les bien en leur cocque. Et sçachez que s'ils commencent à s'altérer, ils s'achévent & ils s'embellissent d'eux-mêmes : Et sçachez que si vous confisez sans poids juste, il y aura grand retardement, & grand péril de feu, par lequel retardement tu croiras avoir failli. J'ai vû un Homme en mon temps qui sçavoit ceci aussi-bien que moi-même, & que pas un de nous, & en travaillant, par sa grande hâte, grande avarice & convoitise, il ne put voir la fin, & crut avoir failli, & laissa l'Oeuvre. Soyez fermes & non pas légers d'entendement, de croire tantôt l'un, tantôt l'autre ; tantôt douter & tantôt croire. Car avant que de t'y mettre, considére bien ce que nous te disons, & songe souventesfois en nos paroles.

MINDIUS dit : Sçachez vous tous, *Investigateurs* de cet Art, que l'Esprit est tout, & que si dans cet Esprit, il n'est enfermé un autre Esprit semblable, tout ne profite de rien. Et sçachez que quand la Magnésie est blanche après la noirceur, ceci est accompli. Et sçachez qu'ils sort du Corps ce qui l'amande : ainsi vous êtes quittes de l'aller chercher : mais il vous le faut gouverner avec épargne. Car ceux qui ignorent le Régime sont comme des Aveugles, & comme un Asne qui touche la harpe. Ainsi ne vous mettez point en peine de tant de noms & de plusieurs Régimes, car *la vérité de Nature est une, qui est cachée en son ventre*, & alors les paroles de notre Maître s'accompliront, qui dit : *Nature s'éjoüit de Nature, & Nature surmonte Nature, & Nature contient Nature.*

PYTHAGORAS dit : Vous avez tous très bien parlé. Mais sçachez que quelques-uns ont parlé plus clairement que les autres. Et je vous dis que notre Oeuvre a dès son prémier commencement à travailler de deux Natures, & ne sont qu'une Substance; l'une est chére & l'autre est vile; l'une dure, l'autre aquatique;

l'une rouge, l'autre blanche ; l'une fixe, l'autre volatile ; l'une Corps, l'autre Esprit ; l'une chaude & séche, l'autre froide & humide ; l'une mâle, l'autre fémelle, de grands poids, & de très-vive matiére ; & l'une tué l'autre ; & ce n'est autre chose que Magnésie & Soufre. Et sçachez qu'au commencement l'un domine les trois parts ; & l'autre, qui a été tué, commence à dominer, & à tuer son Compagnon quatre parts ; & il se léve de trois parts *Kuhul noir, Lait blanc, Sel fleury, Marbre blanc, Etain & Lune*, & des quatre parts s'éleve *Airain, Roüille, & Fer, & Safran, Or & Sang, & Pavot, & l'Esprit venimeux, qui a dévoré son Compagnon*. Et sçachez que l'un a besoin de l'aide de l'autre ; car vous ne pouvez faire le Corps dur, être spirituel ni pénétrant, sans l'Esprit : ni aussi vous ne pouvez faire l'Esprit corporel ni fixe ni permanent, sans le Corps : lequel Corps est rouge & mûr, & l'Esprit est très-froid & crud en sa miniére. Et sçachez qu'entre l'Eau vive & l'Etain blanc & net, il n'y a aucune proximité, ni autre nature sinon commune. Car l'Eau vive a son certain Corps, auquel elle se conjoint. Et sçachez que celui qui n'entend ce que j'ai maintenant dit, n'est qu'un Asne, & jamais ne se mette à cet Art, car il est prédestiné de jamais n'y parvenir. Laissez
Homme

Homme & Nature humaine ; laissez Volatils, & Pierre marine, Charbon & Bête brute, *& prenez Matiére métalline*. Et sçachez que s'il y en avoit vingt-quatre onces, la tierce partie nous est seulement nécessaire sans les autres ; c'est à sçavoir huit onces : Et cuisez en trois de blanc, & en Soleil, & il se fera noir par quarante jours. Et sçachez que le prémier Oeuvre est plûtôt fait que le second : & le second se fait du dixiéme Septembre jusqu'au prémier de Février, par grande chaleur d'Eté : & les Hivers & Printemps passez, les fruits sont déja mûrs & cuëillis des Arbres ; ainsi est-il ici.

La Tourbe dit : Notre Maître, sauf votre révérence, il semble que vous avez trop clairement parlé. Et il dit : Il vous le semble, mais aux Ignorans qui leur diroit encore plus clairement, à peine l'entendroient-ils. La Tourbe dit : Il le faut céler aux Fous, & le révéler aux Sages, & non autrement, car ce seroit damnation.

Florus dit : L'Eau du Soufre est mêlée de deux Natures, & se congéle & se desséche, & s'altére & se blanchit, & se rougit par l'aide de feu, administré comme l'on doit tant seulement.

Bracchus dit : Prenez l'Arbre blanc

de cent ans, (1) environné d'une Maison ronde de chaleur humide, environnée, & fermée pour la pluye, le froid & les vents, & y mettez son Homme, qui a les cent ans: Et je te dis que si tu le laisses cent quatre-vingt jours, ce Vieillard mangera tout le fruit de cet Arbre, jusqu'à ce que le Vieillard soit mort, & tourné en cendres; & il demeurera autant de temps, ni plus ni moins.

Zenon dit: Sçachez que l'Arbre blanc vient de la Miniére noire de quatre-vingt ans, & les dix ans davantage le font blanc & beau, & les autres rouges en divers dégrés. Et sçachez que si vous ne teignez la Lune, que vous avez dans votre Vaisseau, jusqu'à ce qu'elle soit resplandissante comme le Soleil, vous ne faites rien. Car je vous dis que la Lune est le moyen de la concordance, & non pas le Plomb ni l'Etain.

Lucas dit: Sçachez que le Feu contient l'Eau en son ventre, & cette Eau se tire par feu convenable, & puis par le

---

(1) L'Arbre blanc, c'est le Mercure. L'Homme rouge, c'est l'Or. La Maison ronde, c'est le Vaisseau Si on laisse dans ce Vaisseau le Vieillard durant cent quatre-vingt jours, c'est à dire, jusques vers le milieu du Régime de Mars, ce Vieillard, ou, pour parler plus clairement, le Soufre de l'Or convertira en sa substance toute celle du Mercure.

moyen de l'eau chaude & tiéde (où le feu se baigne continuellement.) Et la Chambriére met la noirceur de la nuit dehors & contre la cheminée. Pour ce, faites que le feu soit clair, & qu'il ne se prenne à la suye trop asprement : Et sçachez que moi-même ai fort cherché avant que d'y parvenir ; mais Dieu merci je suis venu à mon désir après grande peine ; car qui ne laboure, ne mangera point, ni ne se reposera en sa vieillesse.

Isindrius dit : Mêlez l'Eau avec l'Eau, la Gomme avec la Gomme, le Plomb avec le Plomb, le Marbre avec le Marbre, le Lait avec le Lait, la Lune avec la Lune, le Fer avec le Fer, l'Airain avec l'Airain, ou Soleil. Cuisez tout cent cinquante jours, puis cuisez jusqu'à votre désir, comme vous sçavez, & que tout soit impalpable. Lisez nos Livres & relisez, afin que vous sçachiez la vérité; car notre Science n'est autre chose que changer le dur en mol, & le chaud en froid, & le froid en chaud, afin que de tout ensemble vienne un moyen ni chaud ni froid, ni dur ni mol, mais moderé en toute compléxion. Et sçachez qu'après, deux cent quatre-vingt jours lui suffisent. Environnez l'environné du dedans au dehors, contenant le contenu, & tout vaincra ; un blanc, un noir, un rouge : Fortifiez les deux ; faites bon le prémier, & il se multiplie à atteindre dix examens, & l'autre n'est un examen. Retourne en retournant, fais le parfait en contenant le contenu en ligne. Et notez ma ligne du contenant, le *voyant* est contenu, & vous enseigne ce que nul n'avoit encore dit. Entendez mon dire.

La Tourbe dit : Sçachez que plus notre Pierre est bien digérée, plus son feu est actif, & se fait d'une Nature plus *ignée* sur les autres Elémens, & aussi teint davantage. Et sçachez que qui entend les vénérables mots d'Isindrius, il entend un dégré outre les autres, & deux & trois & quatre jusqu'à l'infini en vertu augmentée & *ignée*.

Pythagoras dit : Isindrius, Dieu te récompense de ce que tu as dit. Car c'est assûrément le Particulier dequoi nul de nous n'avoit parlé. Allez Enfans, notez ces derniers mots touchant la glorieuse action & transmutation très-soudaine. Sçachez que le Monde vivoit au prémier, deux cent quatre-vingt ans ; mais le temps vient que le Fils de ce temps ne dure que trois ans, & à la fin est plus malicieux dix fois à trois, que le Pére à deux cent quatre-vingt ; & fait autant en un an que son Pére à quarante & quarante, & ainsi est par tout. Et sçachez que qui bien se médecine, prend médecine laxative par dedans, & confortative par dehors, à ce que l'un n'éteigne l'autre : & nous entendez & notez.

LE PHILOSOPHE dit : Notre Composition est faite de deux choses, qui sont faites une chose, & est appellée, quand ils sont Un, blanc Airain, & puis quand tout est vaincu, il s'appelle Argent vif, non pas vulgaire, & est Teinture vive, laquelle les Philosophes ont célée par tant de paroles. Et je vous dis que cette Science n'est que Don de Dieu, là où il veut : & que ce n'est autre chose que dissoudre, & tuer le Vif, & vivifier le Mort, & de tout faire une vie inséparable.

LA TOURBE dit : Sçachez que notre Oeuvre a plusieurs noms, lesquels nous voulons décrire. *Magnésie, Kukul, Soufre, Vinaigre, Pierre citrine, Gomme, Lait, Marbre, Fleur de Sel, Safran, Roüille, Sang, Pavot, & Or sublimé, vivifié & multiplié, Teinture vive, Elixir, Médecine, Bembel, Corsuffle, Plomb, Etain, Veste ténébreuse, Vers blanchis, Fer, Airain, Or, Argent, Rouge sanguin, & Rouge très-hautain, Mer, Rosée, Eau douce, Eau salée, Dazuma, une Substance, Corbeau, Chameaux, Arbres, Oiseaux, Hommes, Nopces, Engendremens, Résurrection, Mortification, Etoiles, Planettes,* & autres noms infinis. Mais sçachez que le tout n'est autre chose que *les Couleurs arparentes en l'Oeuvre*, & l'ont ainsi appellée pour raison & à cause des ressemblances d'icelles à notre chose. Et prenez garde que ces noms ne vous fassent manquer: & ayez le cœur ferme, & non pas muable, & *soyez assurez que nulle chose ne teint le Métail, fors le Métail même, en sa nature*. Et sçachez *que nulle Nature n'est amandée sinon en sa propre Nature*; car autrement elle ne seroit amandée. Après je vous parlerai du feu, afin que vous soyez certains du tout, & que vous n'ayez pas sujet de blasphémer contre nous, & que notre Livre soit accompli du tout & par tout sans aucune diminution. Car quiconque a ce Livre, il a les paroles de Pythagoras, qui étoit le plus sage Homme qui ait été, & à qui Dieu a donné toute la Science, & lui à ses Disciples. Et sçachez que dans ce Livre tout l'Art y est entier & sans aucune envie, *la Matiére & les Jours & les Couleurs, & le Régime & la maniére, & le poids, sans aucune diminution*.

Maintenant je veux dire quel doit être le feu. Sçachez que j'ai vû faire le feu en maintes maniéres ; l'un le fait de petites buchettes, l'autre de petits charbons avec cendres mêlées, à lent feu ; & les autres de cendres chaudes ; les autres sans flamme,

& le font de vapeurs chaudes : les autres de très-petites & moyennes flammes. Mais pour venir à la perfection de tout, & à l'accomplissement de votre Oeuvre, je ne vous commande que feu lent, continuel & chaud, digérant & cuisant, comme la Nature le requiert, ce que l'expérience vous montrera en le faisant : Et sçachez que cette Science est plus facile qu'aucune autre que ce soit ; mais les noms & les régimes la rendent obscure ; car *les Ignorans prennent nos mots sans nous entendre.* Et sçachez que quiconque a cet Art est hors de pauvreté, de misére, de tribulation, & de maladie corporelle. Ne croyez pas que notre Art soit un mensonge ; c'est la fin célée de notre précieux Art. Célez-la à un chacun qui la demande. Disciples, prenez en gré nos Livres, nos Couleurs, notre Matiére, nos Tems, nos Régimes, qui n'est tout qu'un.

La distinction de l'Epitre qu'Aristeus a composée pour sçavoir ce précieux Art.

PYTHAGORAS dit : Nous avons déja tout écrit comme ce précieux Arbre se doit planter, de peur qu'il ne meure, &

comme le fruit, après les fleurs blanches, se peut parfaire & manger : Et quiconque en mangera, n'aura jamais faim ni tribulation ; mais fera Prince & du nombre de nos Philofophes, & aura le Don que Dieu réferve à fes Elûs & non à autres, & aura cette récompenfe pour la peine de fon efprit, en rénumération & rétribution de Philofophie. Mais toutesfois, quoi que nous ayons bien parlé tous, encore aucuns ni pourront parvenir en plantant cet Arbre, s'ils n'ont une plus grande certitude de leur travail. Et pour ce, afin que ceux qui le planteront ne puiffent blafphémer contre nous, ni auffi être fruftrez de leur intention, fi cet Arbre mourroit : Je veux, Arisleüs, que toi, qui a recueïlli toutes nos Sentences, & qui as affemblé mes Difciples & moi, que tu en parles plus clairement en charité & fans envie pour les Survenans, & que nous puiffions être caufe du bien de nos Succeffeurs, & que nul ne puiffe manquer en cet Arbre précieux. Arisleüs dit : Volontiers ; mais donnez-moi terme. Et Pythagoras dit : Prens terme à demain : & le lendemain les Difciples étans affemblez & Arifleüs, Pythagoras dit : Qu'as tu vû ?

Arisleüs dit : Je me fuis vû moi & dix de nous, qu'il nous fembloit que nous allions tournoyans toute la Mer, & je vis

les

Habitans de la Mer qui couchoient les Mâles avec les Mâles, & d'eux ne venoit aucun fruit ; & ceux-là plantoient des Arbres & ne fructifioient point, & de ce qu'ils semoient il ne venoit rien. Il me semble que je leur dis : Vous êtes plusieurs Personnes, & il n'y a aucun de vous qui soit Philosophe & qui enseigne les autres. Et ils dîrent : Quelle chose est-ce qu'un Philosophe ? Je répondis : C'est celui qui connoît les vertus de toutes choses créées, & leurs natures. Et ils me dîrent : Dequoi profite cette Science ? Nous n'en faisons aucun conte, s'il n'y a profit. Et je répondis : Si en vous il y avoit Philosophie, ou Science & Sagesse, vos Enfans seroient multipliez, & vos Arbres croîtroient & ne mourroient point ; & vos Biens seroient augmentez, & seriez tous Rois, surmontans vos Ennemis. Ils m'ouïrent, & incontinent s'en allérent, & rapportérent ce que j'avois dit au Prince grand & majeur du Païs, & lui dîrent les Dons que nous leur avions dit. Et quand le Roi les eut oüi parler, il envoya à nous, & nous dit : Qui vous a amené à nous ? Et nous lui répondîmes : Notre Maître, la tête des Sages, & le fondement des Prophétes, PYTHAGORAS, qui nous a envoyé à vous pour vous offrir un Don très-grand. Et le Roi dit : Où est-il ce Don là ?

Et je dis : L'offre & le Don sont cachez, & non pas découverts. Et il dit : Donnez-les-moi présentement, sinon je vous tuërai. Je répondis : Notre Maître vous envoye par nous l'Art d'engendrer & planter un Arbre, dont quiconque mangera le fruit, jamais il n'aura faim. Et le Roi me répondit : Votre Maître m'envoye un grand Don, s'il est ainsi que vous dites. Et je dis : Notre Maître jamais ne vous l'envoyeroit, ni nous le révellerions pour rien, s'il n'étoit ainsi qu'en ce Païs, jamais ne fut sçûë aucune nouvelle de cet Arbre; car s'il y en eût eu mention, jamais ne l'eussions fait. Mais afin que la Science ne fût périe ; & qu'elle fût connuë par tout Païs & Terres, notre Maître, qui est le Maître des Sages & des Philosophes, à qui Dieu a fait plus de Dons qu'à nul Homme après Adam, nous a ici envoyez afin que nous la communiquions chacun en un Païs. Et le Roi dit : Dis-moi quelle chose c'est ? Et je dis : Seigneur Roi, combien que vous soyez Roi, & votre Païs bien fertile ; toutesfois vous usez de mauvais régime en ce Païs, car vous conjoignez les Mâles avec les Mâles, & vous sçavez que les Mâles n'engendrent point : car toute génération est faite d'Homme & de Femme : Et quand les Mâles se joignent avec les Fémelles, alors Nature s'éjoüit en sa nature. (1) Comment donc, lorsque vous conjoignez les Natures avec les étranges Natures indûëment, ni comme il appartient, espérez-vous engendrer quelque fruit ? Et le Roy dit : Quelle chose est convenable à conjoindre ? Et je lui dis : Amenez-moi votre Fils Gabertin, & sa Sœur Béya : Et le Roy me dit : Comment sçai-tu que le nom de sa Sœur est Béya ? Je croi que tu es Magicien. Et je lui dis : La Science & l'Art d'engendrer nous a enseigné que le nom de sa Sœur est Béya. Et combien qu'elle soit Femme, elle l'amende ; car elle est en lui. Et le Roi dit : Pour-

(1) Le Trévisan étant allé à Rhodes, y trouva un Religieux, qui passoit, dit-il, pour un grand Clerc, & pour sçavoir la Pierre. Il rapporte que ce Religieux lui fit mettre dans la Composition de l'Oeuvre Hermétique de l'Or & de l'Argent avec quatre parties de Mercure sublimé, & qu'après avoir distillé pendant environ trois ans, il ne se fit aucune conjonction de ces Matieres. La raison pour laquelle cette conjonction ne se fit point, c'est parce que l'Or & l'Argent, étant des Corps mâles, ils ne pouvoient s'unir d'une union propre à engendrer leur semblable. Ce même Religieux prenoit sans doute le Mercure vulgaire, simplement sublimé, pour la Fémelle, qu'il falloit conjoindre avec le Mâle, & ignoroit que quand les Philosophes disent de mettre l'Homme rouge avec sa femme blanche, ils entendent par le premier le Soufre de l'Or, & par le second leur Mercure, qu'ils appellent *Lune*, pour tromper ceux qui ne les entendent pas encore assez pour démêler l'équivoque dont ils se servent en parlant de leur Mercure & de l'Argent vulgaire.

E ij

quoi veux-tu l'avoir? Et je lui dis: Pour ce qu'il ne se peut faire de véritable génération sans elle, ni ne se peut aucun Arbre multiplier. Alors il nous envoya ladite Sœur, & elle étoit belle & blanche, tendre & délicate. Et je dis: Je conjoindrai Gabertin à Béya. Et il répondit: Le Frére méne sa Sœur, non pas le Mari sa Femme. Et je dis: Ainsi a fait Adam; c'est pourquoi nous sommes plusieurs Enfans; car Eve étoit de la matiére dequoi étoit Adam; & ainsi est de Béya, qui est de la matiére substantielle dequoi est Gabertin le beau & resplandissant. Mais il est Homme parfait, & elle est Femme cruë, froide & imparfaite; & croyez-moi, ô Roi! si vous étes obéissant à mes commandemens, & à mes paroles, vous serez bienheureux. Et mes Compagnons me disoient: Prens la charge, & acheve de dire la cause pour laquelle notre Maître nous a ici envoyez. Et je répondis: Par le mariage de Gabertin & de Béya, nous serons hors de tristesse, & non pas autrement; car nous ne pouvons rien faire tant qu'ils soient faits une Nature, *Matiere*. Et le Roi dit: Je vous les baillerai. Et incontinent que Béya eut accompagné son Mari & Frére Gabertin, & qu'il fut couché avec elle, il mourut du tout & perdit sa vive couleur, &

devint mort & pâle, de la couleur de sa Femme. (1) Et le Roi voyant ceci, fut très-courroucé, & dit: Vous êtes cause de la mort de mon Fils & cher Enfant, qui étoit aussi beau & aussi luisant que le Soleil: Sa face en quel point est-elle maintenant! Je vous mettrai tous à mort. Je craignois bien toûjours votre Art magique, & vous êtes venus céans avec mauvaise intention par votre Art maudit ; je vous tuërai. Et il nous prit tous dix & nous enferma dans une prison d'une Maison de verre, sur laquelle est édifiée une autre Maison, sur laquelle encore bien & sagement on en a édifié une autre. Et ainsi nous avons été emprisonnez en trois Maisons rondes, bien clauses & bien fermées. (2) Alors je lui dis: O Roi! pourquoi vous fâchez-vous tant, & nous faites tant de peines? Donnez-nous au moins votre Fille,

(1) Le Livret d'Or, que le Trévisan laissa tomber dans la Fontaine, & la Pomme d'un semblable Métail, que le Cosmopolite vit mettre dans l'Eau qu'on avoit tirée du Ciel, sont la même chose que Gabertin, qui perd sa vive couleur & meurt, c'est-à-dire, qui se dissout dans le Lit de Béya, laquelle représente la Fontaine & l'Eau céleste dont parlent ces Philosophes.

(2) Ces trois Maisons rondes, sont prémiérement l'Oeuf Philosophique, qui est de verre, où sont les Matiéres préparées. Secondement l'Ecuelle de terre, dans laquelle on met des cendres de Chêne pour y poser cet Oeuf. Troisiémement le Fourneau, dans lequel on enferme l'un & l'autre après la fin du prémier Oeuvre pour commencer le second.

& peut-être que Dieu aura pitié de nous; & fera que votre Fille avec notre aide en peu de temps rendra le Fils qu'elle tient mort en son ventre, & qu'elle a tout animé, jeune, fort & puissant, multipliant très-fort sa lignée plus que vous ne fîtes jamais. Et la Roi dit : Voulez-vous encore tuer ma Fille ? Et je lui répondis : O Roi ! ne pensez point tant de malice de nous, & ne nous faites point souffrir tant de peines. Ayez un peu de patience, & nous donnez, de grace, votre Fille. Et le Roi nous la donna, laquelle demeura avec nous en la prison de la Maison de verre quatre-vingt jours. Et nous tous demeurâmes en ténébres & obscurités dans les Ondes de la Mer, & en grande chaleur lente d'Eté, & en agitation & soulévement de la Mer, dont jamais n'avions vû le semblable. (1) Quand nous fûmes laissez,

---

(1) Béya demeura quatre-vingt jours dans la Maison de verre ; c'est-à-dire, que le Soufre des Philosophes & leur Mercure demeurent pendant les Régimes de *Mercure* & de *Saturne* dans l'Oeuf Philosophique, où se fait durant ce tems-là l'union parfaite de ces deux parties de l'Oeuvre, *dans les ténèbres & l'obscurité*; parce que ces Matiéres, s'étant putréfiées ensemble, parvinrent au Noir très-noir, *dans les ondes & le soulévement de la Mer en grande chaleur lente d'Eté*; c'est-à-dire, dans le combat qui se fait entre le Dragon ailé, dont parle Flamel, qui est le Soufre même des Philosophes, & le Dragon sans ailes, qui est leur Mercure, de l'union desquels, par leurs moindres parties, se forme le Laiton, qu'il faut blanchir ensuite, & le

nous vous vîmes, PYTHAGORAS, en notre Songe, & nous vous priâmes que vous nourrissiez notre Enfant, lequel fut nourri & encouragé & animé, & vainquit sa Femme, qui l'avoit vaincu auparavant, & ils firent multiplication semblable au Fils. Alors nous fûmes réjoüis, & nous dîmes au Roi, Que son Fils étoit en état d'être vû.

rougir après, pour pouvoir dire au Roi, *Que son Fils est in état d'être vû*; ce qu'Aristéus fait entendre par ce qu'il raconte à Pythagore.

F I N.

ENTRETIEN
DU ROI CALID,
ET
DU PHILOSOPHE MORIEN
SUR LE MAGISTERE D'HERMÈS,

Rapporté par Galip, Esclave de ce Roi.

PREMIERE PARTIE.

LE Roy Calid ayant reconnu & fait approcher l'*Homme de Dieu*, (1) *que nous lui avions amené des Déserts de la Judée, où*

(1) C'est de Morien, dont il est parlé ici sous la dénomination d'*Homme de Dieu*. Quoique quelques-uns regardent ce Traité comme un Livre fait à plaisir, néanmoins on ne peut raisonnablement dire qu'il ne soit pas de Morien, puisque son nom est dans tous les Exemplaires, dit M. Salomon ; qu'il est souvent répété dans ce Discours, & qu'il est l'un des Personnages du Dialogue qui suit. Morien étoit de Rome, où ayant vû quelques Ouvrages d'Adfar sur le Magistere d'Hermès, il passa en Egypte, où il fut visiter ce Philosophe dans la Ville d'Aléxandrie. Adfar ayant

ET DU PHILOSOPHE MORIEN. 57
par son ordre nous étions allez le chercher, il le fit seoir auprès de lui, & il lui parla ainsi.

Vénérable Vieillard, je vous prie de me dire comment vous avez nom, & qu'elle est votre profession ; car je ne vous le demandai point *la premiere fois que vous vîntes ici*, parce que je me méfiois de vous, ne vous croyant pas tel que vous êtes.

A quoi Morien répondit : Je m'appelle Morien ; je fais profession du Christianisme, & mon habit & ma maniere de vivre font assez voir que je suis Ermite.

Combien y a-t'il, *dit le Roi*, que vous êtes Ermite ?

Je le suis, *répondit Morien*, depuis quatre ans après la mort du Roi Hercules.

Le Roi fut fort satisfait de la prudence, de l'humilité, de la douceur & de la modestie de cet Homme. Car ce n'étoit pas un grand parleur, ni un suffisant ; mais une personne humble, sage & affable, comme un Homme de sa profession devoit l'être.

Le Roi lui dit donc. O Morien, ne se-

çonçû de l'affection pour Morien, lui enseigna la Science secréte ; après quoi celui-ci se retira dans des Montagnes, aux environs de Jérusalem, pour y vivre dans la solitude, d'où Galip, Officier du Roi Calid, le ramena en Egypte pour communiquer sa Science à ce Prince, qui étoit Mahométan. Ce que Morien accepta, dans le dessein, à ce qu'on croit, de lui faire embrasser la Religion Chrétienne, ou au moins pour l'engager à protéger les Chrétiens dans ses Etats.

riez-vous pas mieux d'être dans quelque Monastére avec les Religieux qui y vivent en Communauté, à loüer & à prier Dieu avec eux dans l'Eglise, que de vivre tout seul dans les Déserts & dans la Solitude ?

O Roi, *répondit Morien*, tout le bien que j'ai me vient de Dieu, & j'attens de lui seul celui que j'espére à l'avenir ; qu'il fasse de moi ce qu'il lui plaira. Je ne doute point que je ne fusse beaucoup plus en repos dans un Monastére, que dans la Solitude & parmi les Rochers, où je n'ai que de la peine ; mais personne ne recüeille, s'il ne séme, & on ne peut recüeillir que ce que l'on aura semé. C'est pourquoi j'espére que Dieu, par sa bonté infinie, ne me délaissera pas dans cette vie mondaine. Car la porte pour aller au véritable repos est fort étroite, & personne ni sauroit entrer que par l'affliction & par les mortifications.

Tout ce que vous dites est assûrément très-vrai, *dit alors le Roi* ; mais parce que c'est un Chrétien qui le dit, cela nous paroît faux.

Or ce qui obligeoit le Roi à parler ainsi, c'est que pour lors il étoit Payen, & qu'il adoroit encore les Idoles.

Morien lui répondit. Si ce que je dis est véritable, comme vous l'avoüez, il faut que vous demeuriez d'accord, que mes paroles ne peuvent provenir que d'un Esprit véritable. Car les choses vraies viennent de ce qui est vrai ; comme les fausses ne procédent que de ce qui est faux ; les éternelles de ce qui est éternel ; les passagéres, de ce qui est passager ; les bonnes, de ce qui est bon ; & les mauvaises, de ce qui est mauvais.

Le Roi prenant lors la parole dit. O Morien, on m'avoit dèja dit beaucoup de choses avantageuses de votre personne, de votre fermeté, & de votre foi. Je vois présentement que tout ce qu'on m'en a dit est véritable, & je vous avoüe que j'en suis ravi, & que je vous regarde avec admiration. Aussi est-ce ce qui m'a tant fait souhaiter le bien de vous revoir, & de conférer avec vous. Car outre le sujet, dont nous avons à nous entretenir, je désire que vous m'instruisiez, & que vous m'appreniez d'autres choses.

Morien lui répliqua. O Roi, je prie Dieu, qui est tout puissant, qu'il vous retire de l'erreur où vous êtes, & qu'il vous fasse connoître la vérité. Pour ce qui est de moi, je n'ai rien qui doive vous donner de l'admiration. Je suis un des Enfans d'Adam ; comme le sont tous les autres Hommes. Nous sommes tous venus d'une même origine, & nous n'aurons tous qu'un même terme ; quoi que nous y devions arriver par des voyes différentes. La longueur des années change l'Homme, parce qu'il est sujet au tems, & elle le confond.(1) Pour ce qui est de moi, je ne suis pas si changé, que plusieurs, qui sont venus après moi, ne le doivent être davantage quand ils seront à mon âge. Après le dernier changement vient la mort, qui n'épargne personne, que l'on croit être la plus grande de toutes les peines. Car, & devant que l'Ame se joigne au Corps, & après leur dissolution ou séparation, elle a à souffrir une peine plus cruelle, que n'est quelque mort que ce soit. Mais je prie le Créateur tout-puissant qu'il soit toujours à notre secours.

Il semble par les choses que vous venez de dire, *dit alors le Roi*, que vous vous imaginiez que je veüille me mocquer de vous. Et si vous aviez cette opinion de moi, tout vieillard & tout sage que vous soyez, vous mériteriez plûtôt que l'on se mocquât de vous, que non pas que l'on vous loüat.

Après cela le Roi m'appella & me dit: Galip, mon fidelle Serviteur, va chercher une maison pour cet Homme, qui soit belle

---

(1) Il n'est pas surprenant qu'un Philosohe tel qu'étoit Morien, quoi que vivant pauvrement dans un Désert, ait conservé sa santé & prolongé sa vie par l'usage de l'Elixir; & qu'il ait paru moins changé à son âge, qu'un autre, qui n'avoit pas cette admirable Médecine, ne l'eût été, encore qu'il ne fût pas si vieux. *M. Salomon.*

dedans & dehors, qui soit bien meublée & proche de mon Palais. Trouve-lui aussi quelqu'un de sa Religion qui soit sçavant, âgé, & honnête Homme, afin qu'il se console dans sa conversation, & qu'il n'ait pas sujet de s'ennuyer. Car il me paroît effrayé, & il semble qu'il n'ait pas tout à fait confiance en moi. Je fis ce que le Roi m'avoit ordonné. Le Roi visitoit Morien tous les jours, & il demeuroit quelques heures à s'entretenir avec lui, afin de le r'assurer; & pour cet effet, il ne lui parloit point du tout de son Magistére. Mais étant enfin devenus fort familier l'un avec l'autre, & ayant fait grande amitié ensemble, Morien se découvrit au Roi, & se confia à lui. Le Roi lui faisoit des questions sur les Loix des Romains, & si elles avoient été changées selon la diversité des tems. Il lui demandoit comment les prémiers Rois, & les Consuls s'étoient comportez dans leurs Gouvernemens; & il l'interrogeoit aussi sur l'Histoire de Grecs. Morien lui répondoit fort civilement à toutes ses demandes. Ce qui fit que le Roi prit Morien en si grande affection, qu'il n'avoit jamais tant consideré ni aimé personne que lui. Un jour donc qu'ils s'entretenoient, selon leur coûtume, le Roi commença de lui parler ainsi.

Très-sage Vieillard, il y a long-tems que je cherche le Magistére d'Hermès. Je l'ai demandé à plusieurs, mais je n'ai encore trouvé personne qui ait pû m'en dire la vérité. C'est ce qui fit qu'après que vous fûtes parti de ce Pays à mon insçu, & que j'eus lû ces paroles, que vous aviez écrites autour du Vaisseau où étoit le Magistére, que vous aviez fait, *Ceux qui ont en eux-mêmes tout ce qu'il leur faut, n'ont nullement besoin du secours de qui que ce soit.* Et après avoir connu ce que ces paroles vouloient dire, je fis mourir tous ceux que j'avois tenu plusieurs années auprès de moi, pour travailler à cette Oeuvre, parce qu'ils s'étoient vantez faussement de la sçavoir faire. Dites-moi donc, je vous prie, ce que c'est véritablement que ce Magistére, & qu'elle est sa Substance & sa Composition, afin que je reçoive de vous la satisfaction que je cherche depuis si long-tems. Et si vous le faites, je vous déclare que je serai entiérement à vous avec tout ce que je posséde ; jusques-là même, que je vous promets de m'en aller avec vous dans votre Pays, si vous le souhaitez. N'ayez donc plus, s'il vous plaît, de mauvais soupçon de moi, comme il semble que vous en ayez eû autrefois ; & n'appréhendez point que je vous fasse aucune violence ni aucun déplaisir.

O bon & sage Roi, *dit Morien*, je prie Dieu qu'il vous fasse la grace de vous reconnoître. Je voi bien maintenant que ce qui vous a obligé de m'envoyer chercher, ç'a été parce que vous aviez grand besoin de moi. Pour moi j'ai été bien aise de vous venir trouver, tant pour vous enseigner le Magistére, que pour vous faire voir manifestement combien la puissance de Dieu est admirable. Au reste je n'appréhende rien, & je n'ai nulle méfiance de vous; parce que dès que quelqu'un craint, c'est une marque qu'il n'est pas bien assûré de la vérité. D'ailleurs un Homme sage ne doit rien craindre, parce que s'il craignoit, il pourroit bien-tôt désespérer de réussir, & par ainsi il seroit dans le doute & dans l'incertitude; & par conséquent il ne feroit jamais rien. Et comme vous me témoignez beaucoup d'affection, & que je voi que vous êtes ferme en vos résolutions, & sévére, mais pourtant bon & patient, je ne veux pas vous cacher plus long-tems la connoissance du Magistére. Vous voilà donc arrivé sans peine, & plus aisément que personne, à ce que vous aviez tant souhaité; le nom de Dieu en soit béni à jamais.

Je voi maintenant, *dit le Roi*, que celui à qui Dieu ne donne pas la patience, s'égare facilement pour vouloir se trop hâter; qu'il tombe dans une horrible confusion, & que la précipitation ne vient que du Diable. Et quoi que je sois petit-fils de

Machoya, & fils de Géfid, qui ont été Rois, je vois bien que toutes les grandeurs de la Terre ne servent de rien pour cette Oeuvre, & qu'il n'y a de force ni de puissance pour y parvenir, que celle qui vient de Dieu très-haut & très-puissant.

Morien répondit. O bon Roi, je prie Dieu qu'il vous convertisse, & qu'il vous rende meilleur. Appliquez-vous maintenant à considérer & à examiner ce Magistére, & soyez sûr que vous le sçaurez, & le comprendrez facilement. Mais souvenez-vous bien sur tout, de bien étudier le commencement & la fin. Car par ce moyen, avec l'aide de Dieu, vous découvrirez plus facilement tout ce qui est nécessaire pour le faire. Or je vous avertis que ce Magistére, que vous avez tant cherché, ne se découvre ni par violence, ni par menaces; que ce n'est point en se fâchant que l'on en vient à bout; & qu'il n'y a que ceux qui sont patiens & humbles, & qui aiment Dieu sincérement & parfaitement, qui puissent prétendre de l'acquérir. Car Dieu ne révéle cette divine & pure Science qu'à ses fidelles Serviteurs, & qu'à ceux à qui de toute éternité il a résolu, par sa divine providence, de découvrir un si grand Mistére. Ainsi ceux, à qui il fait une grace si singuliére, doivent bien considérer à qui ils peuvent confier un si grand

grand Sécret, avant que de le dire, & de se découvrir ; parce qu'on ne le doit considérer que comme un Don de Dieu, qu'il fait comme il lui plaît, & à qui il lui plaît de ceux qu'il choisit parmi ses fidelles Serviteurs. Et ils doivent continuellement s'abaisser & s'humilier devant Dieu ; reconnoître avec une entiére soûmission, qu'ils ne tiennent un si grand bien que de lui seul, & n'en user que selon les ordres de sa sainte volonté.

Je sçai, *dit alors Calid*, & je connois bien que rien d'excellent & de parfait ne se peut faire sans l'aide & sans la révélation de Dieu ; car il est infiniment élevé au dessus de toutes les Créatures, & les Décrets de sa sainte volonté sont immuables.

Le Roi se tournant lors vers moi, me dit, Galip, mon fidelle Serviteur, assis-toi, & écris fidellement tout ce que tu nous entendras dire. Et Morien prenant la parole, dit.

Le Seigneur tout puissant & Créateur de toutes choses a créé les Rois avec une puissance absoluë sur leurs Sujets ; mais il n'est pas en leur pouvoir de changer l'ordre qu'il a établi dans le Monde. Je veux dire, qu'ils ne peuvent point faire que les choses qu'il a mises les prémiéres, deviennent les derniéres ; ni que ce qu'il a mis le dernier soit le premier ; & il leur est tout-à-fait impossible de rien sçavoir, s'il ne leur révéle, & de rien découvrir, s'il ne le leur permet, & qu'il ne l'ait auparavant résolu: Comme ils ne sçauroient non plus garder ni conserver ce qu'il leur aura donné, si ce n'est par la force & par la vertu extraordinaire qu'il leur envoye d'enhaut. Et ce qui fait paroître Dieu encore plus admirable, ils ne sçauroient, avec toute leur puissance, retenir leur ame, ni conserver leur vie, que jusqu'au terme que Dieu leur a limité. (1) Et c'est Dieu tout seul qui choisit, parmi ses Serviteurs, ceux qu'il lui plaît, & qu'il destine à chercher cette Science divine, qui est inconnuë & cachée aux Hommes, & pour la garder & la te-

---

(1) Ceci pourroit avoir quelque rapport aux Métaux parfaits, sur tout lorsqu'ils sont élevés à une plus haute perfection par l'Art, qui aide la Nature; mais j'ai mieux aimé l'attribuer aux Rois, & il y a plus d'apparence que cela suit ainsi, parce que Morien parloit à un Roi, auquel il vouloit faire voir, que leur autorité n'alloit pas jusqu'à pouvoir changer l'ordre que Dieu a établi dans le monde, en mettant devant ce qui est après: il veut dire en élevant à la perfection, ce qui n'en a point; & en détruisant & jettant dans la corruption, ce qui est le plus parfait: comme fait un Philosophe, qui éleve les Métaux imparfaits à la perfection de l'Or, & qui réduit l'Or dans la putréfaction, & en quelque façon dans l'anéantissement, par sa dissolution; au moins apparemment, parce qu'effectivement l'Or en cet état est plus précieux, que le plus fin Or qui soit au monde, comme dit Philaléthe, qui l'appelle alors le Plomb des Philosophes. M. Salomon.

nir secréte dans leurs cœurs, lorsqu'ils l'auront une fois découverte. Aussi est-ce une Science admirable, laquelle détache & retire celui qui la posséde de la misére de ce Monde, & qui le conduit & l'éléve à la connoissance des Biens de la vie éternelle. C'est pourquoi les anciens Philosophes en étoient si jaloux, qu'en mourant, ils se laissoient cette Philosophie les uns aux autres, par tradition, comme un héritage qui n'appartenoit qu'à eux seuls. Ensuite un tems fut que cette Science étoit presque anéantie, étant méprisée de tout le monde. Et quoi que parmi tout ce mépris que l'on en faisoit, il y eût plusieurs Livres des anciens Philosophes, qui avoient été conservez, dans lesquels cette Science se trouvoit toute entiére, & sans nul mensonge: Et quoi qu'il y en eût plusieurs qui s'appliquassent à l'étudier, personne néanmoins ne pouvoit réüssir à faire le Magistére, à cause de la pluralité des noms tout différens, que de tout tems les anciens Sages ont donné aux choses qui appartiennent à ce Magistére, & qu'il faut nécessairement connoître pour le pouvoir faire. Pour moi, j'en ai connu parfaitement la vérité, ainsi que vous en avez vû l'expérience. Mais quoi que les Philosophes, nos Prédécesseurs, ayent donné plusieurs & différens noms à leur Magistére, & quoi qu'ils y ayent entremêlé des Sophistications, afin de rendre la chose plus obscure, & sa connoissance plus difficile ; il est certain néanmoins que tout ce qu'ils en on dit, est d'ailleurs très-véritable ; comme plusieurs, qui ont fait le Magistére, l'ont vû par leur propre expérience. Et l'on a toûjours crû qu'ils n'ont affecté cette obscurité & ce déguisement, que pour ôter la connoissance de leur Science aux Foûs, & aux Insensés, qui en abuseroient ; & afin qu'il n'y eût que ceux qui seront jugez dignes de posséder un si riche trésor, qui pûssent entendre leurs paroles. Que celui donc qui trouvera les Livres des véritables Philosophes, les étudie soigneusement, jusqu'à ce qu'il les entende de la véritable maniére, de laquelle ils doivent être entendus. Car toutes ces difficultés ne doivent détourner personne de la recherche de ce Magistére ; & un Homme ne doit point pour cela désespérer d'y parvenir, pourvû qu'il ait une ferme espérance & une entiére confiance en Dieu : Qu'il le prie continuellement de lui donner l'intelligence de ce Secret, & de lui faire la grace de faire & d'accomplir une Oeuvre si divine & si admirable : Qu'il lui demande instament sa lumiére pour connoître cette admirable perfection, & pour l'éclairer & le conduire dans la droite & véritable voye, sans qu'il s'en écarte jamais, jusqu'à ce qu'il soit heureusement parvenus à la fin de l'Oeuvre.

O Morien, *dit alors le Roi*, c'en est assez, s'il vous plaît, touchant la conduite qu'il faut tenir avant que de commencer cette Ouvrage. J'entens fort bien ce que vous en venez de dire, & je vous promets que je l'observerai fort éxactement, si vous voulez bien m'enseigner le Magistére. Expliquez-le moi donc, je vous prie, fort clairement, & faites-moi entendre ce qu'il y a si long-tems que je souhaite de sçavoir, afin que je ne sois point obligé à en faire une longue recherche, ni une étude pénible, qui pourroit me décourager & me détourner du bon chemin. Ainsi entrons je vous prie en matiére, par le commencement de la chose, & continuons de suite, sans rien confondre & sans renverser l'ordre qu'il faut observer.

A cela Morien répondit. Je vous déclarerai la chose de suite & d'ordre ; commencez à me demander ce qu'il vous plaira.

SECONDE ET PRINCIPALE partie de l'Entretien du Roi Calid & du Philosophe Morien, sur le Magistére d'Hermès.

CALID. Avant toutes choses, je vous prie de me dire ce que c'est que la principale Substance & Matiére du Magistére, & qu'elle elle est, & s'il est composé de plusieurs Substances, ou s'il n'est fait que d'une seule Matiére.

MORIEN. Quand on ne peut pas faire connoître par son effet une chose de laquelle on doute, pour la prouver, on se sert du témoignage de plusieurs personnes, qui certifient qu'elle est véritable. Néanmoins je ne vous alléguerai point ici l'autorité des Anciens sur ce que vous me demandez, qu'auparavant je ne vous aye déclaré ce que plusieurs fois j'ai connu par mon expérience touchant la principale Substance & Matiére de Magistére. Et si vous considerez bien ce que je vous dirai de moi-même, & les autorités des anciens Philosophes que je rapporterai, vous connoîtrez évidemment que nous parlons tous unanimement d'une même chose ; & que tout ce que nous en disons est véritable.

Pour satisfaire donc à votre demande, sçachez qu'il n'y a qu'une seule prémiére & principale Substance, qui est la Matiére du Magistére; que de cette Matiére se fait *Un*; que cet est *Un* fait avec elle, & que l'on n'y ajoûte ni n'en ôte quoi que ce soit. Voilà la réponse à ce que vous m'avez demandé. Je vais maintenant vous alléguer le témoignage des anciens Philosophes, pour vous faire voir que nous sommes tous d'accord. Hercules qui étoit Roi, Sage & Philosophe, étant interrogé par quelques-uns de ses Disciples, il leur dit : Notre Magistére vient prémiérement d'une Racine, laquelle s'étend & se partage ensuite en plusieurs choses, & puis elle retourne encore en une seule chose. Et je vous avertis qu'il sera nécessaire qu'elle reçoive l'air. Le Philosophe Arsicanus, dit : Les quatre Elémens, c'est-à-dire, la Chaleur, le Froid, l'Humidité & la Sécheresse, viennent d'une seule source, & quelques-uns d'entr'eux sont faits des autres, qui sont les mêmes. Car de ces quatre, les uns sont comme les Racines des autres, & les autres sont comme composez de ces Racines. Ceux qui sont les Racines, ce sont l'Eau & le Feu ; & ceux qui en sont composez, c'est la Terre & l'Air. Le même Arsicanus dit à Marie : Notre Eau a domination sur notre Terre, & elle grande, lumineuse & pure; car la Terre est créée des parties, & avec les parties de l'Eau les plus grossiéres, & les plus épaisses. Hermès dit pareillement: La Terre est la Mére des autres Elémens; ils viennent tous de la Terre, & ils y retournent. Il dit encore: Comme toutes choses viennent d'un, ainsi mon Magistére est fait d'une Substance & d'une Matiére. Et de même que dans le corps de l'Homme sont contenus les quatre Elémens, Dieu les a aussi créez différens & séparés; & il les a créez, unis & ramassés en un, étant répandus par tout le Corps; parce qu'un même Corps les contient tous, comme s'ils étoient submergés en lui; & il les retient tous en une seule chose. Et si pourtant chacun d'eux fait une opération particuliére, & toute différente de celles de chacun des autres. Et quoi qu'ils soient tous dans un même Corps, cela n'empêche pas que chacun d'eux n'ait sa couleur particuliére, & chacun sa domination séparée. Il en est par conséquent tout de même de notre Magistére, parce que les Couleurs, qui dépendent chacune d'un Elément, paroissent successivement, & l'une après l'autre. Les Philosophes ont dit beaucoup d'autres choses semblables de ce Magistére, comme nous verrons ci-aprés.

CALID. Comment, & par quel moyen

se peut-il faire, qu'il n'y ait qu'une Racine, qu'une Substance, & qu'une Matiére de ce Magistére, puisque dans les Ecrits des Philosophes, on trouve plusieurs noms de cette Racine, & qui sont même tous différens?

MORIEN. Il est vrai qu'il y a plusieurs noms de cette Racine; mais si vous considérez bien ce que je viens de dire, & dans l'ordre que je l'ai dit, vous trouverez qu'il n'y a effectivement qu'une Racine, qu'une Substance & qu'une Matiére du Magistére. Et afin de vous le faire mieux comprendre, je vais encore vous rapporter & vous expliquer quelques autres autorités des anciens Philosophes sur ce sujet.

CALID. Achevez de m'expliquer le Magistére de cet Oeuvre.

MORIEN. Herculès dit à quelques-uns de ses Disciples: Le noyau de la Date est produit & nourri de la Palme, & la Palme de son noyau. Et de la Racine de la Palme, proviennent plusieurs petits Surgeons, qui multiplient & produisent plusieurs autres Palmiers autour d'elle. Et Hermès dit: Regarde le rouge accompli, & le rouge diminué de sa rougeur, & toute la rougeur; considére aussi l'orangé parfait, & l'orangé diminué de sa couleur orangée, & toute la couleur orangée. Et regardez encore le noir achevé, & le noir diminué de sa noirceur, & toute la noirceur. Tout de même l'Epi vient d'un grain, & il sort plusieurs branches d'un Arbre, quoi que l'Arbre ne vienne que de son germe. Un autre Sage, qui avoit renoncé au monde pour l'amour de Dieu, nous en rapporte un exemple semblable. Car il dit: La Semence est la prémiére formation de l'Homme; & d'un grain de bled il en vient cent, & d'un petit germe se fait un grand Arbre, & d'un Homme est tirée une Femme, qui lui est semblable; & de cet Homme & de cette Femme, il naît souvent plusieurs Fils & Filles, qui ont le teint, les traits & le visage tout différens. Le même Sage dit encore : Voyez un Tailleur ; d'un même drap il fait une chemisette, & toute autre sorte d'habillemens, dont chaque partie à un nom particulier & différent de celui des autres. Et néanmoins à considérer ces parties naturellement, c'est-à-dire selon leur matiére, on trouvera qu'elles sont toutes faites d'une même étoffe, & que c'est un même drap, qui est la principale matiére, de laquelle tout l'habit est fait. Parce qu'encore que le corps, les manches, & les basques ayent des noms différens, entant que parties de l'habit, le drap est pourtant leur principale matiére. Car on peut défaire l'habit, & en séparer les parties en ôtant le fil dont elles sont cousuës & attachées ensemble, sans que le drap cesse d'être le même, & sans qu'il ait besoin d'un autre différent drap pour cela. Ainsi notre Magistére est une chose qui subsiste d'elle-même, sans avoir besoin de nulle autre chose. Or ce Magistére est caché dans les Livres des Philosophes, & tous ceux qui en ont parlé, lui ont donné mille noms différens. Il est même scellé, & il n'est ouvert qu'aux Sages. Car les Sages le cherchent avec empressement ; ils le trouvent après l'avoir bien cherché, & dès qu'ils l'ont une fois trouvé, ils l'aiment & l'honorent : mais les Fous s'en mocquent, & ils ne l'estiment que fort peu, ou pour dire la vérité, ils ne l'estiment rien du tout, parce qu'ils ne sçavent pas ce que c'est.

Voici quelques-uns de ces noms, que dans leurs Ecrits les Sages ont donné à leur Magistére. Ils l'ont appellé Sémence, laquelle, lorsqu'elle se change, se fait sang dans la Matrice, & enfin elle se caille & devient comme un morceau de chair composée. Et il se fait de cette maniére jusqu'à ce que la Créature reçoive une autre Forme, c'est à sçavoir celle de l'Homme, qui succéde à cette prémiére Forme de chair, & lors il faut nécessairement qu'il s'en fasse un Homme. Un autre de ces noms, est qu'il ressemble à la Palme par la couleur de ſes fruits, & par celle qu'ont ſes ſemences, avant que d'arriver à leur perfection. Les Philoſophes comparent encore leur Magiſtére à un Grénadier, à du Bled, à du Lait, & ils lui donnent pluſieurs autres noms, de tous leſquels il n'y a qu'une Racine ou fondement ; mais ſelon les différens effets, les diverſes couleurs, & les natures différentes de ce Magiſtére, on lui donne pluſieurs noms différens ; ainſi que le dit le Philoſophe Hériſartes. Et je puis aſſûrer avec vérité que rien n'a tant trompé, ni fait faillir ceux qui ont voulu faire le Magiſtére, que la différence & la pluralité des noms qu'on lui a donnez. Mais quand on aura une fois reconnu que tous ces noms, qu'on lui a impoſez, ne ſont pris que de la diverſité des couleurs, qui paroiſſent en la conjonction des deux Matiéres qui viennent d'une même Racine, on ne s'égarera pas facilement dans la voye qu'il faut tenir pour faire le Magiſtére.

CALID. A propos de couleurs, vous me faites ſouvenir, que vous diſiez tantôt qu'elles ſe changeoient les unes en les autres. Je voudrois bien ſçavoir ſi cela ſe fait par une ſeule Opération, ou Diſpoſition ; ou ſi c'eſt par deux ou par pluſieurs Opérations, qu'elles ſe changent ainſi ?

MORIEN. C'eſt par une ſeule Opération que la Matiére se change ainsi ; mais plus cette Matiére reçoit de nouvelles couleurs, par la chaleur du feu, & plus on lui donne de noms différens. De-là vient que le Philosophe Datin dit à Eutichez : Je te ferai voir que les Philosophes n'ont eu autre dessein, en multipliant les Dispositions ou Opérations de notre Magistére, que d'instruire & d'éclaircir d'avantage les Sages ; & par cela même d'aveugler entiérement les Fous. Car comme le Magistére a un nom, qui lui est propre, il a aussi une Disposition, ou Opération, qui lui est toute particuliére ; & pour le faire, il n'y a tout de même qu'une seule & unique voye, qui est toute droite. C'est pourquoi encore que les Sages ayent donné divers noms au Magistére, & qu'ils en ayent parlé diversément, comme si c'étoient plusieurs choses toutes différentes, ils n'ont néanmoins entendu ni voulu parler que d'une seule chose, & d'une seule Disposition ou Opération. Que cela vous suffise donc, ô bon Roi, & ne veüillez plus, je vous prie, m'interroger sur ce sujet. Car les Sages, nos Prédécesseurs, ont parlé de plusieurs Opérations, de plusieurs poids, & de plusieurs couleurs : ce qui fait qu'ils ont rempli leurs Ecrits d'Allégories, à l'égard du Vulgaire seulement : & si pourtant ils n'ont jamais menti ; mais ils ont parlé comme ils ont trouvé à propos de le devoir faire, & comme ils l'entendoient effectivement entr'eux; afin de cacher leur Secret, & de le rendre inintelligible aux autres.

CALID. En voilà assez touchant la Nature & la Substance du Magistére. Je vous prie de m'expliquer maintenant sa couleur, & de m'en parler clairement, sans embarrasser votre discours d'Allégories, ni de Similitudes.

MORIEN. Les Sages avoient toûjours accoûtumé de faire leur Azot ou Alun, de lui & avec lui; mais ils le faisoient avant que de teindre aucune chose par son moyen. Bon Roi, c'est vous en dire assez en peu de mots. Que si vous souhaitez que nous reprenions les autorités des Anciens, pour vous en donner un exemple, écoutez ce que dit le Philosophe Datin : Notre Laiton, quoiqu'il soit prémiérement rouge, est néanmoins inutile, s'il demeure en cet état ; mais si de rouge qu'il est, il est changé en blanc, il vaudra beaucoup. C'est pourquoi le même Datin dit à Eutichez : Ô Eutichez, tiens ceci pour tout assûré, & ajoûtes-y une ferme croyance. Car les Sages en ont parlé ainsi : Nous avons dèja ôté la noirceur & fait paroître la blancheur avec le Sel Nitre (ou *Sel de Nature*) & l'Almizadir, c'està-dire le Sel Ammoniac, qui est froid &

sée, & nous avons fixé la blancheur. C'est pourquoi nous lui donnons le nom de *Boreza*, qui veut dire en Arabe *Tincar*. Hermès confirme cette autorité du Philosophe Datin, en disant : La noirceur est ce qui paroît d'abord ; puis avec le Sel Nitre suit la blancheur ; au commencement il fut rouge, puis à la fin il fut blanc. Ainsi sa noirceur lui est entiérement ôtée ; & enfin il est changé en un rouge brillant. Et Marie dit : Lorsque le Laiton est brûlé avec le Soufre, & qu'une mollesse est répanduë sur lui, étant dissous, en sorte que son ardeur soit ôtée, alors toute son obscurité & sa noirceur est chassée de lui ; & ainsi il est changé en Or très-pur. Le même Philosophe Datin dit encore : Si le Laiton est brûlé avec le Soufre, & qu'une mollesse se répande souvent pardessus ; lors, avec l'aide de Dieu, sa nature se changera en mieux, & deviendra plus parfaite qu'elle n'étoit. Un autre Philosophe dit : Lorsque le pur Laiton est cuit durant un si long-tems, qu'il vienne à être luisant comme sont les yeux de poisson, on doit espérer qu'en cet état, il sera utile ; & sçachez qu'alors il retournera à sa nature prémiére. Un autre dit pareillement : Plus une chose est lavée, plus elle paroîtra claire ; c'est-à-dire, meilleure. Et si le Laiton n'est point lavé, il ne paroîtra point clair ni transparent, &

G iiij.

il ne reprendra point sa couleur. Marie dit aussi : Rien ne peut ôter au Laiton son obscurité ou sa couleur : mais l'Azot est comme sa prémiére couverture. Cela s'entend quand sa cuisson se fait ; car pour lors l'Azot colore le Laiton, & le rend blanc. (1) Mais le Laiton reprend sa domination sur l'Azot en le changeant en vin, c'est-à-dire, en le rendant rouge comme du vin. Un autre Philosophe dit tout de même : Que l'Azot ne peut ôter substantiellement la couleur au Laiton, ni le changer, si ce n'est seulement en apparence ; mais que le Laiton ôte à l'Azot sa blancheur substantielle, parce qu'il a une force merveilleuse, qui paroît pardessus toutes les couleurs. Car quand les couleurs sont lavées, & que l'on ôte la noirceur & l'ordure, en sorte que le blanc paroisse, après cela le Laiton a domination sur l'Azot, (2) & il rend l'Azot rouge. Le Philosophe Datin dit aussi : Que toutes choses ne procédent que de lui ; que tout est avec lui, & que toute Teinture vient de son semblable. Le Phi-

(1) L'Azot, qui est pris en cet endroit pour le second Mercure des Philosophes, est ce qui se forme le prémier de la dissolution du corps de l'Or, & ainsi, c'est sa prémiére couverture, je veux dire, ce qui fait qu'il perd la figure & la couleur de l'Or. *M. Salomon.*

(2) L'Azot a domination sur le Laiton, lorsque la Composition est Eau, & second Mercure des Philosophes, par la dissolution de l'Or, que le prémier Mercure a faite. *M. Salomon.*

losophe Adarmath dit tout de même : Les anciens Sages n'ont donné tant de différens noms à ces choses, & ne se sont servis de tant de Similitudes, pour les expliquer, que pour vous faire connoître que la fin de cette chose rend témoignage de son commencement, & son commencement de sa fin, (1) se faisant ainsi connoître mutuellement l'un l'autre; & afin que vous sçachiez aussi que tout cela n'est qu'une seule chose, laquelle a pourtant un Pére & une Mére; & son Pére & sa Mére la nourrissent, & lui donnent à manger. Et néanmoins ce n'est pas une chose qui puisse être nullement différente de son Pére & de sa Mére. Eutichez dit aussi : Comment se peut-il faire que l'Espéce soit teinte de son Genre ? Le Philosophe Datin dit tout de même : D'où est ce qui est sorti de lui, & ce qui retournera en lui ?

CALID. En voilà assez touchant la nature de la Pierre & sa couleur. Disons maintenant quelque chose de sa Composition naturelle; de ce qu'elle paroît à l'at-

___

(1) Il veut dire qu'il y a une grande ressemblance entre la première & la seconde Opération, comme il le dit plus clairement ensuite. Qui a bien commencé, finira bien, pour peu qu'il sçache le Régime du feu. Comme celui qui fait l'Oeuvre, doit nécessairement avoir bien commencé. Le commencement, c'est-à-dire, la Composition du prémier Mercure, étant ce qu'il y a de plus difficile à connoître & à faire. *M. Salomon.*

touchement ; de son poids, & de son goût.

MORIEN. Cette Pierre est molle à l'attouchement ; & elle est plus molle que n'est son Corps. Mais elle est fort pésante, & elle est très douce au goût, & sa nature est aërienne.

CALID. Qu'elle est son odeur devant qu'elle soit faite, & après qu'elle est faite ?

MORIEN. Avant qu'elle soit faite, elle a une odeur forte, & elle sent mauvais ; mais après qu'elle est faite, elle a bonne odeur. Ce qui a fait dire au Sage : Cette Eau ôte l'odeur du Corps mort, & qui est dèja privé de son Ame ; car le Corps en cet état sent fort mauvais, ayant une odeur telle qu'est celle des tombeaux. C'est pourquoi le Sage dit : Celui qui aura blanchi l'Ame, qui l'aura fait monter une seconde fois, qui aura bien conservé le Corps, & en aura ôté toute l'obscurité, & qui l'aura dépouillé de sa mauvaise odeur, il pourra faire entrer cette Ame dans le Corps ; & lorsque ces deux parties viendront à s'unir ensemble, il paroîtra beaucoup de merveilles. C'est pourquoi lorsque les Philosophes s'assemblérent devant Marie, quelques uns d'eux lui dirent : Vous êtes bienheureuse, Marie, parce que le divin Secret caché, & qui est toûjours honoré, vous a été révélé. (1)

CALID. Expliquez-moi, je vous prie, comment se fait le changement des Natures ; je veux dire comment ce qui est en bas monte en haut, & comment ce qui est en haut décend en bas ; de quelle maniére l'un s'unit tellement à l'autre, qu'ils se mêlent ensemble, & ne font plus qu'une même chose. Dites-moi aussi qui est la cause de ce mélange ; comment cette Eau bénie vient laver, arroser & nettoyer le Corps de sa mauvaise odeur. Car c'est-là l'odeur que l'on dit ressembler à celle des tombeaux, où l'on ensevelit les Morts ?

MORIEN. C'est cela même dont le Philosophe Azimaban eut raison de dire, quand Oziambe lui demanda, comment cette chose-là se pouvoit appeller naturellement ; Que son nom naturel étoit *Animal* ; & que quand elle avoit ce nom, elle sentoit bon, & qu'il ne demeuroit ni obscurité ni mauvaise odeur en elle.

CALID. C'est assez parlé de ce qui concerne en général la recherche du Ma-

___

(1) Ceci n'a nulle liaison avec ce qui précede. Ainsi il faut qu'il manque quelque chose en cet endroit. N'y ayant nulle raison de dire à Marie qu'elle étoit bienheureuse, parce que le divin secret caché & toujours honoré, lui avoit été révélé ; & cela à cause que lorsque l'Ame & le Corps viendront à s'unir, on verra beaucoup de merveilles dans le Vaisseau. M. *Salomon.*

giſtére; maintenant je vous demande, ſi c'eſt une choſe qui ſoit à vil prix, ou ſi elle eſt chére, & je vous prie de m'en dire la vérité.

MORIEN. Conſidérez ce qu'a dit le Sage: Que le Magiſtére a accoûtumé de ſe faire d'une ſeule choſe. Mettez donc cela fortement dans votre eſprit, & penſez-y, & l'éxaminez ſi bien, que vous ne ſoffriez plus aucune contradiction là-deſſus. Sçachez donc que le Soufre *Zarnet*, c'eſt-à-dire l'Orpiment, eſt bien-tôt brûlé; & qu'en brûlant il eſt bien-tôt conſumé; mais que l'Azot réſiſte plus long-tems à la combuſtion; car toutes les autres Eſpéces ou Matiéres étant miſes dans le feu, en ſont bien-tôt conſumées. Comment pourrez-vous donc attendre rien de bon d'une choſe, qui eſt incontinent conſumée par l'ardeur du feu, & qu'il brûle & réduit en charbon? Je vous avertis encore que nulle autre Pierre, ni nul autre Germe n'eſt propre pour ce Magiſtére. Mais conſidérez ſi vous pourrez donner un bon régime à une choſe pure & très nette; car ſans cela votre Opération ne produiroit rien. Or les Sages ont ordonné & ont dit, que ſi vous trouvez dans le fumier ce que vous cherchez, vous l'y devez prendre; & que ſi vous ne l'y trouvez pas, vous n'avez que faire de mettre la main à la bourſe, parce

ET DU PHILOSOPHE MORIEN. 85
que tout ce qui coûte cher est trompeur, & inutile à cet ouvrage. Mais gardez-vous bien de faire nulle dépense en ce Magistére, (1) parce que quand il sera parachevé, vous n'aurez plus de dépense à faire. C'est pourquoi le Philosophe Datin dit : Je te recommande de ne faire nulle dépense dans le poids des Espéces, ou Matiéres, & principalement dans le Magistére de l'Or. Le même Philosophe dit : Celui, qui pour faire le Magistére, cherchera quelque autre chose que cette Pierre, fera comme un Homme qui voudroit monter à une échelle sans échelons, ce que ne pouvant faire, il tombe la tête la prémiére en bas.

CALID. Ce que vous dites-là, est-ce une chose rare, ou s'il s'en trouve beaucoup?

MORIEN. Il est de ceci ce que dit le Sage ; c'est à sçavoir, pour le Riche & pour le Pauvre, pour le Prodigue & pour l'Avare, pour Celui qui marche & pour Celui qui est assis. Car c'est une chose que l'on jette dans les ruës, & l'on marche des-

---

(1) Il semble qu'il devroit y avoir, *Gardez-vous bien d'épargner la dépense*, à cause qu'il y a ensuite ; *Parce que quand il sera parachevé, vous n'aurez plus de dépense à faire.* Cependant le Philosophe Datin dit plus bas *de ne rien dépenser, & sur tout dans le Magistére de l'Or.* Ce qui ne peut pourtant se faire sans qu'il en coûte plus que ces deux Philosophes ne le font entendre. Consultez là-dessus Philalèthe, Chap. XVII. *M. Salmon*.

fus dans les fumiers où elle est. Ce qui a été cause que plusieurs ont fouillé dans les fumiers croyant l'y trouver, & ils ont été trompez. Mais les Sages ont connu ce que c'étoit, & ils ont souvent éprouvé & recommandé cette chose unique, qui contient en soi les quatre Elémens, & qui a domination sur eux.

CALID. En quel Lieu & en quelle Minière doit-on chercher cette chose pour la trouver?

Ici Morien se teut, & baissant la tête, il songea long-tems ce qu'il devoit répondre au Roi. Enfin se redressant, il dit.

O Roi, je vous confesse la vérité, que Dieu, par son bon plaisir, a créé cette chose plus remarquable en vous, & qu'en quelque Lieu que vous soyez, elle est en vous, & n'en sçauroit être séparée, & que tout ce que Dieu a créé ne sçauroit subsister sans elle, de sorte que si on la sépare de quelque Créature, elle meurt tout aussi-tôt. (1)

CALID. Je n'entens point ce que vous

---

(1) La grande Oeuvre étant faite, comme le sont tous les autres Mixtes, des quatre Elémens, la Terre, l'Eau, l'Air, & le Feu; & des trois Principes, le Sel, le Mercure, & le Soufre; & rien ne pouvant subsister sans l'union de ces Principes, & sans la composition de ces Elémens, personne ne peut vivre sans la Matière de la Pierre, qui est la chose dont parle Morien. Voyez la Note dans les sept Chapitres, sur ce passage, *l'Oeuvre est en vous.* M. Salomon. Tome I. p. 19.

venez de me dire, si vous ne me l'expliquez.

Morien répondit. Les Disciples d'Herculès lui dirent : Notre bon Maître, les Sages, nos Prédécesseurs, ont composé des Livres sur ce Magistére, qu'ils ont laissez à leurs Enfans, & à leurs Disciples ; nous vous prions donc de ne nous en point céler l'explication, mais de vouloir, s'il vous plaît, sans différer plus long-tems, nous déclarer ce que les Anciens ont laissé un peu obscur dans leurs Ecrits. Et il leur dit : O Enfans de la Sagasse ! sçachez que Dieu, le Créateur très-haut & béni, a créé le Monde des quatre Elémens, qui sont tous dissemblables entre eux, & qu'il a mis l'Homme entre ces Elémens, comme en étant le plus grand ornement.

Calid. Je vous prie, expliquez-moi encore ce que vous dites-là.

Morien. Qu'est-il besoin de tant de discours, ô Roi, c'est de vous que se tire cette chose ; c'est vous qui en êtes la Mine ; car elle se trouve chez vous, & pour vous avoüer sincérement la vérité, on la prend & on la reçoit de vous. Et quand vous l'aurez éprouvé, l'amour que vous avez pour elle s'augmentera en vous. Soyez sûr que ce que je vous dis-là est vrai & indubitable.

Calid. N'avez-vous jamais connu quelqu'autre Pierre, qui soit semblable à celle dont nous parlons, & qui ait la vertu & la puissance de faire comme elle la chose dont il est question, c'est-à-dire, le Magistére & la transmutation des Métaux imparfaits, en Argent & en Or?

MORIEN. Non, je n'en connois nulle semblable à celle-ci, ni qui fasse le même effet qu'elle. Car elle contient en soi les quatre Elémens, & elle ressemble au Monde, & à la composition du Monde, & dans le Monde il ne se trouve nulle autre Pierre, qui soit semblable à celle-ci ; je veux dire, qui ait la même Composition & la même Nature qu'elle. Celui qui cherchera donc une autre Pierre, dans ce Magistére, il sera trompé dans son Opération. Il y a encore quelque chose qu'il faut que vous sçachiez ; C'est le commencement de ce Magistére ; car je vous tirerai de toute erreur. Prenez donc garde de ne pas laisser cette Racine, & que vous ne cherchiez quelque jour ces changemens, parce que vous ne pourriez trouver le bien ni le fruit que vous chercheriez. Je vous avertis encore d'observer entiérement tout ce qui a été dit ci-devant.

CALID. O Morien, dites-moi maintenant la qualité de cette Opération ou Disposition, car après ce que vous venez de m'apprendre, j'espére que Dieu nous aidera.

MORIEN. Je vous la dirai comme les Anciens & moi l'avons reçûë; car vous avez raison de me faire cette demande. Donc pour bien comprendre cette Opération & la bien faire, il est nécessaire que dans son Régime, vous en observiez régulièrement toutes les parties, qui sont les Dispositions ou Opérations pour l'accomplir, selon l'ordre dans lequel elles sont rangées, & comme elles s'entresuivent naturellement, sans en obmettre aucune. La prémiére de ces parties c'est l'Accouplement. La seconde la Conception. La troisiéme la Grossesse. La quatriéme l'Enfantement, ou Accouchement. La cinquiéme la Nourriture. S'il n'y a donc point d'Accouplement, il n'y aura point de Conception; & n'y ayant point de Conception, il n'y aura point de Grossesse; & n'y ayant point de Grossesse, il n'y aura point d'Accouchement. D'autant que l'ordre de cette Opération ressemble à la production de l'Homme. Car le Créateur tout-puissant, très-haut & très-grand, de qui le Nom soit béni éternellement, a créé l'Homme, non pas de parties ou piéces rapportées, comme est une maison, laquelle est faite de piéces assemblées, parce que l'Homme n'est pas fait de piéces artificielles, ni qui ayent subsisté d'elles-mêmes auparavant; au lieu qu'une maison est bâtie de ces sortes de piéces, les fondemens, les murailles, & le toît, qui en sont les parties, étant des choses assemblées par artifice. Mais l'Homme n'est pas composé de la sorte, parce que c'est une Créature; c'est-à-dire, qu'il a en lui une Ame, qui est créé immédiatement de Dieu. Et lorsque son Essence se change en sa prémiére conformation, il passe toûjours dans ce changement à un Estre plus parfait. De sorte que l'Homme se parfait toûjours dans sa production. En quoi il est bien différent des choses artificielles; car lorsqu'il se forme, il croît & augmente de jour en jour, & de mois en mois, jusqu'à ce que le Créateur très-haut achéve de parfaire sa Créature dans un tems préfix, & dans des jours déterminez. Et quoi que les quatre Elémens fussent aussi bien dans la Matiére séminale, dont l'Homme est formé, comme ils sont dans l'Homme même; néanmoins Dieu le Créateur a prescrit un terme, & il a limité un tems, dans lequel il doit être parfait. Et ce tems étant fini, l'Homme est entiérement formé. Car telle est la Force & la Sagesse du Très-haut. Mais vous devez sçavoir sur toutes choses, ô bon Roi, que ce Magistére est le Secret des Secrets de Dieu très-grand, & que c'est lui qui a confié & recommandé ce Secret à ces Prophétes, desquels il a mis les ames en son Paradis. Que si les Sages, qui sont venus après eux, n'eussent compris ce qu'ils avoient dit de la grandeur du Vaisseau dans lequel se fait le Magistére, ils n'auroient jamais pû faire l'Oeuvre. (1) N'oubliez donc rien de tout ce que je viens de vous dire. Je vous ai fait voir ci-dessus, qu'il n'y a pas beaucoup de différence entre la maniére de faire ce Magistére, & celle avec laquelle l'Homme est produit. Et je dis maintenant qu'en ce Magistére rien n'est animé, rien ne naît, & rien ne croît, qu'après la putréfaction, & après avoir souffert de l'altération & du changement. Et c'est ce qui a fait dire à un Sage : Que toute la force du Magistére n'est qu'après la pourriture. S'il n'est pourri, il ne se pourra liquéfier ni dissoudre : & s'il n'est dissous, il retournera dans le néant.

CALID. Que deviendra cela après la putréfaction ?

MORIEN. Après la putréfaction, la

---

(1) Il y a dans l'Original de la qualité du Vaisseau ; au lieu de quoi j'ai mis de la quantité. Parce que c'est la quantité, ou grandeur, tant du Fourneau que de l'Oeuf, que les Philosophes ont déterminée. Si ce n'est que Morien parlât ici du Vaisseau du premier Mercure, & qu'il voulût dire qu'il est si nécessaire de connoître la qualité de ce Vaisseau, que sans cela, il est impossible de faire l'Oeuvre. Ce qui se rapporte à ce que Marie dit du Vaisseau d'Hermès, qu'il n'y a que Dieu qui le révèle, étant une chose divine, que tous les Philosophes ont cachée. *M. Salomon.*

chose deviendra en tel état, que Dieu tout-puissant, & le Créateur très-haut, en fera la Composition que l'on recherche. Sçachez donc que ce Magistére a besoin d'être créé & fait deux fois : Et que ce sont deux Actions & deux Opérations tellement liées l'une avec l'autre, que quand l'une d'elles est achevée, l'autre commence ; & que lorsque cette derniére est faite, tout le Magistére est fait & accompli.

CALID. Comment se peut-il faire que ce Magistére doive être fait & créé deux fois ; puisque vous avez dit auparavant, que pour le faire il n'y a qu'une Matiére, & qu'une seule voye toute droite ?

MORIEN. Ce que j'ai dit est vrai. Car tout le Magistére est fait d'une chose, & il n'y a qu'une voye & qu'une maniére de le faire : parce que l'une de ces Opérations est tout à fait semblable à l'autre.

CALID. Quelle est donc cette Opération, par laquelle vous avez dit ci-devant, que tout le Magistére peut être parfait ?

MORIEN. O Roi, je prie Dieu qu'il veüille vous éclairer. Ce que vous me demandez, est une Opération qui ne se fait point avec les mains. Et plusieurs Sages se sont plaint de qu'elle étoit fort difficile, & ils ont assûré que si quelqu'un, par sa science & par son travail, peut découvrir le moyen de la faire, il sçaura tout ce qui est nécessaire pour l'accomplissement de l'Oeuvre, & qu'il lui sera facile de l'achever: Et au contraire, que celui qui ne la pourra trouver, ni par sa science, ni par son travail, ignorera entiérement tout le Magistére.

CALID. Quelle est donc cette admirable Opération ?

MORIEN. Si vous considérez & éxaminez sérieusement ce que les Sages en ont dit, vous pourrez aisément la connoître. Car voici comment ils en ont parlé. Cette Opération est un changement des Natures, & un mélange, ou mixtion admirable de ces mêmes Natures; c'est-à-dire, du Chaud & de l'Humide, avec le Froid & le Sec, qui se fait par une Disposition ou Opération fort subtile.

CALID. Puisque cette Opération ne se fait point par la main des Hommes, dites-moi donc avec quoi elle se peut faire ?

MORIEN. Cette Opération ou Disposition se fait de la maniére que le Sage l'a dit. C'est à sçavoir, Que l'Azot & le Feu lavent & purifient le Laiton, & lui ôtent entiérement son obscurité. Car le Sage en parle ainsi: Si vous sçavez bien régler & proportionner le Feu, avec l'aide de Dieu, l'Azot & le Feu vous suffiront en cette Opération. Et de là vient qu'Elbo, surnommé le Meurtrier, dit : Blanchiſſez le Laiton, & rompez vos Livres, de crainte que vos cœurs ne ſoient déchirez.

CALID. Cette Opération, ou Diſpoſition, eſt-elle devant ou après la putréfaction ?

MORIEN. Elle précéde la putréfaction ; mais il n'y a point d'autre Opération avant elle.

CALID. Qu'eſt-ce donc ?

MORIEN. Toute notre Opération n'eſt autre choſe, & ne conſiſte qu'à tirer l'Eau de la Terre, & à remettre enſuite cette Eau ſur la Terre, juſqu'à ce que cette Terre pourriſſe. Car cette Terre ſe pourrit avec l'Eau & s'y nettoye. Et après qu'elle eſt nettoyée, le Régime de tout le Magiſtére ſera entiérement achevé, avec l'aide de Dieu. Car c'eſt-là l'Opération des Sages, laquelle eſt la troiſiéme partie de tout le Magiſtére. Je vous avertis encore que ſi vous ne nettoyez parfaitement bien le Corps impur : ſi vous ne le deſſéchez : ſi vous ne le rendez bien blanc : ſi vous ne l'animez, en y faiſant entrer l'Ame : & ſi vous ne lui ôtez toute ſa mauvaiſe odeur, de ſorte qu'après avoir été nettoyé, la Teinture ne tombe ſur lui, & ne le pénétre, vous n'avez rien fait du tout dans le Magiſtére, n'en ayant pas bien obſervé le Régime. Sçachez de plus que l'Ame entre bien-tôt dans son Corps, quoi qu'elle ne s'unisse pourtant en nulle maniére avec un Corps étranger.

CALID. Dieu le Créateur soit toûjours à notre secours ; mais vous, ô Philosophe, enseignez-moi, je vous prie, la seconde Opération, & dites-moi si elle commence ou finit la prémiére ?

MORIEN. Oüi, cela se fait comme vous l'avez dit. Car quand vous aurez nettoyé le Corps impur, de la maniére qu'il a déja été dit, mettez ensuite avec lui la quatriéme partie de Ferment, à proportion de ce qu'il est. Or le Ferment de l'Or, c'est l'Or, comme le Pain est le Ferment du Pain. Après quoi mettez le cuire au Soleil, jusqu'à ce que ces deux choses soient si bien unies, qu'elles ne soient plus qu'un même Corps : Puis, avec la bénédiction de Dieu, vous commencerez à le laver. Pour le blanchir, vous prendrez une partie de la chose qui fait mourir, que vous cuirez durant trois jours, & prenez garde de n'oublier, ni de rien retrancher de ces jours-là. Et il faut que le feu brûle & échauffe continuellement & également, de sorte qu'il n'augmente ni ne diminuë ; mais qu'il soit doux & toujours égal, pendant tout son tems : autrement il en arriveroit un grand dommage. Après dix-sept nuits, visitez le Vaisseau, dans lequel vous faites cuire cette Composition. Otez-en l'Eau, que vous trouverez dedans; mettez-y en d'autre, & faites la même chose trois fois. Mais il faut que le Vaisseau soit toujours dans le Fourneau, sans en bouger, jusqu'à ce que le tems de la fermentation de l'Or soit accompli, & jusqu'à ce qu'il soit poussé à la huitiéme partie de sa Teinture. Et après vingt nuits, quand on l'aura tiré & bien desséché, cela s'appelle en langue Arabe *vexir*. Ensuite prenez votre Corps, que vous avez lavé & préparé, & le mettez adroitement sur un Fourneau, afin que là il soit tous les jours arrosé dans son Vaisseau, avec la quatriéme partie de la chose mortifére, ou qui tuë, que vous aurez lors toute prête, prenant bien garde que la flâme du feu ne touche votre Vaisseau; car tout seroit perdu. Tout cela étant fait, posez avec adresse votre Vaisseau dans un grand Fourneau, & faites du feu sur l'ouverture, qui brûle continuellement & également durant deux jours, sans l'augmenter ni le diminuer: après quoi, il faudra l'ôter du Fourneau, avec tout ce qui est dedans; parce qu'avec l'aide de Dieu, l'Opération est faite pour la seconde fois.

CALID. Nous ferons tout comme vous le dites, que le Nom du Seigneur soit béni.

MORIEN. O bon Roi, vous devez encore

encore sçavoir, que toute la perfection de ce Magistére consiste à prendre les Corps, qui sont conjoints & qui sont semblables. Car ces Corps, par un artifice naturel, sont joints & unis substantiellement l'un avec l'autre, & ils s'accordent, se dissolvent, & se reçoivent l'un l'autre, en s'amendant & se perfectionnant mutuellement ; de sorte que toute la violence du feu ne sert qu'à les rendre plus beaux & plus parfaits. Ainsi après que celui qui s'applique à rechercher la Sagesse, connoîtra parfaitement comment il faut prendre ces Corps, les dissoudre, les bien préparer, les mêler & les cuire, il doit sçavoir ensuite le Régime du feu, & les dégrés de chaleur, qu'il leur faut donner ; de quelle maniére son Fourneau doit être fait ; comment il doit allumer son feu ; c'est-à-dire, en quel lieu du Fourneau il le doit faire ; combien de jours ce feu doit durer, & la doze ou le poids de ces Corps (c'est-à-dire, combien il en faut mettre de chacun) parce que s'il y procéde avec prudence & raison, il viendra à bout de son dessein, avec l'assistance de Dieu. Mais qu'il se donne bien de garde de se hâter, & qu'il agisse avec prévoyance & raison ; & sur tout qu'il ait une ferme espérance. Or c'est le Sang qui unit principalement & fortement les Corps, parce qu'il les vivifie, qu'il les conjoint,

Tome II. I

& qu'il les réduit en un seul & même Corps. C'est pourquoi, durant fort long-tems on doit faire & entretenir un feu fort doux, qui soit toujours égal en toute sa durée: parce que le feu, qui par sa chaleur pénétre d'abord le Corps, l'a bien-tôt consumé. Mais si l'on ajoûte des féces de verre, elles empêcheront les Corps, qui seront changez en Terre, d'être brûlez. Car lorsque les Corps ne sont plus unis à leurs Ames, le feu les a bien-tôt brûlez. Mais les féces de verre sont très-propres à tous les Corps; parce qu'elles les vivifient, les accommodent; & en faisant passer quelque chose de quelques-uns de ces Corps dans les autres, elles les empêchent d'être brûlez, & de ressentir trop l'effet de la chaleur. (1) Or

---

(1) Ce que Morien appelle *Eudica*, & que l'Interprète a expliqué *les féces du verre*, est une chose, dont nul autre Philosophe n'a parlé, au moins que je sçache. Ainsi il faut que ce soit un terme du nombre de ceux que les Auteurs de la Science ont déguisez. Il n'est pas difficile néanmoins d'en découvrir la signification, par les vertus qu'il attribuë à cette *Eudica*. Car puisqu'elle vivifie les Corps, qu'elle les unit, & qu'elle les garantit de la combustion, elle fait les mêmes effets dans l'Oeuvre que ce qu'il vient d'appeller *Sang*, ayant dit, que *ce qui unit principalement & fortement ces Corps c'est le Sang, parce qu'il les vivifie & les conjoint, n'en faisant qu'un seul Corps*. D'où il est évident qu'il veut parler du premier Mercure des Philosophes, qui dissout l'Or, qui le vivifie, & qui le garantit de la combustion. Car, comme il est dit dans le grand Rosaire, *l'Eau empêche la Terre d'être brûlée, la Terre lie & arrête l'Eau, l'empêchant de fuir; & après*

quand vous voudrez avoir de ces féces, vous les devez chercher dans les vaisseaux de verre. Et quand vous les aurez trouvées, serrez-les, & ne les employez point jusqu'à ce qu'elles deviennent aigres sans être ferment ; parce que vous ne pourriez rien faire de ce que vous prétendez. La Terre fétide reçoit aussi fort promptement les étincelles blanches, (1) & elle empêche que dans la cuisson le Sang ne soit changé & réduit en Terre damnée, c'est-à-dire, qu'il ne soit brûlé. A quoi il faut bien prendre garde ; parce que la vertu & la force du Sang est très-grande. C'est pourquoi il faut rompre, c'est-à-dire partager le Sang, afin qu'il n'empêche ni ne nuise. Mais il ne le faut rompre qu'après que le Corps sera blanchi. La noirceur s'empare de ce

que la Terre & l'Eau ont été suffisamment purifiées, par la putréfaction ; *de ces deux choses il s'en fait une seule, & elles ne peuvent plus être désunies ni séparées l'une d'avec l'autre*. Hermès dans le Chapitre VII. attribuë les mêmes propriétés au Levain. Mais si quelqu'un s'alloit imaginer qu'il y eût quelque chose dans le verre qui pût faire un semblable effet, il seroit fort abusé. *M. Salomon*.

(1) L'Or étant dissous par le premier Mercure, & la composition de ces deux Matières étant devenuë noire par la putréfaction, elle passe bientôt à la blancheur. Et c'est ce que Morien appelle ici les étincelles blanches, que reçoit *la Terre fétide* ; c'est-à-dire, *la Terre qui sent mauvais*, quoique l'Artiste ne sente jamais cette mauvaise odeur, dit Flamel ; mais il juge seulement qu'elle est telle, par la noirceur qui est la marque de la pourriture de la Matière. *M. Salomon*.

qui est resté des couleurs, je veux dire, des couleurs des veines qui ont été épuisées auparavant par un nouvel Estre, lequel appartient à ce Magistére. Toute chose, au commencement de laquelle vous n'aurez point vû la vérité, est tout à fait trompeuse & inutile. Ceci est encore un Sécret du Magistére, que j'ai abrégé ici, & que je vous ai expliqué; c'est à sçavoir, qu'une partie de cette chose change mille parties d'Argent en Or très-pur.

Ce que je vous ai dit jusqu'à présent, doit donc vous suffire pour le Magistére. Il reste néanmoins à vous expliquer encore quelque chose, sans quoi il ne peut être achevé. Vous devez sçavoir sur tout, que celui qui cherche cette divine & pure Science, ne doit se la proposer que comme étant un Don de Dieu, qui la donne & qui la confie à ceux qu'il aime. Son saint Nom soit béni à jamais. Maintenant, ô bon Roi, donnez-moi toute votre attention, & appliquez-vous sérieusement à écouter & à comprendre ce que je vais vous dire.

CALID. Parlez quand il vous plaira; je suis tout disposé à vous entendre.

TROISIE'ME PARTIE
de l'Entretien du Roi Calid, & du Philosophe Morien.

MORIEN. Ô bon Roi, vous devez sçavoir parfaitement avant toutes choses, que la fumée rouge, & la fumée orangée, & la fumée blanche, & le Lyon vert, & Almagra, & l'immondice de la mort, & le Limpide (c'est-à-dire clair & transparant) & le Sang, & l'Eudica, & la Terre fétide, sont des choses dans lesquelles consiste tout le Magistére, & sans quoi on n'en sçauroit bien parler.

CALID. Expliquez-moi ces noms-là.

MORIEN. Je vous les expliquerai ensuite. Mais auparavant je veux faire en votre présence le Magistére avec les choses que je viens de vous nommer, par tous ces noms que j'ai dit, afin de vous faire voir par effet & par expérience, la vérité de ce que je viens de vous dire. (1) Car

---

(1) Si ceci est de Morien, il a été Envieux en cet endroit, & il a assurément fait l'Oeuvre beaucoup plus difficile qu'elle n'est. Lui-même qui l'avoit apprise d'Adfar, ne dit point que ce Philosophe l'ait fait en sa présence ; au contraire, qu'Adfar mourut après lui avoir découvert tout le sécret de cette divine Science. Et il n'auroit pas omis de marquer qu'il l'a lui au-

le fondement de cette Science est, que celui qui veut l'apprendre, en apprenne prémiérement la Théorie d'un Maître, & puis que le Maître en fasse souvent voir la Pratique à son Disciple. Or il y en a qui cherchent long-tems cette Science dans diverses choses, sans toutefois la pouvoir trouver. Mais ne vous servez, pour faire l'Oeuvre, que des choses sur lesquelles vous me verrez travailler, & n'employez que cela seulement pour faire le Magistére, parce qu'autrement vous serez assûrément trompé. Or il y a plusieurs choses qui empêchent ceux, qui s'appliquent à cette Science, d'y pouvoir réüssir. Car, comme dit le Philosophe, il y a bien de la différence entre un Sage & un Ignorant ; entre un Aveugle & Celui qui voit clair, & entre celui qui a une connoissance parfaite de la maniére de faire le Magistére, & qui la sçait par expérience, & celui qui en est encore à l'apprendre, & à l'étudier dans les Livres; parce que la plûpart des Livres de cette Science sont tous pleins de Figures & d'Allégories, & ils paroissent si obscurs & si embroüillez, qu'il n'y a que ceux qui les ont composez, qui puissent les déchiffrer, & les en-

roit montrée par effet, si cela avoit été. Aussi tous les Philosophes assûrent que l'Oeuvre est très facile à faire quand on en a la connoissance. M. Salomon.

tendre. Mais quelque difficile que soit cette Science, elle mérite bien qu'on la recherche, & qu'on s'y applique plusqu'à nulle autre Science que ce soit ; parce que, par son moyen, on peut en acquérir une autre, qui est encore beaucoup plus admirable.

CALID. Tout ce que vous dites est vrai, & la vérité paroît & se fait voir visiblement dans l'explication que vous en faites.

MORIEN. L'Elixir ne pouvant être reçû que par un Corps, qui ait été bien nettoyé auparavant, & qui n'ait nulle mauvaise odeur, afin que sa Teinture en paroisse plus belle, quand elle l'aura pénétré; la préparation du Corps est par conséquent la prémiére Opération. Commencez donc avec l'aide de Dieu, & faites prémiérement que la fumée rouge prenne la fumée blanche, & répandez-les toutes deux en bas, & les joignés, en sorte que dans leur mêlange vous mettiez poids égal de chacune. Etant mêlées, mettez-en environ le poids d'une livre dans un Vaisseau, qui soit épais, que vous boucherez éxactement avec du Bitume. Car dans ces fumées, il y a des vents renfermez, lesquels, s'ils ne sont retenus dans le Vaisseau, s'échaperont & rendront tout le Magistére inutile. Mais le Bitume dont vous devez vous servir, c'est ce qu'on appelle dans les

Livres des Philosophes, du *Lut*, dans lequel, avant que de l'employer, vous mettrez un peu de Sel, afin qu'il soit plus fort, & qu'il résiste plus long-tems au feu. Après cela, échauffez votre Fourneau, puis mettez-y votre Vaisseau, pour faire sublimer la Matière qui est dedans. Or cette Sublimation se doit faire après le Soleil couché, & il faut la laisser dans le Vaisseau jusqu'à ce que le jour se refroidisse. Ensuite tirez votre Vaisseau, & le rompez, & si vous trouvez ce que vous aviez mis dedans, mêlé & endurci en un Corps, en manière de pierre, prenez-le & le broyez bien subtilement & le sassez. Après quoi prenez un autre Vaisseau, dont le fond soit rond, & mettez dedans votre Matière bien broyée & sassée, & bouchez bien ce Vaisseau avec le Bitume des Philosophes; puis faites un Fourneau philosophique, dans lequel vous ferez un feu aussi philosophique, c'est-à-dire, comme les Philosophes ont coûtume de faire, qui dure & échauffe également l'espace de vingt & un jour. Or il y a de deux sortes de Matières pour faire & entretenir le feu philosophique. Car, ou elle est de fiente de Mouton, ou de feüiles d'Olivier, n'y ayant rien qui entretienne le feu plus égal que ces deux Matières. Après donc que les jours, que nous avons dit, seront passez, tirez votre Vaisseau du Fourneau, & desséchez ce que vous trouverez dedans. Puis prenez une partie de cette Matiére, & la mêlez avec dix parties du Corps nettoyé, & prenez encore une partie du Corps nettoyé, & la mêlez tout de même avec une dixiéme partie du Corps net, & continuez à faire ainsi selon cet ordre, & les mêlez l'un avec l'autre, en observant toujours ce même nombre, afin qu'ils se mêlent de telle maniére, qu'ils ne soient plus qu'une même Substance, dont vous ferez l'Elixir. C'est-à-dire, qu'il faut le diviser en plusieurs parts, & s'il se fait blanc, & qu'il persévére en cette blancheur, sans qu'elle se passe, & que rien ne se dissipe par la violence du feu, vous aurez alors achevé deux parties de ce Magistére. Et c'est là la maniére par laquelle le blanc est parfaitement conjoint avec l'impur, (1). & on ne sçauroit trouver d'autre maniére de le faire, que celle là seule. Car l'Ame entre facilement & bien-tôt dans son propre Corps : Et cependant si vous voulicz l'unir à quelqu'autre Corps étranger, vous n'en viendriez jamais à bout; & cette vérité est assez claire d'elle-même.

CALID. Tout ce que vous dites est

___

(1) Il veut dire que c'est la maniére par laquelle la Matiére passe de la noirceur, qui est la marque de la putréfaction & de l'impureté, à la couleur blanche. M. Salomon.

vrai, comme nous l'avons déja vû, & Dieu reçoit les Ames de ses Prophétes en ses mains.

MORIEN. Prenez la fumée blanche, & le Lyon vert, & l'Almagra rouge, & l'immondice. Faites dissoudre toutes ces choses, & les sublimez, & après unissez-les ensemble, de telle maniére que dans chaque partie du Lyon vert, il y ait trois parties de l'immondice du Mort. Vous ferez pareillement une partie de la fumée blanche, & deux de l'Almagra, que vous mettrez dans le Vaisseau vert, & les y cuisez, & fermez bien l'ouverture du Vaisseau, ainsi qu'il a été dit ci-dessus. Ensuite mettez-le tout au Soleil, afin qu'il s'y dessèche, & quand il sera sec, ajoûtez-y de l'Elixir ; Et enfin versez dessus l'un l'Eau du Sang, tant qu'elle surnage ; Et après trois jours & trois nuits, il le faudra arroser avec l'Eau fétide (ou qui sent mauvais) prenant garde de ne retrancher pas un de ces jours, & que le feu ne s'éteigne ; qu'il ne s'augmente en s'enflammant, & qu'il ne se diminuë point aussi, de peur que sa cuisson ne se fasse pas bien. Après dix-sept nuits ouvrez votre Vaisseau, & ôtez-en l'Eau que vous trouverez dedans, & y mettez une seconde fois d'autre Eau fétide, ce qu'il faut faire durant trois nuits, sans ôter le Vaisseau du Fourneau ;

& il faudra mettre de l'Eau fétide une fois par chacune des trois nuits; & à vingt & une nuits de-là, vous tirerez le Vaisseau du Fourneau, & vous dessécherez l'Elixir qui sera dedans. Après quoi vous prendrez le Corps blanc, dans lequel vous avez déja fixé le blanc, & le mettrez dans un fort petit Vaisseau, selon la grandeur du Fourneau philosophique, après que vous l'aurez construit. Ensuite appliquez bien justement le Vaisseau au Fourneau, de peur que la flamme ne le brûle, ni ne le touche. Vous devez aussi y mettre de l'Elixir, dont nous avons parlé ci-dessus, avec telle proportion, que si vous mettez dessus une partie du Corps blanc, vous y en mettiez onze de l'Elixir. Et après que vous les aurez mêlez, vous ajouterez à chaque once de ce Corps mêlangé, la quattiéme partie seulement d'une dragme d'Eudica, puis vous mettrez ce Vaisseau dans un grand Fourneau, & vous l'y laisserez deux jours & deux nuits, avec un feu qui brûlera incessamment au-dessus: ce qui étant fait, vous tirerez ce que vous trouverez dans le Vaisseau. Et n'oubliez pas alors de loüer le Créateur très-haut, des Dons qu'il vous aura fait. O bon Roi, voici maintenant l'explication des Espéces, qui entrent dans ce Magistére, à qui nos Prédécesseurs les Philosophes ont donné plusieurs

& différens noms, afin de faire égarer ceux qui cherchoient indignement ce Magiſtére.

Sçachez donc que le Corps impur, c'eſt le Plomb, qu'on appelle autrement *Affrop*. Et le Corps pur, c'eſt l'Etain, appellé autrement *Aréne* ou *Sable*. Le Lyon vert, c'eſt le verre. Almagra, c'eſt le Laiton, que j'ai nommé ci-deſſus la Terre rouge. Le Sang, c'eſt l'Orpiment. Et le Soufre, qui a mauvaiſe odeur, c'eſt ce que j'ai appellé la Terre fétide. Mais le ſécret de tout ceci conſiſte dans l'Eudica, autrement *Moſzhaçumia*, c'eſt-à-dire, les féces ou l'immondice du verre. La Fumée rouge, c'eſt l'Orpiment rouge. La Fumée blanche, c'eſt l'Argent vif. Et par la Fumée orangée, nous entendons le Soufre orangé. Voilà l'explication de tous les noms des Eſpéces ou des Matiéres néceſſaires pour le Magiſtére, de toutes leſquelles trois ſuffiſent pour le faire entiérement, qui ſont la Fumée blanche, le Lyon vert, & l'Eau fétide. Ce ſont là les trois Eſpéces, dont vous ne devez rien dire, ni en révéler la Compoſition à perſonne. Ainſi laiſſez chercher les Ignorans toute autre choſe pour faire le Magiſtére, & laiſſez-les dans leur erreur. Car ils ne le feront jamais juſqu'à ce que le Soleil & la Lune ſoient réduits en un Corps, ce qui ne peut arriver que par l'inſpiration de Dieu.

Il y en a plusieurs qui croyent que la Matiére sécréte du Magistére, soit la Terre, ou une Pierre, ou du Vin, ou du Sang, ou du Vinaigre. Ils broyent toutes ces choses chacune séparément, & les font cuire; & après les avoir cuites, ils en font les Extraits, qu'ils enseveliffent; parce qu'ils croyent que c'est ainsi qu'il le faut faire, se flattant de cette maniére dans leur erreur, pour ne pas désespérer de pouvoir trouver ce qu'ils cherchent. Mais vous devez sçavoir que ni Terre, ni Pierre, ni toutes les autres choses, surquoi ils travaillent, ne servent de rien pour le Magistére, & qu'on n'en sçauroit rien faire qui vaille.

Je vous avertis encore, que du Feu dépend la plus grande partie de l'Oeuvre, car les Miniéres sont disposées par son moyen, & les mauvaises Ames sont retenuës dans leurs Corps, & son feu & toute sa nature, & ce qui le fait connoître parfaitement. Et tout ce que vous aurez fait pour le Magistére, si dans son commencement vous ne trouvez pas que ce soit une seule chose, cela vous est inutile. Car quel bien peut-on espérer, si la chose, c'est-à-dire l'Eau Mercurielle, laquelle est la principale chose, & le seul Agent du Magistére, n'agit elle-même, & si elle n'unit tellement à elle le Corps pur ou parfait, qu'ils ne soient plus qu'un seul & même Corps ? Mais si vous travaillez de la maniére que je vous ai dit, & si vous observez le Régime, que je vous ai prescrit, avec l'aide de Dieu, vous viendrez à bout de votre dessein. Comprenez donc bien mes paroles, & imprimez fortement en votre mémoire le Régime que je vous ai enseigné, & l'étudiez selon l'ordre que j'ai dit. Car par cette étude, vous découvrirez qu'elle est la droite voye de l'Oeuvre.

Sçachez encore que tout le fondement de cet Oeuvre consiste dans la recherche des Espéces & des Matiéres, qui sont les meilleures pour faire le Magistére : Parce que chaque Miniére renferme plusieurs choses différentes. Au reste, à l'égard de ce que vous m'avez demandé de la Fumée blanche, sçachez que la Fumée blanche est la Teinture & l'Ame même des Corps, lorsqu'ils sont dissous, & lors même qu'ils sont morts ; parce que nous en avons déja tiré les Ames, & nous les avons remises dans leurs Corps. Car tout Corps, quand il sera sans Ame, deviendra noir & obscur ; & la Fumée blanche est ce qui entre dans le Corps, comme fait l'Ame, pour lui ôter entiérement sa noirceur & son impureté, & réduire les Corps en un, & pour multiplier leur Eau. L'impur est noir & fort léger, & partant, en lui ôtant sa noirceur, fa blancheur fe fortifie, fon Eau fe multiplie, & ils en paroiffent beaucoup plus beaux, & la Teinture fera alors un plus grand effet en lui. Quoi plus? fi toutes ces chofes font bien conduites, fa Teinture fera une bonne opération en lui. Et l'Or qu'elle fera, fera très-pur & rouge, & le meilleur & le plus pur, que l'on fçauroit trouver. C'eft pourquoi quelques-uns ont appellé cet Or, l'Or ou l'Ethées Romain.

Enfin je n'ai plus que ce mot à vous dire, qui eft que s'il n'y avoit point de Fumée blanche, on ne fçauroit en nulle maniére faire l'Or Ethées d'Alchymie, qui fût pur & utile. C'eft là tout le Sommaire du Magiftére & tout fon Régime. Que fi on fait une fois l'Alchymie, en mettant une de fes parties, fur neuf parties d'Argent, tout fera changé en Or très-pur. Dieu foit béni dans toute l'étenduë des Siécles. Ainfi foit-il.

LE LIVRE D'ARTEPHIUS,
ANCIEN PHILOSOPHE,

Qui traite de l'Art secret, ou de la Pierre Philosophale.

Le premier Mercure des Philosophes, est un Soufre & un Argent-vif blanc, qui dissout l'Or & le blanchit.

L'ANTIMOINE est des parties de Saturne, & il est entiérement de même nature que lui, & l'Antimoine Saturnial convient au Soleil, & dans cet Antimoine il y a un Argent vif, dans lequel de tous les Métaux, il n'y a que l'Or qui se submerge. Je veux dire que le Soleil ne se dissout véritablement que dans l'Argent-vif Antimonial Saturnial, & que sans cet Argent-vif, nul Métail ne peut être blanchi. Il blanchit donc par conséquent le Laiton, c'est-à-dire, l'Or; & il réduit le Corps parfait en sa prémiére Matiére, laquelle
n'est

n'est autre chose qu'un Soufre & un Argent vif de couleur blanche, plus brillante qu'un miroir. Cet Argent-vif dissout, dis-je, le Corps parfait, qui est de même nature que lui. Car c'est une Eau amie des Métaux, & qui s'unit à eux, laquelle blanchit le Soleil, à cause qu'elle a en soi un Argent-vif blanc. D'où tu peux tirer un très-grand Sécret ; qui est que l'Eau de l'Antimoine Saturnial doit être une Eau mercurielle & blanche, pour pouvoir blanchir l'Or ; que cet Eau n'est point brûlante, mais dissolvante ; & qu'après avoir dissout le Corps, elle se congéle en maniére de Créme blanche. Ce qui a fait dire au Philosophe que *cette Eau rend le Corps volatil*, parce qu'après que le Corps a été dissous dans cette Eau, & qu'il est refroidi, il s'éléve au dessus d'elle. Prens, dit-il, de l'Or crû, battu en feüilles ou en lamines, ou qu'il soit calciné par le Mercure, & le mets en notre Vinaigre Antimonial Saturnial, (1) & du Sel Ammoniac (comme on

---

(1) *Dans notre Vinaigre, &c.* Il y a dans le Latin, *Et pone in Aceto nostro Antimoniali-Saturniali-Mercuriali, & Salis armoniaci, ut dicitur, in vase vitreo lato, &c.* c'est-à-dire, Mets (cet Or tout crud battu en feüilles ou en lamines, ou bien calciné par le Mercure) dans notre Vinaigre Antimonial-Saturnial-Mercuriel, & du Sel armoniac (comme on l'appel) dans un Vaisseau de verre qui soit large, &c. Où l'on voit que ces mots, *& salis armoniaci*, qui veulent dire, & du Sel armoniac, n'ont nul rapport ni nulle liaison avec ce qui précéde, & qu'il n'y a pas

l'appelle;) mets le tout dans un Vaisseau

même de construction. Et ainsi je croi qu'ils ne sont pas d'Artéphius. Ce qui paroît même par les mots suivans *ut dicitur*; c'est-à-dire, *comme on l'appelle*. Il est vrai que le véritable nom de ce Sel, est *Sel ammoniac*, & que ce n'est que dans les boutiques, qu'il s'appelle *Sel armoniac*. Mais assurément Artéphius ne s'est point amusé à faire cette différence. Outre que le Sel ammoniac ne peut point entrer dans la composition du Magistère, qui ne se fait, disent les Philosophes, que de deux Matières prises d'une même Racine ou Origine, qui sont leur prémier Mercure, qui est un Or crud & indigest, dit Philalèthe, & l'Or vulgaire, battu en feüilles ou réduit en poudre fort déliées. *Nous n'avons à travailler au commencement de notre Oeuvre que de deux Matières seulement*, dit Calid, cité par Trévisan, *il ne s'y voit, ni ne s'y touche que deux choses, qui entrent en sa Composition au commencement, au milieu, & à la fin. Dans l'une de ces deux Matières, qui est la plus parfaite, sont le Feu & l'Air, qui sont les deux plus digrés Elémens; & l'Eau & la Terre, qui sont les deux Elémens les plus grossiers & les moins parfaits, se* trouvent dans l'autre, qui est *cruë & imparfaite*. Où l'on voit que par la prémière de ces deux Matières, Calid entend parler de l'Or, qui n'est qu'un pur feu dans le *Mercure spiritualisé*, dit un Philosophe, & que par l'autre qui est *cruë*, où sont la Terre & l'Eau, il veut dire le prémier Mercure des Philosophes, qui est principalement composé d'Eau & de Terre, puisque Philalèthe nous assure qu'il a la même forme & les mêmes propriétés que le Mercure vulgaire, que l'on sçait qui est composé de ces deux Elémens si parfaitement unis l'un avec l'autre, que l'on ne sçauroit dire s'il est Terre, ou s'il est Eau, ou s'il est les deux tout ensemble, comme il a déja été dit. Ce que Philalèthe dit encore plus clairement dans le Chapitre XIII. où il assure que l'Or & le Mercure sont les deux véritables, & par conséquent les seuls Matériaux de l'Oeuvre des Philosophes. Ainsi le Sel ammoniac, qui d'ailleurs n'est pas une Matière métallique, mais étrangère à l'égard du Magistère, ne pouvant point entrer en sa Composition, il est certain qu'Artéphius, qui est si sincère, ne l'a point mis ca-

LE LIVRE D'ARTÉPHIUS.

de verre, large & haut de quatre travers-doigts ou plus, & le laisse-là dans une chaleur tempérée, & en peu de tems tu verras qu'il s'élévera une Liqueur semblable à de l'Huile, qui surnagera au dessus comme une petite peau. Ramasse-là avec une cu-

tre les Matières de l'Oeuvre avec l'Or & leur prémier Mercure, qui sont, comme il le dit ensuite, les Matières de même nature & de même sang; qui s'amendent & se perfectionnent l'une l'autre; qui s'entr'aiment, & qui s'unissent si exactement par leurs plus petites parties, qu'elles ne sont plus qu'une seule & même chose, sans pouvoir jamais être séparées. Je dis qu'Artéphius n'a point mis le sel ammoniac avec l'Or & leur prémier Mercure. Car il parle ouvertement de l'un & de l'autre, puisqu'il dit que l'Or doit être pris tout crud, c'est-à-dire, tel qu'il sort de la Mine, dit le Trévisan; quoi que Philalèthe assure que si l'Or n'est pas pur, on peut lui donner une préparation, par l'Antimoine, par la Coupelle, ou par l'Eau régale. Et l'on ne peut pas douter que c'est le prémier Mercure qu'Artéphius appelle *Vinaigre Antimonial-Saturnial-Mercuriel.* Il l'appelle *Vinaigre*, qui est un

nom que les Philosophes donnent ordinairement à ce Mercure, à cause de son acrimonie ou *ponticité*, comme d'autres la nomment, par laquelle ce prémier Mercure dissout l'Or en le réduisant en ses prémiers Principes, ainsi que le Vinaigre commun dissout les Perles. Et pour ce qui est de ces autres mots *Antimonial-Saturnial-Mercuriel*, je croi qu'Artéphius veut dire la même chose que ce que dit Philalèthe, quand il assure dans le Chap. II. que *leur Eau, ou leur Mercure est composé d'un Feu, ou d'un Soufre; du Suc de la Saturnie végétable; & du Mercure, qui sert de lien à ces deux autres choses.* Et non pas que ni l'Antimoine, ni le Saturne doivent entrer dans la Composition du prémier Mercure des Philosophes, étant trop impurs pour cela, & ne pouvant servir tout au plus qu'à la purgation, & à la préparation de la principale Matière de ce Mercure. M. Salomon.

K ij

lière, où avec une plume, & continuë à la ramasser plusieurs fois chaque jour, jusqu'à ce que tu voyes qu'il ne monte plus rien. Ensuite, fais évaporer au feu toute l'Eau, c'est-à-dire, l'Humidité superfluë du Vinaigre, & ce qui restera sera une Quintessence d'Or, qui ressemblera à une Huile blanche, mais qui sera incombustible. Les Philosophes ont mis de grands Sécrets en cette Huile, laquelle a une très-grande douceur, & elle est fort bonne pour appaiser les douleurs des playes.

Tout le Sécret donc de ce Vinaigre Antimonial consiste, en ce que par son moyen, nous sçachions tirer du Corps de la Magnésie l'Argent-vif qui ne brûle point. Et c'est-là l'Antimoine & le Sublimé mercuriel; c'est-à-dire, qu'il faut en tirer une Eau vive incombustible, & la congéler ensuite avec le Corps parfait du Soleil, lequel se dissout en cette Eau, & se change en une Nature, & en une Substance blanche, & qui est congélée en maniére de Créme. Et il faut que le tout devienne blanc. Mais auparavant, le Soleil étant mis en cette Eau, & venant à s'y pourrir, & à s'y dissoudre, il perdra d'abord sa lumiére, il s'obscurcira & deviendra noir, & à la fin il s'élévera au dessus de l'Eau, & peu à peu il paroîtra une Couleur blanche, qui surnagera par dessus, comme une Substance blanche. Et c'est ce qu'on appelle blanchir le Laiton rouge, le sublimer philosophiquement, & le réduire en sa prémiére Matiére; c'est-à-dire, en Soufre blanc incombustible, & en Argent-vif fixe. Et de cette sorte l'Humide terminé, je veux dire l'Or, qui est notre Corps, étant plusieurs fois liquéfié en notre Eau dissolvante, est réduit en Soufre & en Argent-vif fixe. Et ainsi le Corps parfait du Soleil, reçoit la vie en cette Eau, il y devient vivant, il s'y spiritualise, il y croît, & il y multiplie en son Espéce, comme font les autres choses. Car dans cette Eau, le Corps, qui est fait des deux Corps, du Soleil & de la Lune, s'enfle, se dilate, grossit, s'éléve & croît en y recevant une Substance & une Nature animée & végétable.

Le prémier Mercure, en dissolvant l'Or & l'Argent, s'unit à eux inséparablement.

Au reste, notre Eau, que j'ai ci-devant appellée notre Vinaigre, est le *Vinaigre des Montagnes*, c'est-à-dire, du Soleil & de la Lune. C'est pourquoi il se mêle avec le Soleil & la Lune, & il s'attache à eux, sans en pouvoir être jamais séparé. Et cette Eau communique au Corps sa Teinture blanche, laquelle le rend resplendissant d'une lueur inconcevable. Celui qui sçaura donc convertir le Corps en Argent blanc, qui soit Médecine, il pourra par après, par le moyen de cet Or blanc, convertir fort aisément tous les Métaux imparfaits en très bon & fin Argent. Et les Philosophes appellent cet Or blanc, *la Lune blanche des Philosophes, l'Argent-vif blanc fixe, l'Or de l'Alchimie & la Fumée blanche*. Et par conséquent on ne sçauroit faire l'Or blanc de la Chimie sans notre Vinaigre Antimonial ; & parce que dans ce Vinaigre il y a double Substance d'Argent-vif, l'une de l'Antimoine, & l'autre du Mercure sublimé ; cela est cause qu'il donne double Poids & double Substance d'Argent-vif fixe, & qu'il augmente dans le Corps sa Couleur naturelle, sa Substance & sa Teinture. Il faut donc que notre Eau dissolvante donne une grande Teinture & une grande Fusion ; puisque quand les Corps parfaits du Soleil & de la Lune, sont mis dans cette Eau ; dès aussitôt qu'elle sent le feu vulgaire, elle fait fondre ces Corps, les rend liquides, & les convertit en une Substance blanche, telle qu'elle est elle-même ; & qu'elle en augmente la Couleur, le Poids & la Teinture.

Le prémier Mercure dissout tous les Métaux & les Pierres mêmes.

Cette Eau dissout pareillement tout ce qui peut être fondu & liquéfié. C'est une Eau pésante, visqueuse ou gluante, prétieuse, & qui mérite d'être honorée; laquelle résout tous les Corps, qui sont cruds, en leur prémière Matiére; c'est-à-dire en une Terre & Poudre visqueuse, ou, pour le dire plus clairement, en Soufre & en Argent-vif. Si tu mets donc dans cette Eau quelque Métail que ce soit, en limaille, ou en lamines déliées, & que tu l'y laisses durant quelque tems en une chaleur douce, le Métail se dissoudra tout, & il sera entiérement changé en une Eau visqueuse, ou Huile blanche, comme je viens de le dire. Et ainsi cette Eau ramolit le Corps & le prépare à la fusion & liquéfaction; même elle rend fusible toutes choses, aussi bien les Pierres que les Métaux, (1) & ensuite

---

(1) Ce que dit ici Artéphius, est une chose qui lui est singuliére, & qui ne se trouve en nul autre ancien Philosophe ; mais qui fait voir que ce n'est pas sans raison qu'ils assurent qu'avec l'Elixir on peut faire des Diamans & d'autres sortes de Pierreries, & des Perles, même beaucoup plus grosses que celles que la Nature produit, puisqu'il a la vertu de dissoudre les Pierres & les Perles ; Car on peut par ce Moyen, de plusieurs petits Diamans, ou des fragmens de Diamans, en faire de fort gros (ce que plusieurs ont tenté inutile-

elle leur communique l'Esprit & la Vie. Et partant elle diffout toutes chofes d'une Diffolution admirable, & elle convertit le Corps parfait en une Médecine fufible, fondante & pénétrante, qui eft plus fixe que le Corps ne l'eft lui-même, & elle en augmente le poids & la couleur.

Plufieurs noms du Mercure.

Travaille donc avec cette Eau, & tu auras ce que tu fouhaites d'elle. Car elle eft l'Efprit & l'Ame du Soleil & de la Lune; l'Huile & l'Eau diffolvante. La Fontaine, le Bain-Marie, le Feu contre nature, le Feu humide, le Feu fecret, caché & invifible. C'eft le Vinaigre très aigre, duquel un ancien Philofophe a dit. *J'ai prié Dieu, & il m'a montré un Eau nette, que j'ai connuë être un pur Vinaigre, altérant, pénétrant & digérant.* Un Vinaigre, dis-je, pénétratif, & qui eft l'Inftrument, lequel meut & difpofe à pourrir, à réfoudre,

---

ment par le moyen d'un bain d'Or) & de plufieurs femences de Perles, en faire tout de même de telle groffeur que l'on voudra; & d'atant plus facilement, que l'Elixir blanc peut donner la blancheur, l'Eau & l'œil des Perles Orientales; & que d'ailleurs il n'y a pas plus de raifon que les fragmens de Diamans perdent leur brillant & leur éclat, ni les femences de Perles leur eau par leur diffolution, que l'Or fa couleur éclatante qu'il conferve après être diffous. *M. Salomon.*

& à réduire l'Or & l'Argent en leur prémiére Matiére. Et il n'y a en tout le Monde que ce seul & unique Agent en cet Art, qui ait le pouvoir de dissoudre & de réincruder les Corps Métaliques, (1) en conservant leurs Espéces. Cette Eau est donc le seul moyen ou milieu propre & naturel, par lequel nous devons résoudre les Corps parfaits du Soleil & de la Lune, par une Dissolution admirable & particuliére, en les conservant toujours en leur même Espéce, & sans que ces Corps soient aucunement détruits, que pour recevoir une For-

(1) Les anciens Philosophes n'ont point parlé de ce qu'Artéphius dit ici. On appelle réincruder les Métaux, les dissoudre; Parce que comme ce Philosophe explique ensuite, par la Dissolution les Métaux sont réduits & remis dans les Principes, dont ils sont composez; c'est-à-dire, en leur Argent-vif, & en leur Soufre, sans néanmoins que ces Principes soient separez; mais ils sont réduits en une Eau Mercurielle, comme étoit cette même Eau, étant encore cruë, & avant qu'elle fût coagulée & fixée en Métal par l'action de son Soufre, & par la digestion de la Nature; si ce n'est que ce Mercure & ce Soufre conservent dans leur Dissolution la même perfection qu'ils avoient avant que d'être dissous. De sorte que les Métaux, dissous par cette Eau Mercurielle, semblent proprement être en fusion. C'est pourquoi Artéphius dit que cet Argent-vif a le pouvoir de dissoudre les Corps Métalliques (il entend principalement les deux Corps parfaits) & de les *réincruder, en conservant leur Espéce;* voulant dire que le Mercure & le Soufre de l'Or, après qu'ils sont dissous, ne déchoient point de leur perfection. Ce qui est si vrai, que l'Or fixe le Mercure au même tems que le Mercure le dissout; ce qu'il ne feroit pas si son Soufre, dans sa Dissolution, ne tetenoit sa vertu fixative, M. Salomon.

Tome II.   * L

me & une Génération nouvelle, plus noble & plus excellente, que celle qu'ils avoient auparavant : puisque c'est pour être changez en la Pierre parfaite des Philosophes; ce qui est leur Sécret admirable.

Le Mercure est une moyenne Substance claire, qui, en dissolvant les Corps parfaits, se congéle & se fixe.

Au reste, cette Eau est une certaine moyenne Substance, claire comme de l'Argent fin, laquelle doit recevoir les Teintures du Soleil & de la Lune, pour être congélée & convertie en Terre blanche vivante. Car cette Eau a besoin des Corps parfaits, afin qu'après les avoir dissous, elle se congéle, se fixe & se coagule avec eux, en une Terre blanche. Aussi leur solution est leur congélation. Car ces deux choses se font par une seule & même Opération. Parce que l'un ne se dissout point, qu'en même tems l'autre ne se congéle. Et il n'y a point d'autre Eau qui puisse dissoudre les Corps, que celle qui demeure avec eux sous la même Matiére & la même Forme. Et c'est même une nécessité que cette Eau, pour être permanente, c'est-à-dire, pour pouvoir demeurer avec le Corps, qu'elle dissout, soit de même nature que lui; parce qu'ils doivent s'unir tous deux inséparablement, & n'être plus qu'une même chose. Quand tu verras donc ton Eau se coaguler elle-même avec les Corps, qui auront été dissous en elle, sois assûré que ta Science, ta Méthode, & tes Opérations sont véritables & Philosophiques, & que ton Procédé est selon les régles de l'Art. Il s'ensuit de là que la Nature s'amende & *s'améliore* en une Nature qui lui est toute semblable ; je veux dire, que l'Or & l'Argent deviennent meilleurs & se perfectionnent en notre Eau, comme notre Eau s'amende aussi avec les Corps de l'Or & de l'Argent. [*Et acquiert avec eux une perfection plus grande qu'elle n'avoit.*]

Autres noms du Mercure.

Cette Eau s'appelle encore *le Moyen ou le Milieu de l'Ame*, sans quoi nous ne sçaurions ren faire en notre Art. C'est le Feu Végétable, Animal & Minéral, qui conserve l'Esprit fixe du Soleil & de la Lune ; qui est le Destructeur des Corps, & qui en est le Vainqueur ; parce que ce Feu détruit, dissout & change les Corps & leur Forme Métallique. De sorte que de Corps qu'ils étoient, il fait qu'ils ne sont plus Corps ; mais un Esprit fixe ; en les convertissant en une Substance humide, molle & coulante, laquelle est entrante, ayant la vertu d'entrer & de pénétrer dans les Corps imparfaits, de se mêler exactement avec eux par leurs moindres parties, & de les teindre & de les perfectionner. Ce que les Corps parfaits ne pouvoient faire, lorsqu'ils étoient des Corps Métalliques, secs & durs ; parce qu'en cet état ils ne peuvent pas entrer dans les Corps imparfaits, ni leur donner la Teinture & la perfection, Nous avons donc raison de convertir les Corps parfaits en une Substance liquide, & coulante, parce que quelque Teinture que ce soit, elle teindra plus avec la milliéme partie de sa Substance, étant renduë liquide, que si elle demeuroit en Substance séche ; comme il se voit dans le Safran, qui ne peut communiquer sa Teinture, s'il n'est dissout dans l'eau. Et par ainsi il est impossible que la Transmutation des Métaux imparfaits se fasse par les Corps parfaits, tandis qu'ils seront en une consistance dure & séche ; & si auparavant ils ne sont réduits en leur prémiére Matiére molle & coulante. Ainsi, il faut que l'humidité de ces Corps, qui est la prémiére Matiére de laquelle ils ont été faits, revienne & paroisse ; & que ce qui est caché soit rendu apparent & manifeste. Et c'est-là ce qu'on appelle *réincruder* les Coprs ; c'est-à-dire, les décuire & les ramolir, jusqu'à ce qu'ils soient dépouillez de leur corporalité dure

& séche ; d'autant que ce qui est sec, n'est ni entrant, ni tingent, n'ayant de Teinture que pour soi seulement. Et partant le Corps, qui est sec & terrestre, ne peut donner de Teinture, s'il n'est teint lui-même. Parce que, comme je viens de le dire, toutes les choses qui sont de consistance terrestre & épaisse, ne peuvent entrer dans les autres Corps, ni les teindre : car ne pouvant les pénétrer, elles ne peuvent par conséquent les changer. Et par cette raison l'Or ne peut être tingent, que son Esprit, qui est caché au dedans, ne soit tiré auparavant de son intérieur, par notre Eau blanche ; & que ce même Or ne soit entiérement rendu spirituel, & qu'il ne devienne une Fumée blanche, un Esprit blanc, & une Ame admirable.

Le prémier effet du prémier Mercure est d'atténuer, altérer & ramolir les Corps parfaits.

C'est pourquoi, il faut prémiérement que par notre Eau, nous attenuïons les Corps parfaits, que nous les altérions, & que nous les ramolissions, en les rendant liquides, afin qu'après ils puissent se mêler avec les autres Corps imparfaits. Et par ainsi, quand nous ne retirerions nul autre avantage de cette *Eau Antimoniale*, que de rendre par son moyen les Corps parfaits, subtils, mous & fluides, comme elle est elle-même ; cela seul nous suffiroit. Car par ce moyen elle réduit les Corps en leur première origine de Soufre & de Mercure ; & par là elle nous donne le moyen de faire, en fort peu de tems, & en moins d'une heure sur terre, ce que la Nature n'a fait sous terre, qu'en l'espace de mille années dans les Mines ; ce qui est en quelque manière une chose miraculeuse.

Plus ce Mercure rend les Corps volatils, plus il les spiritualise.

Tout notre Sécret ne tend donc qu'à faire par notre Eau les Corps parfaits volatils & spirituels, & les réduire en une Eau tingente & entrante. Car en incérant les Corps, qui sont durs & secs, en les disposant à être rendus fusibles, elle les change en un véritable Esprit, c'est-à-dire, qu'elle les convertit en une *Eau permanente*. Et partant notre Eau réduit les Corps en une Huile très-précieuse & bénie, qui est la vraie Teinture & l'Eau blanche permanente, laquelle de sa nature est chaude & humide, tempérée, subtile & fondante comme de la cire : parce qu'elle pénètre jusqu'au profond, & qu'ainsi elle teint & perfectionne les Corps imparfaits. Et partant notre Eau dissout soudainement l'Or & l'Argent, & elle en fait une Huile incombustible, laquelle peut alors être mêlée & unie aux autres Corps imparfaits. Car notre Eau convertit les Corps en la nature d'un Sel fusible, qu'on appelle le *Sel Albrot* des Philosophes, qui est le plus noble & le plus excellent de tous les Sels; lequel par le Régime de l'Oeuvre, devient fixe & ne fuit point du feu. Et ce Sel, est une Huile de nature chaude, & c'est un Sel subtil, pénétrant & entrant, qu'on appelle Elixir parfait, qui est le Sécret si caché des sages Alchimistes. Et par ainsi, celui qui sçaura comment se doit faire & préparer ce Sel du Soleil & de la Lune, & qui sçaura le mêler ensuite avec les Corps imparfaits, & l'unir inséparablement à eux ; celui-là se peut vanter de sçavoir un des plus grands Sécrets de la Nature, & une véritable voye de perfection.

Le second Mercure des Philosophes comprend les Soûfres des deux Corps parfaits avec leur Mercure.

Les Corps du Soleil & de la Lune étant ainsi dissous par notre Eau, sont appellez Argent-vif. Or cet Argent-vif n'est point sans Soufre, ni le Soufre sans la nature des Luminaires, c'est-à-dire du Soleil & de la

Lune, parce que les Luminaires font, quant à la Forme, les principaux Moyens ou Milieux, par lesquels la Nature passe pour parfaire & pour accomplir sa génération. Et cet Argent-vif s'appelle *le Sel honoré, animé & engroffé*; & *Feu*, parce que ce Sel n'est qu'un Feu, & le Feu n'est que Soufre, & le Soufre n'est qu'un Argent-vif, qui a été tiré du Soleil & de la Lune par notre Eau, & réduit en une Pierre de haut prix. Je veux dire que c'est la Matière des Luminaires, laquelle a été altérée, changée & élevée d'une condition ville & basse, à une haute noblesse. Remarquez que ce Soufre blanc est le Père des Métaux, & que leur Mère, est notre Mercure, la Mine d'Or, l'Ame, le Ferment, la Vertu minérale, le Corps vivant, la Médecine parfaite, notre Soufre & notre Argent-vif. C'est-à-dire, qu'il est le Soufre du Soufre, l'Argent-vif de l'Argent-vif, & le Mercure du Mercure. Notre Eau a donc cette propriété qu'elle liquifie l'Or & l'Argent, & qu'elle augmente en eux leur couleur naturelle. Car elle change les Corps en Esprits, en les dépouillant de leur corporalité grossière, & c'est elle qui introduit dans les Corps une Fumée blanche, laquelle est l'Ame blanche, subtile, chaude, & qui a beaucoup de feu. Cette Eau s'appelle encore *la Pierre sanguinaire*, & elle est encore la Vertu du sang spirituel, sans lequel rien ne se fait. Elle est la Matiére, & le Sujet de tout ce qui peut être fondu, & de la fusion : Et c'est une chose qui convient parfaitement au Soleil & à la Lune, & qui s'attache & s'unit à ces deux Corps, sans pouvoir jamais en être séparée. Elle a donc une grande affinité avec le Soleil & la Lune ; mais ce qu'il faut bien remarquer, elle en a beaucoup plus avec le Soleil qu'avec la Lune.

Autres noms du prémier Mercure pris de ses effets.

On appelle encore cette même Eau *un Moyen ou Milieu pour conjoindre les Teintures du Soleil & de la Lune, avec les Metaux imparfaits*. Car cette Eau convertit les deux Corps parfaits en une véritable Teinture, pour teindre les autres Corps qui sont imparfaits. Et c'est une Eau qui blanchit, parce qu'elle est blanche, & qui vivifie & anime à cause qu'elle est Ame. C'est pourquoi *elle entre promptement dans son Corps*, dit le Philosophe. Car c'est *l'Eau vive*, qui vient arroser sa Terre, pour la faire germer, & lui faire porter du fruit en son tems déterminé ; toutes les choses que la Terre produit, ne naissant, & ne croissant que par le seul arrosement. La Terre ne produit donc rien si elle n'est arrosée & humectée. L'Eau de la rosée de May lave les Corps, & comme l'Eau de pluye, elle les pénétre & les blanchit, & de deux Corps, elle en fait un nouveau Corps. Cette Eau de vie étant régie & gouvernée avec le Corps, elle le blanchit, le changeant en sa couleur blanche. Car cette Eau étant une Fumée blanche, le Corps est par conséquent blanchi avec elle. Il n'y a donc qu'à blanchir le Corps, après quoi l'on n'a plus besoin de Livre.

Or entre ces deux choses, qui sont le Corps & l'Eau, il y a une amour & une société, comme il y a entre le Mâle & la Fémelle ; à cause de la proximité de leurs natures, qui sont semblables. Car notre séconde *Eau vive* est appellée *Azot, qui lave le Laiton*; c'est-à-dire, le Corps, qui a été composé du Soleil & de la Lune par notre prémiére Eau. On l'appelle aussi l'Ame des Corps qui sont dissous, dont nous avons déja lié & conjoint les Ames ensemble, afin qu'elles servent & obéïssent aux sages Philosophes. Que cette Eau est donc une chose précieuse & excellente, puisque sans elle l'Oeuvre ne peut être accomplie ni parfaite!

Suite des noms & des vertus du Mercure.

Cette Eau s'appelle encore le *Vaisseau de la Nature*, le *Ventre*, la *Matrice*, le *Réceptacle de la Teinture*, la *Terre & la Nourrice*. C'est aussi *la Fontaine dans laquelle le Roy & la Reine se baignent*. C'est *la Mére qu'il faut mettre, & sceller dans le ventre de son Enfant*; c'est-à-dire, du Soleil, lequel est sorti de cette Eau, & que cette Eau a engendré. C'est pourquoi ils s'entr'aiment comme une Mére & un Fils; ils se chérissent, & ils s'unissent ensemble; parce qu'ils sont venus tous deux d'une seule & même Racine, & que tous deux sont d'une même Substance & d'une même Nature. Et d'autant que cette Eau est l'Eau de la vie végétable, elle donne la vie au Corps qui est mort; elle le fait végéter, croître & pulluler; & elle le ressuscite, en le rendant vivant, de mort qu'il étoit. Et elle fait tout cela par le moyen de la Dissolution, & de la Sublimation. Car dans cette Opération le Corps se change en Esprit, & l'Esprit est changé en Corps. Et alors se fait amitié, paix, accord & union entre les Contraires; c'est-à-dire, entre le Corps & l'Esprit, qui changent leurs natures l'un avec l'autre, recevant ce changement de natures, & se le communiquant mutuellement, en se mêlant & s'unissant ensemble par leurs plus petites parties. Ainsi le Chaud se mêle avec le Froid, le Sec avec l'Humide, & le Dur avec le Mou. Et en cette maniére il se fait un mêlange des Natures contraires; c'est à sçavoir du Froid avec le Chaud, & de l'Humide avec le Sec; & par même moyen il se fait une liaison & une union admirable entre les Ennemis & les Contraires.

Explication de la Dissolution des Corps parfaits.

Ainsi la Dissolution Philosophique des Corps qui se fait en cette prémiére Eau, telle que nous avons dit, n'est autre chose qu'une mortification de l'Humide avec le Sec; parce que l'Humidité ne peut être contenuë, arrêtée, terminée, ni coagulée en Corps, ou en Terre, que par la Séche-resse. Il faut donc mettre les Corps durs & secs en notre prémiére Eau dans un Vais-seau bien bouché, où il les faut tenir jus-qu'à ce qu'ils soient dissous, & qu'ils s'é-lévent en haut. Et lors on peut appeller ces Corps, un nouveau Corps, *l'Or blanc de la Chimie, la Pierre blanche, le Soufre blanc qui ne brûle point, & la Pierre de Paradis*; c'est-à-dire, qui a la vertu de changer les Métaux imparfaits, en fin Argent blanc. C'est alors que nous avons ensemble le Corps, l'Ame & l'Esprit, desquels Esprit & Ame les Philosophes ont dit, qu'*on ne les peut point tirer des Corps parfaits, que par la conjonction de notre Eau dissolvante*; Etant certain qu'une chose qui est fixe, (comme le sont les Corps parfaits,) ne peut point être élevée en haut ni sublimée, si elle n'est jointe avec une chose volatile. L'Esprit & l'Ame sont donc tirez des Corps par l'entremise de l'Eau, & par ce moyen, le Corps est rendu non Corps ; parce que d'abord l'Esprit monte en la plus haute partie du Vaisseau avec l'Ame des Corps. Et c'est là la perfection de la Pierre, & ce qu'on appelle Sublimation. Cette Sublimation, dit *Florentinus Cathalanus*, se fait par des choses acides, spirituelles & volatiles, qui sont d'une nature sulphureuse & visqueuse, lesquelles dissolvent les Corps & les font élever en l'air & devenir Esprit. Et en cette Sublimation, une partie de cette première Eau monte, en s'unissant aux Corps, s'élevant, & sublimant en une moyenne Substance, qui tient & participe de la nature des deux choses, qui sont les Corps & l'Eau. C'est pourquoi on appelle cette moyenne Substance, *un Composé corporel & spirituel, Corsusle, Cambar, Ethélia, Zandarith & le bon Duenech*. Mais son propre nom est seulement *l'Eau permanente* ; parce qu'étant mise dans le feu, elle ne s'enfuit, ni ne s'évapore point ; mais elle demeure inséparablement unie & attachée aux Corps mêlez avec elle : Et ces Corps ce sont le Soleil & la Lune, ausquels elle communique une Teinture *vive*, incombustible, & très-ferme, plus noble & plus précieuse que celle que ces deux Corps avoient auparavant qu'ils fussent unis à elle. Car cette Teinture étant en cet état, elle peut d'orénavant couler, & s'épandre comme de l'huile, perçant & pénétrant tout, avec une fixation admirable. Aussi cette Teinture est Esprit, & cet Esprit est Ame, & cette Ame est Corps. Parce que dans cette Opération le Corps est fait Esprit, d'une nature très subtile, & semblablement l'Esprit est fait Corps avec les Corps. Et par ainsi notre Pierre contient Corps, Ame & Esprit. O Nature, comment tu changes le Corps en Esprit ! ce qui ne seroit pas, si l'Esprit ne devenoit Corps avec les Corps ; & si avec l'Esprit les Corps n'étoient pas prémiérement faits volatils, & si ensuite le tout ensemble ne devenoit fixe & permanent. Ils ont donc passé l'un dans l'autre, & ils ont été changez mutuellement l'un en l'autre par la Philosophie. O Philosophie ! comment tu fais l'Or volatil & fugitif, encore qu'il soit naturellement très-fixe. Il faut donc dissoudre ces Corps par notre Eau, & en les rendant liquides & coulans, les changer en une Eau permanente ; une Eau dorée, sublimée, & laisser au fond le gros, le terrestre, & le sec superflu & inutile.

Le Feu pour faire la Sublimation, doit être lent.

Le Feu, dont il se faut servir pour cette Sublimation, doit être lent ; parce que si par cette Sublimation les Corps ne sont purifiés, & si leurs parties les plus grossiéres (remarque bien ceci) qui sont terrestres, ne sont séparées des impuretés du Mort par un Feu doux ; cela t'empêchera de pouvoir achever l'Oeuvre avec ces Corps. Car tu n'as besoin que de la nature déliée & subtile des Corps dissous, laquelle tu auras par notre Eau, pourvû que tu fasses ton Opération à feu lent ; parce que par le moyen d'une chaleur douce, il se fera une séparation des parties des Corps, qui sont hétérogenes d'avec les homogénes ; c'est-à-dire, des parties qui ne sont pas de même nature d'avec celles qui le sont.

Il faut jetter les féces & impuretés qui se séparent dans la Dissolution.

Le Composé reçoit donc une modification de notre Feu humide. Ce qui se fait en dissolvant le Corps, & en sublimant ce qui est pur & blanc, & en rejettant les féces comme un vomissement qui se fait volontairement, dit *Azinaban*. Car en cette Dissolution & Sublimation naturelle, il se fait un détachement des Elémens, une modification, & une séparation du pur de l'impur. De sorte que ce qui est pur & blanc monte & s'éléve en haut, & ce qui est impur & terrestre demeure fixe au fond de l'Eau, & du Vaisseau. Et cela il le faut laisser & jetter comme une chose qui n'est bonne à rien, & prendre seulement la moyenne Substance blanche, fluante & fondante, en laissant les féces terrestres, ou la terre féculente, qui est demeurée au fond du Vaisseau, laquelle vient principalement, & qui est une Scorie, & une Terre damnée, qui ne vaut rien du tout, & qui ne peut produire rien de bon, comme fait cette Matiére claire, blanche, pure & nette, qui est la seule chose que nous devons prendre. Et c'est-là un écüeil contre lequel le Navire, ou la Science des Disciples de Philosophie, se brise souvent, & fait naufrage, par leur imprudence; comme il m'est arrivé à moi-même. Car les Philosophes disent bien souvent tout le contraire, en assûrant qu'il ne faut rien ôter, hormis l'humidité, c'est-à-dire, la noirceur.

ceur. Ce qu'ils n'ont pourtant dit ni écrit, que pour tromper ceux qui ne seront pas assez prudens & avisez pour y prendre garde, & qui s'imaginent pouvoir conquérir cette Toison d'Or, sans avoir besoin de Maîtres, sans lire avec assiduité les Philosophes, & sans implorer le secours de Dieu, & le prier instamment de les éclairer.

La Séparation du pur d'avec l'impur est la Clef de l'Oeuvre.

Remarquez donc bien que cette Séparation, Division & Sublimation est indubitablement la Clef de toute l'Oeuvre. Après donc que la putréfaction & la dissolution de ce Corps est faite, nos Corps s'élévent en couleur blanche au dessus de l'Eau dissolvante. Et cette blancheur est la vie. Car l'Ame Antimoniale & Mercuriele est infusée en cette blancheur, avec les Esprits du Soleil & de la Lune, par la volonté & l'ordre de la Nature, qui sépare le subtil de l'épais, & le pur de l'impur, en élevant peu à peu la partie subtile du Corps de dessus ses féces, jusqu'à ce que tout ce qu'il y a de pur soit séparé & élevé. Et c'est en cela que s'accomplit notre Sublimation Philosophique & naturelle. Or avec cette blancheur l'Ame, c'est-à-dire, la vertu minérale, est infusé dans le Corps. Et cette

Ame est plus subtile que le Feu; étant la véritable Quintessence & la vie, qui ne demande qu'à naître & à se dépoüiller des féces terrestres & grossiéres, qui lui viennent du menstruë & de la corruption. Et c'est en cela que consiste notre Sublimation Philosophique, & non pas dans le Mercure vulgaire, qui ne vaut rien, & qui n'a en soi nulles qualités pareilles à celles, dont est doüé notre Mercure; lequel est tiré de ses Cavernes vitrioliques. Mais revenons à la Sublimation.

L'Ame, ou la Teinture des Corps parfaits, appellée l'Or blanc & la Magnésie, ne peut être sublimée, que par le prémier Mercure, qui est volatil.

C'est donc une chose constante en cet Art, que cette Ame, qui est tirée des Corps, ne peut être élevée, qu'en mettant avec elle quelque chose de volatil, & qui soit de même genre qu'elle, par le moyen de quoi, les Corps sont rendus volatils & spirituels, en s'élevant, se subtilisant, & se sublimant contre leur propre nature, qui est corporelle, massive, & pésante. Et de cette maniére ces Corps deviennent incorporels & une *Quintessence* d'une nature spirituelle, laquelle est appellée *l'Oiseau d'Hermès*, & *le Mercure tiré du Serviteur rouge.* Et ainsi les parties terrestres, ou pour mieux dire les parties les plus grossiéres des Corps, lesquelles ne peuvent, par quelqu'artifice que ce soit, être entiérement dissoutes, demeurent en bas. Cette Fumée blanche, cet Or blanc, ou cette *Quintessence*, est aussi appellée *Magnésie*, laquelle a en soi un Corps, une Ame & un Esprit, ainsi que l'Homme; ou qui est composée de Corps, d'Ame & d'Esprit, de même que l'Homme en est composé. Son Corps, c'est la Terre Solaire fixe, laquelle étant extrêmement subtile, est élevée pésamment par la force de notre Eau divine. Son Ame, c'est la Teinture du Soleil & de la Lune, qui provient de la communication, & du mêlange de ces deux Corps ensemble, & de l'Eau. Et cette Eau porte sur les Corps l'Ame, ou la Teinture blanche, qui est tirée de ces mêmes Corps : comme l'on voit que la couleur, que font les Teinturiers, est portée sur le Drap, par le moyen de l'Eau qui en est teinte. Et cet Esprit Mercuriel est le lien de l'Ame du Soleil; & le Corps du Soleil est le Corps qui donne la fixation, lequel avec la Lune contient l'Esprit & l'Ame. Ainsi l'Esprit, & ce qui pénétre le Corps, est ce qui est fixe; l'Ame est ce qui unit, qui teint & qui blanchit. Et notre Pierre se forme de ces trois unis & conjoints ensemble; c'est-à-dire, qu'elle est faite de Soleil, de Lune, & de Mercure. De sorte qu'avec notre Eau dorée, il se tire une Nature qui surpasse toute Nature : Et par ainsi, si les Corps ne sont pas détruits, abreuvez & broyez par cette Eau, & si on ne les gouverne pas doucement, & avec grand soin, jusqu'à ce qu'ils soient détachez de la grossierté & de l'épaisseur de la Matiére, & qu'ils soient changez en un Esprit subtil & impalpable ; on a beau travailler, on ne sçauroit rien faire. Parce que si les Corps ne sont rendus incorporels, je veux dire, s'ils ne sont résous & changez en Mercure Philosophique, on n'a pas encore trouvé la véritable voïe, ni la régle de l'Oeuvre. Et la raison en est, parce qu'il est impossible de tirer des Corps cette Ame si déliée & si subtile, laquelle a en soi toute la Teinture, si auparavant ces mêmes Corps ne sont résous dans notre Eau ; c'est-à-dire, si par notre Eau, ils ne sont réduits en leurs prémiers Principes.

L'Ame, ou la Teinture, ne se retire que peu à peu, par le Mercure, qui l'éleve par sa volatilité.

Tu dois donc dissoudre les Corps du Soleil & de la Lune, dans l'Eau dorée, & cuire, jusqu'à ce que, par le moyen de l'Eau, toute la Teinture forte en Couleur blanche, ou en Huile blanche. Et quand tu verras cette blancheur fur l'Eau, fois fûr que les Corps font diffous & liquéfiez. Continuë à cuire jufqu'à ce que les Corps enfantent une nuée ténébreufe, noire & blanche, qu'ils ont conçûë. Mets donc les Corps parfaits dans notre Eau, en un Vaiffeau fcellé hermétiquement, fur un Feu doux, & cuis fans intermiffion, jufqu'à ce qu'ils foient entiérement diffous & réfous en une Huile très-précieufe. *Cuis, dit Adfar, avec un feu lent & doux, tel qu'eft celui qui fait éclore les Oeufs, jufqu'à ce que les Corps foient diffous, & que leur Teinture, (remarque ceci) laquelle eft très-étroitement unie avec eux, en foit tirée.* Or on ne tire pas tout d'un coup cette Teinture toute entiére; mais elle fort peu à peu tous les jours, à chaque heure, jufqu'à ce qu'enfin par un long-tems la Diffolution foit toute faite, dans laquelle, ce qui fe diffout, s'éléve toujours en haut. Et pendant cette Diffolution, le feu doit être doux & continuel, jufqu'à ce que les Corps foient diffous en une Eau vifqueufe, impalpable, & que toute la Teinture forte prémiérement de couleur noire; ce qui eft la marque d'une véritable Diffolution. Continuë à cuire, jufqu'à ce qu'il fe faffe une Eau permanente blanche; parce qu'en la gouvernant en fon bain, elle deviendra claire ensuite; & enfin elle sera semblable à l'Argent-vif vulgaire, s'élévant en l'air, au dessus de la prémiére Eau. C'est pourquoi, lorsque tu verras que les Corps seront dissous en une Eau visqueuse, tu doit être assûré qu'en cet état ces Corps ont été changez en vapeurs: Que tu as les Ames séparées des Corps morts: & Que par la Sublimation, elles ont été élevées à la perfection, & à la nature des Esprits. Et ainsi les deux Corps, avec une partie de notre Eau, ont été faits Esprits; lesquels s'élévent & montent en l'air. Et lors le Corps composé du Mâle & de la Fémelle, du Soleil & de la Lune, & de cette très-subtile nature, qui a été nettoyée & purifiée par la Sublimation, reçoit la vie & est inspirée par son humidité; c'est-à-dire, par son Eau, comme l'Homme entretient sa vie en respirant l'air. Ainsi elle aura dorénavant la vertu de se multiplier & de croître en son Espéce, comme toutes les autres choses. Et en cette Elévation & Sublimation Philosophique, toutes ces choses se joignent ensemble; & le nouveau Corps ayant été inspiré, ou ayant reçû l'Esprit par l'air, il vit de la vie végétative; ce qui est tout-à-fait surprenant & miraculeux. Il s'ensuit de là que si les Corps ne sont attenuez & subtilisez par le Feu & l'Eau, jusqu'à ce qu'ils s'élévent,

& qu'ils soient convertis en Esprit, & jusqu'à ce qu'ils soient rendus liquides comme de l'eau, ou convertis en vapeur comme une fumée, ou faits semblables à du Mercure, on ne fera jamais l'Oeuvre. Mais lorsqu'ils viennent à monter, ils naissent dans l'air; ils s'y changent, & ils deviennent vie avec la vie. De sorte qu'ils ne peuvent jamais être séparez, non plus que de l'eau, qui est mêlée avec d'autre eau, ne le sçauroit être. Les Philosophes ont donc parlé fort sagement, lorsqu'ils ont dit que *c'est une chose qui est née dans l'air*, parce que par la Sublimation, elle est entiérement renduë spirituelle. C'est-là ce *Vautour* qui volant sans aîles, crie sur la Montagne : *Je suis le blanc du noir, & le rouge du blanc, & l'orangé fils du rouge. J'ai dit la vérité, & je ne mens point.* Il te suffit donc de mettre une seule fois les Corps, c'est-à-dire l'Or, dans l'Eau & dans le Vaisseau, le bouchant éxactement, jusqu'à ce que la véritable séparation soit faite, laquelle les Envieux ont appellée *Conjonction, Sublimation, Assation, Extraction, Putréfaction, Liaison, Fiançailles, Subtilisation, Génération*, & de plusieurs autres noms. Il faut, dis-je, tenir le Vaisseau bouché durant ce tems-là, & jusqu'à ce que le Magistére soit entiérement parfait. Il est donc de cette Opération comme de la génération de l'Homme, & de tous les Végétaux. Il faut mettre une seule fois la Semence dans la Matrice, & la bien fermer ensuite.

Le Magistére se fait d'une seule chose, & à peu de frais.

Ce qui nous fait voir évidemment que pour faire le Magistére nous n'avons pas besoin de plusieurs choses, & qu'il ne faut pas faire beaucoup de dépense pour notre Oeuvre. Car *il n'y a qu'une Pierre, qu'une Médecine, qu'un Vaisseau, qu'un Régime, & qu'une seule disposition ou maniére pour faire successivement le blanc & le rouge.* Ainsi, quoi que nous disions en plusieurs endroits, *mets ceci, mets cela*; néanmoins nous n'entendons point qu'il faille prendre, sinon une seule chose, la mettre une seule fois dans le Vaisseau, & le fermer ensuite, jusqu'à ce que l'Oeuvre soit entiérement parfaite & accomplie ; parce que, comme je l'ai déja remarqué, les Philosophes, qui sont jaloux de leur Science, ne disent ces choses, que pour tromper les Imprudens. Et de vrai, ne sçait-on pas que notre Art est un Art cabalistique ? je veux dire, qui ne se révéle que de bouche, & qui est rempli de mistéres ; & toi, pauvre Idiot que tu es, serois-tu assez simple pour croire que nous enseignassions ouvertement & clairement

clairement le plus grand & le plus important de tous les Sécrets, & de prendre nos paroles à la lettre ? Je t'assûre de bonne foi (car je ne suis point Envieux comme les autres Philosophes,) je t'assûre, dis-je, que celui qui voudra expliquer ce que les autres Philosophes ont écrit, selon le sens ordinaire & littéral des paroles, se trouvera engagé dans les détours d'un labyrinthe, d'où il ne se débarrassera jamais ; parce qu'il n'aura pas le fil d'Ariadne pour se conduire & pour en sortir ; & quelque dépense qu'il fasse à travailler, ce sera tout autant d'argent perdu. Et pour te dire la vérité, moi-même Artéphius, qui écris ceci, après avoir eu appris la véritable & parfaite Sagesse, dans les Livres du Véridique Hermès, j'avouë qu'autrefois j'ai été jaloux de la Science, aussi bien que tous les autres Philosophes ; mais depuis mille ans, ou peut s'en faut, que je suis au Monde, par la grace du seul Dieu tout-puissant, & par l'usage de cette admirable *Quintessence*, ayant reconnu pendant un si long espace de tems que j'ai vêcu, que personne ne pouvoit acquérir la connoissance du Magistére d'Hermès, à cause du langage trop obscur des Philpsophes ; émeu par la charité & par les sentimens d'un Homme de bien, j'ai résolu en ces derniers jours de ma vie d'écrire le tout sincérement & éxactement ; de forte qu'on trouvera entiérement dans mon Livre tout ce qu'on peut fouhaiter, & tout ce qu'il eft néceffaire de fçavoir, pour faire la Pierre Philofophale ; à la réferve toutefois de quelque chofe, qu'il n'eft permis à perfonne d'écrire ; parce qu'il n'y a que Dieu feul, ou un Ami qui doivent le révéler. Je puis dire néanmoins que pour peu que l'on ait d'expérience, il ne fera pas difficile d'apprendre cela même en ce Livre, à moins que d'être tout-à-fait ftupide. Je protefte donc que dans ce Livre j'ai écrit la vérité toute nuë, & que je ne l'ai qu'un peu enveloppée ; afin que les Gens de bien & les Sages puiffent heureufement cueillir dans cét Arbre Philofophique les admirables Pommes des Hefpérides. C'eft pourquoi je vous exhorte, vous qui lirez ce Livre, à loüer & à remercier Dieu avec moi de ce qu'il m'a infpiré des fentimens fi charitables, & de ce que dans une très-grande vieilleffe, que je ne tiens que de lui, il a voulu me donner une véritable & cordiale affection, qui fait qu'il me femble que j'embraffe, que je chéris, & que j'aime tendrement tous les Hommes. Mais reprenons notre Difcours, & achevons de parler de la Science,

L'Oeuvre n'est pas longue, & n'est pas difficile.

A l'égard du tems qu'il faut pour notre Oeuvre, on peut dire qu'elle est bien-tôt faite. Car au lieu que la Chaleur du Soleil employe cent ans à digérer & à produire un seul Métail dans les Mines, qui sont dans la terre, comme je l'ai souvent vû & remarqué, notre Feu sécret, je veux dire notre Eau ignée sulphureuse, qu'on appelle Bain Marie, le fait en fort peu de tems. L'Oeuvre n'est pas d'ailleurs d'un si grand travail, à celui qui la sçait & qui l'entend, & la Matiére qu'on employe pour la faire, n'est pas si chére, outre qu'il en faut très-peu, que la dépense doive empêcher qui que ce soit d'y travailler; non plus que la difficulté de l'Opération, qui est de si peu de durée, & si facile, que c'est avec raison qu'on l'appelle *un Ouvrage de Femmes & un Jeu d'Enfans*. Courage donc, mon Fils, prie Dieu, lis continuellement les Philosophes; car un Livre t'en fera entendre un autre. Penses-y profondément; n'employe jamais aucune Matiére qui se dissipe, & qui s'exale au feu; parce que l'Ouvrage, que tu dois te proposer de faire, ne consiste point en des Matiéres combustibles, ou que le feu consume entiérement; mais seulement à cuire & à faire digérer ton Eau, qui a été tirée des deux Luminaires, le Soleil & la Lune; parce que c'est cette Eau, qui donne & qui augmente la couleur & le poids aux Corps imparfaits jusqu'à l'infini, qui est ce que tu prétens faire, & dont tu as besoin. Et cette Eau est une Fumée blanche, qui s'écoule dans les Corps parfaits, & qui s'y unit, comme l'Ame s'unit au Corps; qui nettoye les Corps entiérement, & jusques dans leur centre, leur ôtant leur noirceur & ordure; qui conjoint les deux Corps, & des deux n'en fait qu'un seul; & enfin qui multiplie leur Eau; rien ne pouvant ôter la couleur aux Corps parfaits, c'est-à-dire, au Soleil & à la Lune, que le seul Azot, je veux dire notre Eau, laquelle teint le Corps qui est rouge, en le faisant blanc, selon ses divers Régimes. Parlons maintenant des Feux (car c'est dans la conduite du Feu que consiste tout le Régime.)

Du Feu, de ses Différences & de son Régime.

Notre Feu est minéral, il est égal, il est continuel, il ne s'évapore point, s'il n'est trop fortement excité; il participe du Soufre; il est pris d'autre chose que de la Matiére, il détruit tout, il dissout, congéle

& calcine, & il y a de l'artifice à le trouver & à le faire, & il ne coûte rien, ou du moins fort peu. De plus il est humide, vaporeux, digérant, altérant, pénétrant, subtil, aërien, non violent, incomburant, ou qui ne brûle point, environnant, contenant & unique. Il est aussi la Fontaine d'Eau vive, qui environne & contient le lieu, où se baignent & se lavent le Roi & la Reine. Ce Feu humide suffit en toute l'Oeuvre, au commencement, au milieu, & à la fin ; parce que tout l'Art consiste en ce Feu. Il y a encore un Feu naturel, un Feu contre nature, & un Feu innaturel, & qui ne brûle point ; & enfin pour complément, il y a un Feu chaud, sec, humide, & froid. Pensez-bien à ce que je viens de dire, & travaillez bien & droitement, sans vous servir d'aucune Matiére étrangére. Que si vous ne comprenez pas les Feux, dont je viens de parler, écoutez ce que je vais vous révéler des plus cachez & plus sécrets Mistéres des anciens Philosophes, sur le sujet des Feux, & qui n'a jamais été écrit en aucun Livre jusqu'à présent.

Trois sortes de Feux dont on a besoin dans l'Oeuvre.

Nous avons proprement *trois Feux*, sans

lesquels l'Art ne peut être parfait ; & qui travaillera sans ces Feux, il travaillera inutilement. *Le premier*, c'est *le Feu de la Lampe*, qui est un Feu continuel, humide, vaporeux, aërien ; & il y a de l'artifice à le trouver. Car la Lampe doit être proportionnée aux Lieux, où elle est enfermée ; & pour bien faire & bien conduire ce Feu, il faut être fort judicieux ; ce qu'un Artiste étourdi ne pourra jamais faire ; parce que si le Feu de la Lampe n'est pas proportionné Géométriquement, & comme il faut, il arrivera de deux choses l'une : ou que la chaleur étant trop foible, les Signes, que les Philosophes ont dit qui devoient arriver en un tems déterminé, ne paroîtront point, & un si long retardement rendra ton espérance vaine, ne se faisant rien de ce que tu auras prétendu : ou que la chaleur étant trop forte, les fleurs de l'Or se brûleront ; & tu auras regret d'avoir si malheureusement employé ta peine & ton travail. *Le second Feu est le Feu de Cendres*, dans lesquelles on pose & l'on enferme le Vaisseau scellé Hermétiquement : ou pour mieux dire, ce Feu est cette chaleur fort douce, qui vient de la vapeur tempérée de la Lampe, lequel environne également le Vaisseau. Ce Feu là n'est point violent à moins qu'on ne l'excite par trop. Il digère, il altère ; il est pris d'un autre Corps que de la Matière [du

Feu.] Il est unique, il est même humide, & n'est pas naturel ; & il a tout de même les autres propriétés que je viens de dire. *Le troisiéme Feu*, c'est *le Feu naturel de notre Eau*, lequel on appelle autrement *Feu contre nature*, parce que c'est une Eau ; & cependant ce Feu fait de l'Or un Esprit, ce que le Feu commun ne sçauroit faire. Ce Feu est Minéral, il est égal, il participe du Soufre, il détruit tout, il congèle, il dissout, & il calcine. Il est pénétrant, subtil, & ne brûle point. C'est *la Fontaine d'Eau vive*, dans laquelle le Roi & la Reine se baignent. Nous avons besoin de ce Feu en toute l'Oeuvre, au commencement, au milieu, & à la fin ; mais nous n'avons pas toûjours besoin des autres Feux, n'étans nécessaires qu'en un certain tems. Quand tu liras donc les Livres des Philosophes, aye toûjours présentes en ta mémoire ces trois maniéres de Feu, & les applique à leurs paroles ; & très-assurément tu entendras facilement tout ce qu'ils diront du Feu.

Les Couleurs de l'Oeuvre, & ce qui les produit.

Pour ce qui est des Couleurs, celui qui ne noircira point ne sçauroit blanchir : parce que la Noirceur est le commencement de

N iiij

la Blancheur, & c'est la marque de la putréfaction & de l'altération ; & lorsqu'elle paroît, c'est un témoignage que le Corps est déja pénétré & mortifié. Voici comme la chose se fait. En la putréfaction qui se fait dans notre Eau, il paroît prémiérement une Noirceur, qui ressemble à du boüillon gras, sur lequel on a jetté du poivre. Et ensuite cette liqueur s'étant épaissie, & étant devenuë comme une terre noire, elle se blanchit en continuant de la cuire. Ce qui provient de ce que l'Ame du Corps surnage au dessus de l'Eau comme une Crême blanche, & dans cette blancheur tous les Esprits s'unissent si fortement, qu'ils ne peuvent plus s'enfuir, n'étant plus volatils. C'est pourquoi il n'y a en toute l'Œuvre qu'à blanchir le Laiton, & laisser là tous les Livres, afin de ne nous point embarrasser par leurs lectures en des imaginations & en des travaux inutiles & ruineux. Car cette blancheur est la Pierre parfaite au blanc, & un Corps très-noble, par la nécessité de sa fin, qui est de convertir les Métaux imparfaits, en très-pur Argent, étant une Teinture d'une blancheur très exubérante, qui les refait, & les perfectionne, & qui a une lueur brillante, laquelle étant unie aux Corps des Métaux imparfaits, y demeure toûjours, sans pouvoir jamais en être séparée. Tu dois donc remarquer ici que les Esprits ne sont point rendus fixes que dans la Couleur blanche. Et par conséquent elle est plus noble que les autres Couleurs qui l'ont devancée, & on la doit toûjours fort souhaiter, parce qu'elle est en quelque façon & en partie l'accomplissement de toute l'Oeuvre. Car notre Terre se pourrit prémiérement dans la Noirceur; puis elle se nettoye en s'élévant, & en se sublimant; & après qu'elle est desséchée, la Noirceur disparoît, & alors elle blanchit, & la domination humide & ténébreuse de la Femme, ou de l'Eau finit. C'est alors que la Fumée blanche pénétre le nouveau Corps, que les Esprits sont liez & fixez dans le sec; & que ce qui faisoit la corruption, & qui étoit difforme & noir, provenant de l'humide, s'en va. C'est alors encore que le nouveau Corps ressuscite transparent, blanc, & immortel, & qu'il est victorieux de tous ses Ennemis. Et de même que la chaleur, agissant sur l'humide, produit *la Noirceur*, laquelle est la prémiére Couleur qui paroît; aussi la même chaleur continuant toûjours à cuire, & de cette maniére agissant sur le sec, elle produit *la blancheur*, qui est la seconde Couleur principale de l'Oeuvre. Et enfin, la même chaleur, agissant encore sur le Corps purement sec, elle produit *la Couleur Orangée & la Rougeur*, qui est la troisiéme & derniére Couleur du Magiſtére parfait. Voilà pour les Couleurs. Cela fait voir que c'eſt avec raiſon que les Philoſophes ont dit que *ce qui a la tête rouge & puis blanche, les pieds blancs & puis rouges, & qui avoit auparavant les yeux noirs, cela ſeul eſt le Magiſtére.*

Sans la Diſſolution des Corps, l'Oeuvre ne ſe peut faire. C'eſt par elle qu'ils ſont vivifiez, & qu'ils croiſſent & multiplient.

Diſſous donc le Soleil & la Lune dans notre Eau diſſolvante, qui eſt leur Amie, étant de leur plus prochaine nature, qui les reconcilie & les unit; qui eſt comme leur Matrice, leur Mére, leur Origine, le Principe & la Fin de la vie qu'ils reçoivent par ſon moyen. Et c'eſt pour cela qu'en cette Eau ces deux Corps deviennent plus excellens & plus parfaits qu'ils n'étoient; parce que Nature ſe plaît en Nature, & que Nature contient Nature. Et ainſi ces Natures ſont conjointes enſemble par le lien d'un véritable mariage; & elles ne ſont plus qu'une ſeule Nature, qu'un ſeul Corps renouvellé & reſſuſcité, pour ne plus mourir, & pour demeurer immortel. C'eſt ainſi que s'entend ce que diſent les Philoſophes, *Qu'il faut allier les proches Parens avec les proches Parens, & qui ſont d'un même ſang.*

Alors ces Natures se recherchent & se poursuivent l'une l'autre ; elles se pourrissent ; elles s'engendrent, & elles se plaisent d'être ensemble ; parce que la Nature est gouvernée par la Nature, qui lui est la plus proche, & qui l'aime. C'est ce qui a fait dire à Danthin, *Que notre Eau est une belle & agréable Fontaine, claire, & qui est destinée & préparée seulement pour le Roi & la Reine, qu'elle connoît parfaitement, comme eux la connoissent aussi fort bien.* Car cette Fontaine les attire à elle, & le Roi & la Reine demeurent trois jours, c'est-à-dire, trois mois à se baigner dans cette Fontaine, & elle les rajeunit, & les rend beaux. Et parce que le Soleil & la Lune ont pris leur Origine de cette Eau, qui est leur Mére ; il faut nécessairement qu'ils rentrent une seconde fois dans le ventre de leur Mére ; afin qu'ils renaissent, & qu'ils deviennent plus vigoureux, plus nobles & plus forts qu'ils n'étoient. Et partant, s'ils ne meurent, & s'ils ne sont changez en Eau, ils demeureront tout seuls, & ne rapporteront jamais de fruit. Mais s'ils meurent, & qu'ils soient dissous dans notre Eau, ils rapporteront du fruit au centuple : Et du même Lieu, où il sembloit qu'ils eussent été anéantis, & avoir perdu leur perfection, & n'être plus ce qu'ils étoient ; de là même ils sortiront, & ils paroîtront ce qu'ils n'étoient pas, [parce qu'alors ils seront de beaucoup plus parfaits qu'auparavant.] Il faut donc fixer fort adroitement l'Esprit de notre Eau vive avec le Soleil & la Lune, parce que ces deux Corps étant convertis en nature d'Eau, ils meurent & deviennent semblables à des Corps morts ; mais étant ensuite réanimez par cet Esprit, ils deviennent vivans, ils croissent & multiplient, comme tout ce qui a la vie végétative croît & multiplie.

Toute la préparation que l'Art peut donner à la Matiére n'est qu'extérieure, & la Nature fait le reste.

Tu n'as donc autre chose à faire qu'à préparer comme il faut la Matiére, extérieurement, parce que d'elle-même elle fait intérieurement tout ce qui est nécessaire pour se rendre parfaite. Car elle a en elle un principe & un mouvement, qui lui est intimement uni, & qui la fait agir par une voie sûre sans se fourvoyer, & par un ordre infaillible, qui est incomparablement meilleur que quelque autre que ce soit que les Hommes pourroient inventer & s'imaginer. Ainsi prépare & dispose seulement ta Matiére, & la Nature fera tout le reste. Car pourvû que la Nature ne soit point empêchée, ni forcée à prendre une route opposée à son dessein, elle suivra son mouvement & sa maniére d'agir, qu'elle a fort reglée, & fort certaine, tant pour concevoir que pour engendrer. C'est pourquoi après que tu auras préparé ta Matiére, tu dois prendre garde seulement à deux choses : Prémiérement à ne pas enflammer le Bain, en faisant un feu trop fort : Secondement à ne pas laisser exhaler l'Esprit, parce que s'il sortoit du Vaisseau, ton Opération seroit entiérement détruite, & tu n'en aurois que du chagrin & du dépit. Ce que je viens de dire fait voir évidemment la vérité de l'Axiome, qui dit, *Que selon le cours & la maniére d'agir de la Nature, il faut de nécessité que celui-là ne connoisse pas la Composition des Métaux, qui ne sçait pas comment on les doit détruire.* Il faut donc unir & conjoindre les Parens qui sont de même sang, parce que les Natures rencontrent les Natures qui sont leurs semblables, & en se pourrissant, elles se mêlent ensemble. Et partant il est nécessaire de sçavoir comment se fait cette corruption & cette génération, & de connoître comment les Natures s'embrassent mutuellement, & comment dans un Feu lent elles deviennent Amies, font leur paix, & s'unissent ensemble ; Comment la Nature se plaît de la Nature : & Comment la Nature retient la Nature & la convertit en nature blanche. Que si tu veux rougir cette nature blanche, il faut que tu la cuise sans relâche en un feu sec, jusqu'à ce qu'elle devienne rouge comme du sang, qui ne sera qu'un pur Feu & une véritable Teinture. Et ainsi par un feu sec continuel, la Couleur blanche s'amende & se perfectionne ; elle devient orangée, & puis elle se fait rouge, qui est une Couleur véritable & fixe. Et par conséquent, plus on la cuit, plus elle se colore, & la Teinture devient d'un rouge plus enfoncé. Il faut donc cuire la Composition [des Corps & de l'Esprit] avec un feu sec, & par une Calcination séche, sans aucune humidité ; jusqu'à ce qu'elle soit revêtuë d'une Couleur très-rouge, & alors ce sera l'Elixir parfait.

De la Multiplication, & comment elle se doit faire.

Après cela, si l'on veut multiplier cet Elixir, il faudra le dissoudre une seconde fois dans de nouvelle Eau dissolvante, & lui donner une seconde cuisson, pour le blanchir & le rougir par les dégrés du Feu, en recommençant & refaisant tout de nouveau ; comme l'on vient de faire au premier Régime. Dissous, congele, réitère ces deux Opérations, fermant, ouvrant & multipliant en quantité & en qualité autant qu'il te plaira. Car par une nouvelle corruption & par une seconde génération un nouveau mouvement s'introduit dans la Matière, de sorte qu'on ne pourroit jamais voir la fin de la Multiplication, si l'on vouloit toûjours recommencer à dissoudre & à congéler, par le moyen de notre Eau dissolvante, en refaisant les mêmes Opérations qu'au prémier Régime, ainsi que je l'ai dèja dit. De cette manière la vertu de l'Elixir s'augmente & multiplie tellement en quantité & en qualité, que si dans la prémière Oeuvre, une partie avoit la vertu de teindre & de transmuer cent parties de Métail imparfait ; à la seconde, cette vertu augmentera de dix fois autant, de sorte qu'une partie en transmuëra mille. A la troisiéme fois elle augmentera encore d'autant, & elle en transmuëra dix mille. Et si l'on continuë [à multiplier l'Elixir,] sa vertu ira à l'infini, & il teindra & fixera véritablement & parfaitement quelque quantité que ce soit de Métail imparfait. C'est ainsi que *par une chose de peu de valeur*, on peut augmenter la Couleur ou Teinture, la vertu & le poids des Métaux. Il est donc vrai ce que disent les Philosophes, Que *notre Feu & l'Azot te suffisent pour faire toute l'Oeuvre*, Cuis une seconde fois, réitère la cuisson, dissous, congéle & continuë à multiplier autant qu'il te plaira, jusqu'à ce que ta Médecine soit fondante comme de la cire, & qu'elle ait la qualité & la vertu que tu souhaites.

Récapitulation de la seconde Opération du Magistére, & comment elle se fait.

La perfection & l'accomplissement de la seconde Oeuvre, ou pour mieux dire de la seconde Pierre, c'est-à-dire du second Ouvrage du Magistére, consiste donc en ce que je vais dire, & que tu dois bien remarquer. Il faut prendre le Corps parfait, & le mettre dans notre Eau, les enfermer dans une Maison de verre, qui soit bien fermée & bouchée éxactement avec du ciment, de crainte que l'air n'y entre, ou que l'humidité (je veux dire notre Eau Mercurielle) que l'on y a mise, n'en sorte, & ne s'évapore. On doit tenir cette Composition en digestion dans une chaleur douce, telle qu'est la chaleur bien tempérée du bain ou du fumier, & continuer à la cuire parfaitement, par un feu qu'il faut incessamment entretenir, jusqu'à ce que le Corps parfait pourrisse, & qu'il se dissolve en une Matiére noire, & qu'ensuite il soit élevé & sublimé par l'Eau ; afin que par ce moyen il soit nettoyé de toute sa noirceur, & qu'il sorte des ténébres, qu'il soit blanchi & rendu subtil, jusqu'à la derniére pureté

reté qu'il peut acquérir par la Sublimation; & enfin jusqu'à ce qu'il devienne volatil, & qu'il soit blanc dedans & dehors. Car, disent les Philosophes, *le Vautour, qui vole sans aîles en l'air, crie, & demande de pouvoir aller sur la Montagne*: c'est-à-dire sur l'Eau, au dessus de laquelle l'Esprit blanc est porté & élevé. Continuë alors de faire un feu qui soit propre & convenable, & l'Esprit, c'est-à-dire la Substance subtile du Corps & du Mercure, [laquelle est une *Quintessence* plus blanche que la neige] montera & s'élevera sur l'Eau. Et sur la fin continuë & augmente ton feu, afin que tout ce qui est de spirituel monte entiérement. Car tu dois sçavoir que tout ce qui est clair, pur & spirituel s'éléve en haut dans l'air, & ressemble à une fumée blanche; & c'est ce qu'on appelle *le Lait de la Vierge*. Il faut donc, ainsi que l'a dit la Sybile, *que le Fils de la Vierge soit exalté, & qu'après sa Résurrection, sa Quintessence blanche soit élevée vers le Ciel*, & que ce qu'il y a de grossier & d'épais demeure en bas dans le fond du Vaisseau & de l'Eau. Après cela, le Vaisseau étant refroidi, tu trouveras dans le fond ses fétes & impuretés noires, brûlées & séparées de l'Esprit, & de la *Quintessence* blanche, lesquelles il faut jetter. C'est en ce tems-là que l'Argent-vif pleut de notre Air, sur la Terre

Tome II. *O

nouvelle; & cet Argent-vif s'appelle l'Argent-vif sublimé avec l'Air, duquel se fait l'Eau visqueuse, nette & blanche, qui est la véritable Teinture, séparée de toute lie & impureté noire. Et c'est ainsi que notre Airain ou Laiton, est régi & gouverné avec notre Eau; qu'il est purifié & embelli d'une Couleur blanche, laquelle il n'acquiert, & qui ne se fait que par la cuisson & par la coagulation de l'Eau. Cuis donc incessamment, *lave le Laiton, pour lui ôter sa noirceur;* ce que tu feras, non pas avec la main, mais avec la Pierre ou le Feu; je veux dire, avec notre Eau seconde Mercurielle, qui est une véritable Teinture. Car ce n'est pas avec les mains que se fait cette séparation du pur d'avec l'impur. C'est la Nature elle-même qui toute seule la fait, & qui donne véritablement la dernière perfection, par les Opérations qu'elle fait en cercle, c'est-à-dire en recommençant toûjours le même travail.

L'union de l'Esprit & du Corps est une Opération de la Nature, & non pas de l'Art.

Il est évident de ce que nous venons de dire que la Composition qui se fait de l'Esprit & du Corps, n'est pas une Opération qui se fasse avec la main, puisque c'est un changement qui se fait des Natures de ces deux choses entre elles. Parce que c'est la Nature elle-même, laquelle se dissout & se coagule : c'est elle-même qui se sublime, qui s'éléve, & qui se blanchit, après qu'elle a séparé les féces & les impuretés. Et dans la Sublimation, les parties qui sont les plus subtiles, les plus pures, & qui sont essentielles, se joignent & s'unissent ensemble. Car le feu a cela de propre, qu'en élevant les parties les plus subtiles, il éleve toujours les plus pures, & par conséquent il laisse les plus grossiéres, qui demeurent au fond. C'est pourquoi il faut sublimer continuellement en vapeur, par un feu moderé, afin que ce qui se sublime reçoive l'Esprit par l'air, & qu'il ait vie. Car la nature de toutes choses reçoit la vie par l'inspiration de l'air. Ainsi tout notre Magistére ne consiste qu'à faire une vapeur, & à sublimer l'Eau. Il faut donc que notre Laiton soit élevé par les dégrés du feu, & que de lui-même, sans nulle violence, il monte librement. Et par ainsi, si le Corps n'est lavé & dissout avec le Feu & l'Eau ; s'il n'est tellement atténué & rendu si subtil qu'il s'éleve comme un Esprit, ou comme de l'Argent-vif, qui monte & se sublime, ou même comme une Ame blanche séparée de son Corps, & enlevée dans la Sublimation des Esprits, on ne sçauroit rien faire. Mais lorsqu'il vient à s'élever, il naît dans l'air, & il se change dans l'air, il s'y fait vivant avec la vie, & il devient entièrement spirituel & incorruptible. Ainsi, dans ce Régime, le Corps est fait Esprit de nature subtile, & l'Esprit s'incorpore ou devient Corps, & il n'est plus qu'une seule & même chose avec lui. Et outre cela en cette *Sublimation, Conjonction & Elévation*, toute la Composition se fait blanche.

La Sublimation qui fait l'union du Corps & de l'Esprit.

Il est donc absolument nécessaire que cette Sublimation philosophique & naturelle se fasse, parce que c'est elle qui fait la paix entre le Corps & l'Esprit, & qui les accorde en spiritualisant l'un, & corporifiant l'autre, ce qu'il est impossible qui se fasse autrement, qu'en séparant leurs parties spirituelles, d'avec celles qui sont épaisses & grossières. C'est pourquoi il faut sublimer l'un & l'autre, c'est-à-dire le Corps & l'Esprit, afin que ce qu'ils ont de pur monte, & que ce qui est d'impur & de terrestre décende *pendant la tourmente de la Mer orageuse*. Et partant il faut cuire continuellement, afin que la Composition devienne d'une nature subtile; & jusqu'à ce que le Corps prenne & attire l'Ame blanche mercurielle, qu'il retient naturellement, & qu'il ne quitte jamais, sans qu'on l'en puisse séparer; parce qu'elle est semblable à lui, étant comme lui de la prémiére nature pure & simple. Il faut donc faire la séparation de ces deux choses par la cuisson, afin que rien ne reste de la graisse de l'Ame, qui n'ait été élevé & exalté jusqu'au haut du Vaisseau. Et de cette maniére l'un & l'autre, le Corps & l'Esprit, seront réduits à la même simplicité, qui les rendra égaux & semblables. Et par même moyen ils acquerreront ensemble une blancheur simple & pure. Ainsi, ce que disent les Philosophes est véritable, Que *le Vautour, qui vole dans l'air, & le Crapaut qui marche sur la terre, sont le Magistére.* C'est pourquoi, *quand tu sépareras la Terre de l'Eau, c'est-à-dire du Feu, & le subtil de l'épais & grossier, doucement & avec grande industrie, ce qui sera pur montera de la Terre au Ciel, & l'impur décendra en Terre, & la partie la plus subtile recevra en haut, où elle sera élevé, la nature de l'Esprit; & ce qui décendra en bas, prendra la nature de Corps terrestre.*

Il faut donc que par cette Opération la Nature blanche, qui est l'Esprit, soit élevée avec la plus subtile partie du Corps, en laissant en bas les féces & les impuretés; ce qui se fera en peu de tems. Car l'Ame est unie avec le Corps, laquelle est sa Compagne, & elle reçoit sa perfection de lui. C'est pourquoi le Corps dit, *ma Mére m'a engendré, & j'engendre ma Mére*. Or après que l'Ame a rendu le Corps volatil ; Elle, en bonne Mére, couve & nourrit le mieux qu'il lui est possible ce Fils, qu'elle a enfanté, jusqu'à ce qu'il soit devenu en état de perfection. Voici un Sécret, écoute-le. Tiens & conserve le Corps de notre Eau mercurielle, jusqu'à ce qu'il monte & s'éléve avec l'Ame blanche, & que ce qui est de terrestre, & qu'on appelle *la Terre restante*, tombe au fond. Tu verras alors que l'Eau se coagulera elle-même avec son Corps ; & quand tu le verras, sois sûr que la Science est véritable, & que tu as bien procédé. Car le Corps coagule son Eau en la rendant une chose séche, comme la présure de l'Agneau caille le lait, & le change en fromage. De cette maniére l'Esprit pénétrera le Corps, & ils s'uniront en se mêlant par leurs moindres parties, & le Corps attirera à soi son Eau, je veux dire l'Ame blanche, comme l'Aimant attire le Fer, tant par la ressemblance de leur nature, que par son avidité ou attraction naturelle. Alors l'un contient l'autre, & c'est-là notre Sublimation & notre Coagulation, laquelle arrête & retient tout ce qui est volatil, & l'empêche de fuir, en le rendant fixe. Cette Composition n'est donc pas une Composition qui se fasse avec les mains ; mais, comme je l'ai déja dit, c'est un changement de Natures, & une union admirable de leur froid avec leur chaud, & de leur humide avec leur sec. Car le chaud se mêle avec le froid, & le sec avec l'humide. Et c'est aussi de cette maniére que se fait la mixtion & la conjonction du Corps & de l'Esprit, que les Philosophes appellent le changement des Natures contraires, parce qu'en cette Dissolution & Sublimation, l'Esprit est changé en Corps, & le Corps est fait Esprit. De même aussi ces deux choses étant mêlées, & réduites en une, elles se changent l'une l'autre, le Corps rendant l'Esprit Corps, & l'Esprit changeant le Corps en un Esprit teint & blanc.

Récapitulation de la seconde Opération du Magistére, & les trois Signes qui marquent la putréfaction.

Je le répete donc encore pour la derniére fois : Cuis le Corps dans notre Eau blanche ; c'est-à-dire dans notre Mercure, jusqu'à ce qu'il soit dissout, & qu'il devienne noir. Ensuite, par une cuisson continuelle, il perdra sa noirceur, & enfin le Corps, ainsi dissous, s'élévera avec l'Ame blanche; & lors l'un se mêlera avec l'autre, & ils s'embrasseront tous deux si étroitement, qu'en nulle maniére ils ne pourront être séparez l'un d'avec l'autre. C'est alors que par un accord & une union réelle & effective, l'Esprit est uni avec le Corps, & qu'ils ne sont plus tous deux qu'une seule & même chose permanente & fixe. Et c'est-là ce qu'on appelle *la solution du Corps & la coagulation de l'Esprit, qui se font par une seule & même Opération.* Celui qui sçaura donc marier, engrosser, mortifier ou tuer, pourrir, engendrer, vivifier les Espéces, introduire ou faire venir une Lumiére blanche, nettoyer le Vautour de sa noirceur, & le faire sortir des ténébres, jusqu'à ce que par le feu, il soit purgé, teint & coloré, & purifié de ses derniéres taches; celui-là aura en sa possession une chose si excellente & si noble, que les Rois auront de la vénération pour lui.

Il faut donc que le Corps demeure dans l'Eau, jusqu'à ce qu'il soit dissout en Poudre noire au fond du Vaisseau & de l'Eau, & cette Poudre est ce qu'on appelle *la Cendre noire.* Et c'est là la corruption du Corps, que les Sages appellent *Saturne, Airain ou Laiton, Plomb des Philosophes, & Poudre discontinuée*, ou sans nulle liaison. Et il y a trois Signes qui paroissent en cette putréfaction, & résolution du Corps.

Le

Le premier, c'est une couleur noire; le second, est une discontinuité ou désunion des parties; & le troisiéme, une mauvaise odeur, semblable à l'odeur qui sort des Sépulchres quand on les ouvre. C'est donc là cette *Cendre*, de laquelle les Philosophes ont dit tant de choses, *laquelle est demeurée au fond du Vaisseau*, & qu'ils disent, *que nous ne devons pas mépriser; parce qu'en cette Cendre est le Diadême du Roi*, & l'Argent-vif noir & impur, à qui on doit ôter la noirceur, en le cuisant continuellement en notre Eau, jusqu'à ce qu'il s'éléve en haut en couleur blanche. Et alors il est appellé *l'Oye & le Poulet d'Hermogéne*. Car *celui qui noircit la Terre rouge & la rend blanche, il a le Magistére, & celui-là aussi qui tuë le Vif, & qui ressuscite le Mort. Blanchis donc le noir & rougis le blanc, afin que tu accomplisses l'Oeuvre parfaitement.* Et quand tu verras paroître la blancheur véritable, qui brille comme une *Epée nuë*, sçache que la rougeur est cachée dans cette blancheur. Il ne faut pas alors tirer cette blancheur du Vaisseau; mais il faut seulement la cuire, si l'on veut qu'avec la sécheresse & la chaleur, la Couleur orangée y survienne prémiérement, & enfin la très-brillante rougeur. Quand tu la verras, admire-là avec grand étonnement, & louë Dieu très-bon & très-grand, qui donne la Sagesse, & conséquemment les Richesses, à qui il lui plaît, & qui ôte tout de même l'un & l'autre aux Méchans, & les en prive pour jamais, en punition de leurs crimes, les livrant en la puissance & en l'esclavage des Démons, leurs Ennemis. Qu'il soit glorifié & loüé à jamais, & dans toute l'étenduë & la durée des Siécles. Ainsi soit-il.

TABLE
DU LIVRE D'ARTEPHIUS,
ANCIEN PHILOSOPHE,

Qui traite de l'Art sécret, ou de la Pierre Philosophale.

1 Le prémier Mercure des Philosophes, est un Soufre & un Argent-vif blanc, qui dissout l'Or & le blanchit, page 112

2 Blanchir le Laiton, c'est le réduire en un Argent-vif fixe, & un Soufre blanc incombustible, p. 116

3 Le prémier Mercure, en dissolvant l'Or & l'Argent, s'unit à eux inséparablement, p. 117

4 Le prémier Mercure dissout tous les Métaux & les Pierres mêmes, p. 119

5 Plusieurs noms de ce Mercure, p. 120

6 Le Mercure est une moyenne Substance claire, qui, en dissolvant les Corps parfaits, se congéle & se fixe, p. 122

7 Autres noms de ce Mercure, p. 123

8 Le prémier effet du Mercure est d'atténuer, altérer & ramolir les Corps parfaits, p. 125

9 Plus ce Mercure les rends volatils, & plus il les spiritualise, p. 126
10 Le second Mercure des Philosophes comprend les Soufres des deux Corps parfaits avec leur Mercure, p. 127
11 Autres noms du prémier Mercure pris de ses effets, p. 129
12 Suite des noms & des vertus de ce Mercure, p. 131
13 Explication de la Dissolution des Corps parfaits, p. 132
14 Le Feu doit être lent pour faire la Sublimation, p. 135
15 Il faut jetter les féces & impuretés qui se séparent dans la Dissolution, p. 135
16 Cette séparation est la Clef de l'Oeuvre, p. 137
17 L'Ame ou Teinture des Corps parfaits, appellée l'Or blanc ou la Magnésie, ne peut être sublimée que par le prémier Mercure, qui est volatil, p. 138
18 Cette Ame ou Teinture ne se tire que peu à peu par le Mercure, qui l'éleve par sa volatilité, p. 140
19 Le Magistére se fait d'une seule chose, & à peu de frais, p. 144

Il n'y a qu'une Pierre, qu'une Médecine, qu'un Vaisseau, qu'un Régime, & qu'une seule manière, pour faire successivement le Blanc & le Rouge. Ainsi, quoique les Philosophes disent souvent, mets ceci,

mets cela, *ils n'entendent point néanmoins qu'il faille prendre plus d'une seule chose, la mettre une seule fois dans le Vaisseau, & le fermer ensuite, jusqu'à ce que l'Oeuvre soit entiérement parfaite & accomplie :* Et les Philosophes n'ont dit tout cela que pour tromper les Imprudens,
p. 144
20 L'Oeuvre n'est ni longue, ni difficile,
p. 447
21 Du Feu, de ses Différences & de son Régime, p. 148
22 Trois sortes de Feux, dont on a besoin dans l'Oeuvre, p. 149
23 Des Couleurs de l'Oeuvre, & de ce qui les produit, p. 151
24 Que sans la Dissolution des Corps, l'Oeuvre ne se peut faire, & que c'est par là qu'ils sont vivifiez, qu'ils croissent & multiplient, p. 154
25 Toute la préparation que l'Art peut donner à la Matiére, n'est qu'extérieur, & la Nature fait le reste, p. 156
26 De la Multiplication, & comment elle se doit faire, p. 158
27 Récapitulation de la seconde Opération du Magistére, & comment elle se fait, p. 160
28 L'union de l'Esprit & du Corps, est une Opération de la Nature, & non pas de l'Art, p. 162

29 Que c'est la Sublimation qui fait cette union du Corps & de l'Esprit, p. 164
30 Comment ce fait cette Sublimation & cette union, & que c'est la Nature qui les fait, p. 166
31 Récapitulation de la seconde Opération du Magistére, & les trois Signes qui marquent la putréfaction, p. 167

LE LIVRE DE SYNESIUS,

Sur l'Oeuvre des Philosophes.

QUOIQUE les Anciens Philosophes ayent écrit diversement de cette Science, cachant sous une infinité de noms différens les vrais Principes de l'Art, néanmoins ils ne l'ont pas fait sans de grandes considérations, que nous rapporterons dans la suite. Et quoiqu'ils ayent parlé différemment les uns des autres, ils n'en sont pas pour cela plus discordans entr'eux. Mais tendant tous à une même fin, & parlant d'une même chose, ils ont jugé à propos d'appeller principalement le propre Agent, d'un nom quelquefois contraire à sa nature & à ses qualités. Or concevez, mon Fils, que le Dieu Tout-puissant a créé deux Pierres avec cet Univers, qui sont la *Blanche* & la *Rouge*; que ces deux Pierres sont sous un même Sujet, & qu'elles croissent en telle abondance, que chacun en peut prendre autant qu'il en a besoin. Leur Matiere est de telle nature, qu'elle tient le *milieu* entre le Métail & le Mercure, & elle est en partie fixe, & en partie volatile; car autrement elle ne tiendroit point le *milieu* entre les Métaux & le Mercure. Cette Matiére est l'Instrument qui accomplira notre désir, si nous lui donnons la préparation qui lui est convenable. Par cette raison ceux qui travaillent en cet Art, sans connoître ce *milieu*, perdent leur peine; mais s'ils le connoissent, toutes choses leur seront possibles. Sçachez, mon Fils, que ce *milieu*, étant aërien, se trouve avec les Corps célestes, & à proprement parler les Genres, *Masculin* & *Féminin*, sont en lui, ayant une vertu forte, fixe & permanente; & les Philosophes ont seulement parlé de l'Essence de ces deux Genres par similitudes, & par figures, afin que la Science ne fût pas comprise par les Ignorans, parce que tout périroit, si cela arrivoit de la sorte; mais qu'elle le fût seulement par les Ames patientes & par les Esprits subtils, pénétrans, & qui ne sont susceptibles d'aucun sentiment d'avarice, étant persuadez que ces Ames divines, après avoir pénétré dans le Puits de Démocrite, c'est-à-dire dans la vérité des Natures, connoîtront que ce seroit confondre tous les Ordres, & toutes les Professions, si les Méchans comme les Bons pouvoient faire autant d'Or & d'Argent qu'ils en pourroient désirer. C'est pour cela qu'ils n'ont voulu parler que par figures, par types, & par analogies, afin de n'être entendus que par les Ames saintes & doüées de sagesse. Néanmoins ils ont dans leurs Ouvrages indiqué une certaine Voye, & prescrit de certaines Régles, par lesquelles un Sage peut comprendre ce qu'ils ont écrit occultement, & parvenir au but qu'il se propose, après être tombé comme moi dans quelques erreurs. Dieu en soit loüé. Et quoique ceux qui ne peuvent pénétrer dans la Science, dûssent comprendre ces raisons, & ne pas condamner ce qu'ils ne conçoivent pas, au contraire ils accusent les Philosophes de fausseté & de méchanceté ; en sorte que l'Art en est presque méprisé par tout, parce qu'il y a peu de Sages qui parviennent à en connoître la vérité pour la défendre. Or je vous dis, mon Fils, que les Philosophes en ont toûjours écrit selon la vérité, mais obscurément, & souvent même fabuleusement ; ce que je développe dans ce petit Livre, & mets en une telle évidence, que ceux qui désireront apprendre la Science, entendront ce qui a été caché par ces Philosophes. Cependant, s'ils pensoient m'entendre sans connoître la nature des Elémens & des Choses créées, & sans avoir une notion parfaite de notre riche Métail, ils se tromperoient & travailleroient inutilement. Mais, s'ils connoissent les Natures, qui *fuyent* & celles qui *suivent*, ils pourront, par la grace de Dieu, parvenir où tendent leurs désirs. Je demande donc au Tout-puissant que celui qui pénétrera dans le Sécret des Sages, travaille à la gloire de sa Divinité. Sçachez donc, mon cher Fils, que l'Ignorant ne peut pénétrer dans le Sécret de l'Art, parce qu'il n'a pas la connoissance du vrai Corps. Connoissez donc, mon Fils, les Natures, le pur & l'impur, car nulle chose ne peut donner ce qu'elle n'a pas. Et comme les choses ne sont & ne peuvent se faire selon leur nature, servez-vous donc du plus parfait & plus prochain *Membre* que vous trouverez, & cela vous suffira. Laissez donc le *Mixte*, & prenez son *Simple*, car il en est la *Quintessence*. Considérez que nous avons deux Corps de très-grande perfection, remplis d'Argent-vif. Tirez-en donc votre Argent-vif, & vous en ferez la Médecine, qu'on appelle Quintessence, ayant une puissance permanente, & toûjours victorieuse. C'est une vive Lumiére, qui éclaire toute Ame qui l'apperçoit une fois. Elle est le nœud & le lien de tous les Elémens, qu'elle contient en soi, comme elle est l'Esprit qui nourrit & vivifie toutes choses, & par le moyen duquel la Nature agit dans l'Univers. Elle est la force, le commencement, le milieu & la fin de l'Oeuvre. Pour vous déclarer le tout en peu de mots, sçachez, mon Fils, que la Quintessence & la chose occulte de notre Pierre, n'est que notre Ame visqueuse, céleste & glorieuse, que nous tirons par notre Magistére de sa Miniére, qui seule l'engendre, & qu'il n'est pas en notre pouvoir de faire cette Eau par aucun Art, la Nature pouvant seule l'engendrer. Et cette Eau est le Vinaigre très-aigre qui fait du Corps de l'Or un pur Esprit. Et je vous dis, mon Fils, de ne faire aucun compte des autres choses, parce qu'elles sont vaines, mais seulement de cette Eau, qui brûle, blanchit, dissout & congéle. C'est elle enfin qui putréfie, & qui fait germer. C'est pourquoi je vous avertis que toute votre intention doit être en la cuisson de votre Eau, & que vous ne devez point vous impatienter de la longueur du tems; autrement vous ne retireriez aucun fruit de votre travail. Cuisez donc doucement cette Eau, jusqu'à ce qu'elle change une fausse

Couleur, en une Couleur parfaite, & prenez garde dès le commencement de brûler ses fleurs, ou de trop vous hâter pour parvenir plus promptement à la fin que vous vous proposez. Fermez exactement votre Vaisseau, afin que ce que vous y aurez mis ne puisse en sortir, & par ce moyen vous pourrez réussir dans votre travail. Et remarquez que dissoudre, calciner, teindre, blanchir, rafraîchir, baigner, laver, coaguler, imbiber, cuire, fixer, broyer, dessécher & distiler sont une même chose, & que tous ces mots veulent dire seulement cuire la Nature jusqu'à ce qu'elle soit parfaite. Remarquez encore, Que tirer l'Ame, ou l'Esprit, ou le Corps, n'est autre chose que les Calcinations, qui signifient l'Opération de Vénus. C'est donc avec le Feu que se fait l'extraction de l'Ame, & que l'Esprit sort doucement. Comprenez-moi bien. Cela peut encore être dit de l'extraction de l'Ame du Corps, & appellé réduction sur le Composé, jusqu'à ce que le tout soit conduit à la commixtion des quatre Elémens. Ainsi, ce qui est dessous est semblable à ce qui est dessus, & de cette sorte il s'y fait deux Luminaires, l'un fixe & l'autre volatil; le fixe demeurant dessous, & le volatil s'elevant dessus, en se tenant dans un continuel mouvement jusqu'à ce que celui qui est dessous, qui est le Mâle, monte sur la Fémelle, & que le tout soit fixé. Alors il naît un Luminaire sans pareil. Et comme au commencement un Seul a été, de même en cette Matiére tout viendra d'un Seul, & retournera en un Seul. Ce qui veut dire, convertir les Elémens, & convertir les Elémens s'appelle faire l'humide sec, & le fugitif fixe, afin que la chose épaisse se diminuë, & affoiblisse celle qui fixe les autres, demeurant le Fixatif de la chose. Ainsi se fait la mort & la vie des Elémens, qui, étant composez, germent & produisent. De même, une chose parfait l'autre, & l'aide à combattre contre le Feu.

PRATIQUE.

IL faut, mon Fils, que vous travailliez avec le Mercure des Philosophes, qui n'est pas le Mercure vulgaire, ni du vulgaire en tout; mais qui, selon ces Philosophes, est la prémiére Matiére, l'Ame du Monde, l'Elément froid, l'Eau bénîte, l'Eau des Sages, l'Eau venimeuse, le Vinaigre très-fort, l'Eau minérale, l'Eau céleste grasse, le Lait Virginal, notre Mercure minéral & corporel. Lui seul parfait les deux Pierres, la *Blanche* & la *Rouge*.

Prenez garde à ce que dit Géber, Que notre Art ne consiste pas en la multitude des choses diverses, parce que le Mercure est une seule chose, c'est à dire une seule Pierre, dans laquelle consiste tout le Magistére, & à laquelle il ne faut ajoûter aucune chose étrangére. Au contraire, on doit dans sa préparation en ôter toutes les Matiéres superfluës, d'autant que toutes les choses nécessaires à l'Art sont contenuës dans cette Matiére. C'est pourquoi il dit précisément : Nous n'ajoûterons rien d'étranger, sinon le Soleil & la Lune pour la Teinture blanche & rouge, qui ne sont pourtant pas étrangers, mais qui sont le Ferment par lequel se fait l'Oeuvre. Enfin, mon Fils, remarquez que ces Soleils & ces Lunes ne sont pas semblables aux Soleils & aux Lunes vulgaires, parce que nos Soleils & nos Lunes sont meilleurs en leur nature, que les Soleils & les Lunes vulgaires. Notre Soleil & notre Lune dans un même Sujet sont vifs, & ceux du vulgaire sont morts en comparaison des nôtres, qui sont éxistans & permanens dans notre Pierre. Après quoi vous observerez que le Mercure, tiré de nos Corps, est semblable au Mercure aqueux & commun, & par cette raison la chose se réjoüit de son semblable, se plaît avec lui, & s'y unit mieux & plus volontiers, ainsi que font le

Simple & le Composé; ce que les Philosophes ont soigneusement caché dans leurs
Livres. Tout le bénéfice de cet Art est donc
dans le Mercure, dans le Soleil & dans la Lune, & tout le reste ne sert de rien. Aussi, dit
Diomédes: Use de la Matiére, dans laquelle
tu n'introduiras aucune chose étrangére,
ni Poudre, ni Eau, parce que les choses
diverses n'amendent point notre Pierre. Il
démontre par ces paroles, à qui l'entend
bien, que la Teinture de notre Pierre ne
se retire que du Mercure des Philosophes,
lequel est leur Principe, leur Racine, &
leur grand Arbre, d'où sortent tant de
Rameaux.

PREMIERE OPERATION.

De la Sublimation.

NOTRE Sublimation n'est point vulgaire, mais philosophique, par le
moyen de laquelle nous ôtons le superflu
de la Pierre, qui n'est en effet qu'élévation
de la partie non fixe par la fumée ou vapeur; car la partie fixe doit demeurer au
fond; aussi ne voulons-nous pas que l'un
se sépare de l'autre; mais nous voulons
qu'ils demeurent & se fixent ensemble. Et
sçachez, mon Fils, que celui qui subli-

mera comme il faut notre Mercure Philofophique, dans lequel est toute la vertu de la Pierre, il parfera le Magistére. Ce qui fait dire à Géber, Que toute la perfection consiste dans la Sublimation, & dans cette Sublimation sont toutes les autres Opérations, sçavoir Distillation, Assation, Destruction, Coagulation, Putréfaction, Calcination, Fixation, Réduction des Teintures blanches & rouges, procréées & engendrées dans un Fourneau & dans un Vaisseau, & c'est le chemin droit jusqu'à la consommation finale de l'Oeuvre. Surquoi les Philosophes ont fait divers Chapitres, pour tromper les Ignorans, & les écarter de la véritable voye.

Prenez donc, au nom de Dieu, mon Fils, la vénérable Matiére des Philosophes, nommée prémier *Hylec* des Sages, lequel contient notre Mercure Philosophique, appellé prémiére Matiére du Corps parfait ; mettez-le en son Vaisseau, clair, lucide & rond, bien bouché, & scellé du Sceau des Sceaux, & le faites échauffer dans son Lieu bien préparé, avec une chaleur tempérée, pendant un mois Philosophique, le conservant continuellement dans la sueur de la Sublimation jusqu'à ce qu'il commence à se purifier, s'échauffer, se colorer & se congéler avec son *Humidité Métallique*, & qu'il se fixe de sorte qu'il qu'il ne monte plus rien par la Substance fumeuse & aërienne; mais qu'elle demeure fixe au fond du Vaisseau, altérée & privée de toute Humidité visqueuse, purifiée & noire, qui s'appelle Robe noire, Ténébres, ou la Tête du Corbeau. Ainsi, quand notre Pierre est dans le Vaisseau, & qu'elle monte au haut en fumée, cette maniére de monter se nomme Sublimation, & lorsqu'elle tombe du haut en bas, elle s'appelle Distillation & Descension. Quand elle commence à tenir de la Substance fumeuse, & à se putréfier, & que par la fréquente Assention & Descension elle commence à se coaguler, alors la Putréfaction se fait, & le Soufre dévorant se forme. Et enfin, par la privation de l'humidité radicale de l'Eau, la Calcination & la Fixation se font en un même tems, par la seule Cuisson, & dans un seul Vaisseau, comme nous l'avons déja dit. De plus, la véritable séparation des Elémens se fait dans cette Sublimation, parce que dans cette même Sublimation l'Elément de l'Eau se change en un Elément terrestre, sec & chaud. Ce qui montre manifestement que la séparation des quatre Elémens en notre Pierre n'est pas vulgaire, mais philosophique. Et cela fait voir aussi qu'il n'y a seulement que deux Elémens formels dans notre Pierre, sçavoir la Terre & l'Eau; mais la Terre contient en sa Substance la vertu & la siccité du Feu; & l'Eau contient en soi l'Air avec son humidité. En sorte donc que nous ne voyons dans notre Pierre que deux Elémens, quoiqu'elle en contienne quatre en effet. Vous pouvez juger par ce que je vous dis ici, que la séparation des quatre Elémens est purement philosophique, & non pas vulgaire, comme la font tous les Ignorans. Continuez donc, mon Fils, votre Cuisson à feu lent, jusqu'à ce que toute la Matiére, qui paroît noire sur la superficie, soit entiérement changée par le Magistére. Les Philosophes nomment cette noirceur, Robe ténébreuse de la Pierre; & quand elle est devenuë claire, ils l'appellent Eau mondifiée de la Terre, ou bien de l'Elixir. Et remarquez que la noirceur, qui apparoît, est le signe de la Putréfaction, & que le commencement de la Dissolution, est le signe de la Conjonction de deux Natures. Et cette noirceur apparoît quelquefois en 40 jours, plus ou moins, selon la quantité de la Matiére & l'industrie de l'Ouvrier, qui aide beaucoup à la séparation de cette noirceur. Or, mon cher Fils, vous avez déja, par la grace de Dieu, un Elément de notre Pierre, qui est la Terre noire, la Tête du Corbeau, ou l'Ombre obscure, comme quelques-uns l'appellent; sur laquelle Terre, comme sur un Tronc, tout le reste du Magistère a son fondement. Et cet Elément terrestre & sec, se nomme Laiton, Taureau, Féces noires, notre Métal, notre Mercure. Ainsi, par la privation de l'Humidité adustive, qui est ôtée par la Sublimation Philosophique, le Volatil est rendu Fixe, & le Mou est fait Sec & Terre. Et selon Géber, se fait mutation de Compléxion, comme de la Nature froide & humide, en chaude & séche; & selon Alphidius, de la Nature liquide, en épaisse. C'est ici que l'on voit comme à découvert l'intention des Philosophes, quand ils disent, Que l'Opération de notre Pierre, n'est que changement de Natures, & révolution d'Elémens. Vous concevez maintenant, mon Fils, comment, par cette incorporation, l'Humide se fait Sec, & le Volatil Fixe; le Spirituel Corporel, & le Liquide Epais; l'Eau Feu, & l'Air Terre: Ainsi, en se circulant les uns les autres, les quatre Elémens changent leur véritable nature.

DEUXIEME OPERATION.

De la Déalbation.

LA Déalbation convertit notre Mercure en Pierre blanche par la seule Cuisson. Quand la Terre sera séparée de son Eau, alors le Vaisseau se doit mettre sur les Cendres, comme on le pratique au Fourneau de Distillation, & il faut distiller l'Eau à feu lent au commencement, de manière que l'Eau vienne si doucement, que vous puissiez compter jusqu'à quarante noms, où prononcer cinquante-six paroles. Il faut observer cet ordre durant la Distillation de toute la Terre noire; & ce qui se trouvera dans le fonds du Vaisseau, c'est-à-dire les Féces restées, se dissoudra alors avec une nouvelle Eau, & cette Eau contiendra trois ou quatre parties de plus que les Féces, afin que tout se dissolve & se convertisse en Mercure ou Argent-vif. Je vous dis donc que vous réitérerez cette Opération jusqu'à ce qu'il ne reste plus que le marc. Il n'y a point de tems déterminé pour cette Distillation, & elle se fait selon la grande ou la petite quantité de l'Eau, en observant toûjours le régime du Feu. Vous prendrez ensuite la Terre, que vous aurez réservée en son Vaisseau de Verre avec son Eau distillée; après quoi vous continuerez à feu lent & doux, comme étoit celui de la Distilation ou Purification, jusqu'à ce que la Terre soit séche & blanche, & qu'elle ait bû toute son Eau en se séchant. Cela étant fait, vous mettrez de nouvelle Eau sur cette Terre, & vous continuerez toûjours votre Cuisson, comme au commencement, jusqu'à ce que cette même Terre soit entiérement blanche & claire, & qu'elle ait bû toute son Eau. Et remarquez que cette Terre sera ainsi lavée de sa noirceur par la Cuisson, comme je vous l'ai dit, parce qu'elle se purifie facilement avec son Eau, ce qui est la fin du Magistére ; & alors vous garderez soigneusement cette Terre blanche ; car elle est Mercure blanc, Magnésie blanche, Terre feüillée. Après cela vous prendrez cette Terre blanche, rectifiée comme dessus, & vous la mettrez en son Vaisseau sur les Cendres au Feu de Sublimation, donnant à cette Sublimation un fort feu, jusqu'à ce que toute l'Eau coagulée, qui sera dans le Vaisseau, vienne dans l'Alembic, & que la Terre demeure au fonds bien calcinée. Alors vous aurez la Terre, l'Eau & l'Air ; & quoique la Terre contienne en soi la Nature du Feu, néanmoins il n'est point apparent en effet, comme vous verrez qu'il le sera, quand vous l'aurez fait devenir rouge par une plus grande Cuisson. Alors vous verrez manifestement le Feu en apparence. Après quoi vous devez procéder à la Fermentation de la Terre blanche, afin que le Corps mort s'anime & se vivifie, & que sa vertu se multiplie à l'infini. Mais, mon Fils, remarquez que le Ferment ne peut entrer dans le Corps mort, que par le moyen de l'Eau, qui a fait le mariage ou conjonction entre le Ferment & la Terre blanche. Et sçachez qu'en tout Ferment on doit observer le poids, afin que la quantité du Volatil ne surmonte pas le Fixe, & que le mariage ne s'en aille pas en fumée. Car, dit Sénior : Si tu ne convertis la Terre en Eau, & l'Eau en Feu, l'Esprit & le Corps ne se conjoindront point ensemble. Pour en faire la preuve, prenez une Lamine enflammée, & versez dessus une goutte de nôtre Médecine ; si cette Médecine pénétre & se colore d'une parfaite couleur, ce sera un signe de perfection. Et s'il arrive qu'elle ne teigne point, réitérez la Dissolution & la Coagulation, jusqu'à ce que cette même Médecine soit teignante & pénétrante. Remarquez, mon Fils, que cinq Imbibitions au moins, & sept au plus, suffisent pour que la Matiére se liquéfie, & soit sans fumée ; & alors cette Matiére est parfaite au *Blanc*. Sçachez que la Matiére se fixe quelquefois en plus de tems, & quelquefois en moins, selon la quantité de la Médecine. Et sçachez encore que depuis la Création de nôtre Mercure, nôtre Médecine demande le terme de sept mois pour arriver au *Blanc*, & de cinq autres mois pour parvenir au *Rouge* ; ce qui compose une année pour parfaire l'Oeuvre, sans, comme je viens de dire, y comprendre le tems de la préparation du Mercure.

TROISIEME OPERATION.

De la Rubification.

PRENEZ, mon Fils, de la Médecine blanche autant que vous voudrez, & la mettez dans son Vaisseau, sur les Cendres chaudes, où vous la laisserez jusqu'à ce qu'elle se soit desséchée comme ces Cendres mêmes. Donnez-lui ensuite de l'Eau du Soleil, que vous aurez mise à part, & que vous aurez gardée pour cette Opération. Continuez alors le Feu du second dégré, jusqu'à ce qu'elle devienne séche. Redonnez-lui encore de la même Eau, & successivement imbibez & desséchez, jusqu'à ce que la Matiére se rubifie, & se liquéfie comme de la Cire, & courre, ainsi que j'ai dit, sur la Lamine enflammée. Alors cette Matiére sera parfaite au *Rouge*. Mais remarquez que toutes les fois que vous imbiberez, vous ne devez pas mettre de l'Eau Solaire plus qu'il n'en faut pour couvrir le Corps; & cela s'observe éxactement, de peur que l'Elixir ne se submerge & ne se noye. C'est ainsi que vous devez continuer le Feu jusqu'à la Dessication, & faire alors la seconde Imbibition. Vous procéderez alors par ordre jusqu'à la perfection de la Médecine, sçavoir jusqu'à ce que la puissance de la Digestion du Feu la convertisse en Poudre très-rouge, qui est la véritable Huile des Philosophes, la Pierre sanguinaire, le Corail rouge, le Rubis précieux, le Mercure rouge, & la Teinture rouge.

DE LA PROJECTION.

PLUS vous dissoudrez & congélerez, mon Fils, plus vous multiplirez la vertu de la Médecine, & la porterez jusqu'à l'infini. Mais remarquez que la Médecine se multiplie plus tard par Solution que par Fermentation. C'est pour cela que la chose dissoute n'opére pas bien, si auparavant elle ne se fixe en votre Ferment. Cependant la Multiplication de la Médecine dissoute est plus abondante que celle de la Médecine fermentée, parce qu'il y a en elle plus de Subtilisation. Je vous avertis encore de mettre, pour la Multiplication, une partie de l'Oeuvre sur quatre parties de Soleil ou de Lune, & en peu de tems la Poudre se fera selon le Ferment.

EPILOGUE

EPILOGUE

Suivant Hermès.

AInsi, mon Fils, vous séparerez la Terre du Feu, le gros du subtil, doucement & avec industrie; c'est-à-dire, que vous séparerez les parties unies par la Dissolution & Séparation; comme, la Terre du Feu, le subtil de l'épais, &c. Sçavoir la plus pure Substance de la Pierre, jusqu'à ce qu'elle vous demeure nette & sans aucune tache ni ordure. Quand Hermès dit : Elle monte de la Terre au Ciel, & puis une autrefois elle redécend en Terre; il faut entendre la Sublimation des Corps. De plus, pour bien expliquer la Distillation, il dit, Que le Vent l'a portée dans son ventre; sçavoir, quand l'Eau distille par l'Alembic, où elle monte prémiérement par le vent fumeux & vaporeux, & retombe ensuite au fond du Vaisseau encore en Eau. Voulant aussi montrer la Congélation de la Matiére, il dit : Sa force est entiére, si elle retourne en Terre; c'est-à-dire, si elle est convertie en Terre par la Cuisson. Et pour démontrer généralement toutes ces choses, il dit : Et elle recevra la force inférieure & supérieure, c'est à-dire des Élémens; parce que si la Médecine reçoit la force des parties légéres, sçavoir de l'Air & du Feu, elle recevra aussi les parties pésantes ; les graves se changeant en Eau & en Terre, & cela, afin que les Matiéres, ainsi perpétuellement conjointes, deviennent stables, fermes & permanentes.

Loüé soit Dieu.

LE LIVRE
DE
NICOLAS FLAMEL,

Contenant l'explication des Figures Hyérogliphiques qu'il a fait mettre au Cimetiére des SS. Innocens à Paris.

AVANT-PROPOS.

LOUE' soit éternellement le Seigneur mon Dieu, qui éleve l'Humble de la boué, & fait éjoüir le cœur de ceux qui espérent en lui : Qui ouvre aux Croyans avec grace les sources de sa bénignité, & met sous leurs pieds les cercles mondains de toutes les félicités terriennes. En lui soit toujours notre espérance, en sa crainte notre félicité, en sa

R ij

miséricorde la gloire de la réparation de notre nature, & en la prière notre sûreté inébranlable. Et vous, ô Dieu Tout puissant, comme votre bonté a daigné d'ouvrir en la Terre devant moi votre indigne Serviteur, tous les Tésors des Richesses du Monde, qu'il plaise à votre clémence, lorsque je ne serai plus au nombre des Vivans, de m'ouvrir encore les Trésors des Cieux, & me laisser contempler votre face divine, dont la Majesté est une délice inénarrable, & dont le ravissement n'est jamais monté en cœur d'Homme vivant. Je vous le demande par le Seigneur JESUS-CHRIST votre Fils bien-aimé, qui en l'Unité du Saint Esprit, vit avec vous au siécle des siécles.

Encore que moi, NICOLAS FLAMEL, Ecrivain & Habitant de Paris, en cette année mil trois cens quatre-vingt-dix-neuf, & demeurant en ma maison en la ruë des Ecrivains, près la Chapelle Saint Jacques de la Boucherie ; encore, dis-je, que je n'aye appris qu'un peu de Latin, pour le peu de moyens de mes Parens, qui néanmoins étoient par mes Envieux mêmes estimez Gens de bien ; Si est-ce que (par la grande grace de Dieu, & intercession des bienheureux Saints & Saintes de Paradis, principalement de Saint Jacques,) je n'ai pas laissé d'entendre au long les Livres des

Philosophes, & d'y apprendre leurs Sécrets si cachez. C'est pourquoi il ne sera jamais moment en ma vie, me souvenant de ce haut bien, qu'à genoux (si le lieu le permet) ou bien dans mon cœur, de toute mon affection; je n'en rende graces à ce Dieu très-bening, qui ne laisse jamais l'Enfant du Juste mendier par les portes, & qui ne trompe point ceux qui espérent entiérement en sa bénédiction. Donc, ainsi qu'après le décès de mes Parens je gagnois ma vie en notre Art d'Ecriture, faisant des Inventaires, dressant des Comptes, & arrêtant les Dépenses des Tuteurs & Mineurs, il me tomba entre les mains, pour la somme de deux florins, un Livre doré, fort vieux & beaucoup large. Il n'étoit point de papier ou parchemin, comme sont les autres, mais il étoit fait de déliées écorces, (comme il me sembloit) de tendres Arbrisseaux. Sa couverture étoit de cuivre bien délié, toute gravée de lettres ou figures étranges; & quant à moi, je crois qu'elles pouvoient bien être des caractéres Grecs, ou d'autre semblable Langue ancienne. Tant y a que je ne les sçavois pas lire, & que je sçai bien qu'elles n'étoient point notes ni lettres Latines ou Gauloises; car j'y entends un peu. Quant au dedans, ses feüilles d'écorces étoient gravées, & d'une grande industrie, écrites avec un burin de fer, en belles & très-nettes lettres Latines colorées. Il contenoit trois fois sept feüillets; car ils étoient ainsi cottez au haut du feüillet, le septiéme desquels étoit toûjours sans écriture. (*a*) Au lieu de laquelle il y avoit peint au prémier septiéme une Verge, & des Serpens s'engloutissans. (*b*) Au second septiéme, une Croix, où un Serpent étoit crucifié. (*c*) Au dernier septiéme, étoient peints des Déserts, au milieu desquels couloient plusieurs belles Fontaines, dont sortoient plusieurs Serpens, qui couroient par ci & par là. Au premier des feüillets y avoit écrit en Lettres grosses capitales dorées. *Abraham Juif, Prince, Prêtre, Lévite, Astrologue, & Philosophe, à la Nation des Juifs, par l'ire de Dieu dispersée aux Gaules.* SALUT. D. I. Après cela il étoit rempli de grandes éxécrations & malédictions, (avec ce mot, MARANATHA, qui y étoit souvent répété,) contre toute Personne qui jetteroit les yeux dessus, s'il n'étoit Sacrificateur ou Scribe. Celui qui m'avoit vendu ce Livre ne sçavoit pas ce qu'il valloit, aussi peu que moi quand je l'achetai. Je croi qu'il avoit été dérobé aux misérables Juifs, ou trouvé

(*a*) *V Figure.*
(*b*) *VI. Figure.*
(*c*) *VII. Figure d'Abraham.*

quelque part caché dans l'ancien lieu de leur demeure.

Dans ce Livre, au second feüillet, il consoloit sa Nation, la conseillant de fuïr les vices & sur tout l'Idolâtrie, attendant le Messie à venir avec douce patience, lequel vaincroit tous les Rois de la Terre, & règneroit avec son Peuple en gloire éternellement. Sans doute, ç'avoit été un Homme fort sçavant.

Au troisiéme feüillet, & en tous les autres suivans écrits, pour aider sa captive Nation à payer les tributs aux Empereurs Romains, & pour faire autre chose, que je ne dirai pas, il leur enseignoit la Transmutation Métallique en parolles communes, peignoit les Vaisseaux au côté, & avertissoit des Couleurs & de tout le reste, hormis du prémier Agent, dont il ne parloit point : mais bien, comme il disoit, il le peignoit, & figuroit par très-grand artifice au quatriéme & cinquiéme feüillets entiers. Car encore qu'il fût bien intelligiblement figuré & peint ; toutefois aucun ne l'eût sçu comprendre sans être fort avancé en leur Cabale traditive, & sans avoir bien étudié les Livres des Philosophes. Donc le quatriéme & cinquiéme feüillet étoient sans écriture, tout rempli de belles Figures enluminées, ou peintes, avec grand artifice.

Prémiérement, au quatriéme feüillet il peignoit (*a*) un jeune Homme avec des aîles aux talons, ayant une Verge caducée en main, entortillée de deux Serpens, de laquelle il frappoit un Casque qui lui couvroit la tête. Il sembloit, à mon avis, le Dieu Mercure des Payens. Contre lui venoit courant & volant à aîles ouvertes, un grand Vieillard, qui avoit sur sa tête une Horloge attachée, & en ses mains une faux comme la Mort, de laquelle, terrible & furieux, il vouloit trancher les pieds à Mercure.

A l'autre côté du quatriéme feüillet, il peignoit (*b*) une belle Fleur au sommet d'une Montagne très haute, que l'Aquilon ébranloit fort rudement. Elle avoit la tige bleuë, les fleurs blanches & rouges, les feüilles reluisantes comme l'Or fin, à l'entour de laquelle les Dragons & Griffons Aquiloniens faisoient leur nid & leur demeure.

Au cinquiéme feüillet il y avoit un beau (*c*) Rosier fleuri au milieu d'un beau Jardin, appuyé contre un Chêne creux; au pied desquels boüillonnoit une Fontaine d'Eau très-blanche, qui s'alloit précipiter dans des abîmes; passant néamoins prémié-

---

(a) I. *Figure du Juif Abraham.*
(b) II. *Figure d'Abraham.*
(c) III. *Figure d'Abraham.*

tement entre les mains d'infinis Peuples qui fouïlloient en terre, la cherchant ; mais parce qu'ils étoient aveugles, nul ne la connoissoit, hormis quelqu'un qui en considéroit le poids.

A l'autre page du cinquiéme feüillet, il y avoit (*a*) un Roi avec un grand coutelas, qui faisoit tuer en sa présence par des Soldats, grande multitude de petits Enfans, les Méres desquels pleuroient aux pieds des impitoyables Gendarmes, & ce sang étoit puis après ramassé par d'autres Soldats, & mis dans un grand Vaisseau, dans lequel le Soleil & la Lune du Ciel se venoient baigner. Et parce que cette Histoire représentoit à peu près celle des Innocens, tuez par Hérode, & qu'en ce Livre ci j'ai appris la plûpart de l'Art, ç'a été une des causes pourquoi j'ai mis en leur Cimetiére ces Symboles Hyérogliphiques de cette sécrette Science. Voilà ce qu'il y avoit en ces cinq prémiers feüillets.

Je ne représenterai point ce qui étoit écrit en beau & très-intelligible Latin en tous les autres feüillets écrits, car Dieu me puniroit, d'autant que je commettois plus de méchanceté que celui, comme on dit, qui désiroit que tous les Hommes du Monde n'eussent qu'une tête, & qu'il la pût couper d'un seul coup.

(*d*) *IV. Figure d'Abraham.*

Donc ayant chez moi ce beau Livre, je ne faisois nuit & jour qu'y étudier, entendant très-bien toutes les Opérations qu'il démontroit : mais ne sçachant point avec quel Matiére il falloit commencer, ce qui me causoit une grande tristesse, me tenoit solitaire, & faisoit soûpirer à tout moment. Ma Femme Perrenelle, que j'aimois autant que moi-même, laquelle j'avois épousée depuis peu, en étoit toute étonnée, me consolant & demandant de tout son courage, si elle me pourroit délivrer de fâcherie. Je ne pus jamais tenir ma langue, que je ne lui disse tout, & ne lui montrasse ce beau Livre, duquel elle fut autant amoureuse que moi-même, prenant une extrême plaisir à contempler ces belles Couvertures, Gravures, Images & Portraits, à quoi elle entendoit aussi peu que moi. Toutefois ce m'étoit une grande consolation d'en parler avec elle, & de m'entretenir de ce qu'il faudroit faire pour en avoir l'interprétation.

Enfin je fis peindre le plus au naturel que je pûs dans mon logis toutes ces Figures du quatriéme & cinquiéme feüillets, que je montrai à Paris à plusieurs Sçavans, qui n'y entendîrent pas plus que moi. Je les avertissois même, que cela avoit été trouvé dans un Livre qui enseignoit la Pierre Philosophale ; mais la plûpart se mocquérent de moi & de la bénite Pierre, hormis un appellé M. Anfeaulme, qui étoit Licencié en Médecine, lequel étudioit fort en cette Science. Il avoit grande envie de voir mon Livre, & n'y eut chose qu'il ne fît pour le voir; mais je l'assûrai toujours que je ne l'avois point : bien lui fis-je une grande description de sa Méthode. Il difoit que le prémier Portrait réprésentoit le Temps, qui dévoroit tout, & qu'il falloit l'espace de six ans, selon les six feüillets écrits, pour parfaire la Pierre : soûtenoit qu'alors il falloit tourner l'Horloge, & ne cuire plus. Et quand je lui difois que cela n'étoit peint que pour démontrer & enseigner le prémier Agent (comme il étoit dit dans le Livre). Il répondoit que cette coction de six ans, étoit comme un second Agent. Que véritablement le prémier Agent y étoit peint, qui étoit l'Eau blanche & péfante, qui fans doute étoit le Vif-argent, que l'on ne pouvoit fixer, ni lui couper les pieds, c'est-à-dire, lui ôter fa volatilité, que par cette longue décoction, dans un Sang très-pur de jeunes Enfans. Que dans ce Sang ce Vif-argent se conjoignant avec l'Or & l'Argent, se convertissoit prémiérement avec eux en une Herbe semblable à celle qui étoit peinte; puis après par corruption en Serpens, lesquels étant après entiérement désséchez,

& cuits par le feu, se réduiroient en Poudre d'Or, qui seroit la Pierre.

Cela fut cause que durant le long espace de ving-un an je fis mille broüilleries, non toutefois avec le Sang, ce qui est méchant & vilain. Car je trouvois dans mon Livre, que les Philosophes appelloient *Sang, l'Esprit minéral qui est dans les Métaux, principalement dans le Soleil, la Lune & le Mercure*, à l'assemblage desquels je tendois toujours. Aussi ces interprétations, pour la plûpart, étoient plus subtiles que véritables. Ne voyant donc jamais en mon Opération les signes au tems écrit dans mon Livre, j'étois toujours à recommencer. Enfin, ayant perdu l'espérance de jamais comprendre ces Figures, je fis un vœu à Dieu, & à S. Jacques de Galice, pour demander l'interprétation d'icelles à quelque Prêtre Juif, en quelqu'une des Synagogues d'Espagne. Donc avec le consentement de Perrenelle, portant sur moi l'extrait de ces Figures, ayant pris l'habit & le bourdon, en la même façon qu'on me peut voir au dehors de cette même Arche, en laquelle je mets ces Figures Hyérogliphiques par dedans le Cimetiére, où j'ai aussi mis contre la muraille d'un & d'autre côté, une Procession, où sont représentées par ordre toutes les Couleurs de la Pierre, ainsi qu'elles viennent

& finissent avec cette écriture Françoise,
Moult plaist à Dieu Procession
S'elle est faite en dévotion.

Ce qui est quasi le commencement du Livre du Roi Hercules, traittant des Couleurs de la Pierre, intitulé, l'Iris en ces termes, *Operis processio multum naturæ placet, &c.* Que j'ai mis là tout exprès pour les Sçavans qui entendront l'allusion. Donc en cette même façon, je me mis en chemin, & enfin j'arrivai à Montjoye, & puis à S. Jacques, où avec grande dévotion j'accomplis mon vœu. Cela fait, au retour je rencontrai dans Léon un Marchand de Boulogne, qui me fit connoître à un Médecin Juif de Nation, & lors Chrétien, qui y demeuroit, & qui étoit fort sçavant, appellé Maître Canches. Quand je lui eus montré les Figures de mon extrait, ravi de grand étonnement & de joye, il me demanda incontinent si je sçavois des nouvelles du Livre, duquel elles étoient tirées. Je lui répondis en Latin, comme il m'avoit interrogé : Que j'avois espérance d'en avoir de bonnes nouvelles, si quelqu'un me déchiffroit ces Enigmes. Tout à l'instant, emporté de grande ardeur & joye, il commença de m'en déchiffrer le commencement. Or pour n'être long, il étoit très-content d'apprendre des nouvelles où étoit ce Livre, & moi de l'en ouïr parler,

Et certes il en avoit, oüi discourir bien au long ; mais comme d'une chose qu'on croyoit entiérement perduë, comme il disoit. Nous résolumes notre voyage, & de Léon nous passâmes à Oviédo, & de-là à Sanson, où nous nous mîmes sur Mer pour venir en France. Notre voyage avoit été assez heureux, & déja depuis que nous étions entrez en ce Royaume, il m'avoit très-véritablement interprété la plûpart de mes Figures, où jusqu'aux points même, il trouvoit de grands mistéres, (ce que je trouvois fort merveilleux,) quand arrivans à Orléans, ce sçavant Homme tomba extrêmement malade, affligé de très-grands vomissemens, qui lui étoient restez de ceux qu'il avoit souffert sur la Mer. Il craignoit tellement que je le quittasse, qu'il ne se peut imaginer rien de semblable. Et bien que je fusse toujours à ses côtés, si m'appelloit-il incessamment. Enfin il mourut sur la fin du septiéme jour de sa maladie, dont je fus fort affligé. Au mieux que je pus je le fis enterrer en l'Eglise de Sainte Croix à Orléans, où il repose encore. Dieu aye son ame, car il mourut bon Chrétien. Et certes si je ne suis empêché par la mort, je donnerai à cette Eglise quelques Rentes pour faire dire pour son ame tous les jours quelques Messes.

Qui voudra voir l'état de mon arrivée, & la joye de Perrenelle, qu'il nous contemple tous deux en cette Ville de Paris sur la Porte de la Chapelle de S. Jacques de la Boucherie, du côté & tout auprès de ma maison, où nous sommes peints, moi rendant graces aux pieds de S. Jacques de Galice, & Perennelle à ceux de S. Jean, qu'elle avoit si souvent invoqué. Tant y a que par la grace de Dieu & l'intercession de la bienheureuse & Sainte Vierge, & des bienheureux S. Jacques & S. Jean, je sçûs ce que je désirois, c'est-à-dire, les *prémiers Principes*, non toutefois leur prémière Préparation, qui est une chose très-difficile sur toutes celles du Monde, Mais je l'eus à la fin après les longues erreurs de trois ans ou environ, durant lequel tems je ne fis qu'étudier & travailler; ainsi qu'on me peut voir hors de cette Arche (où j'ai mis des Processions contre les deux Pilliers d'icelle) sous les pieds de S. Jacques & de S. Jean, priant toujours Dieu, le Chapelet en main, lisant très-attentivement dans un Livre, & pésant les mots des Philosophes, & essayant puis après les diverses Opérations que je m'imaginois par leurs seuls mots.

Enfin je trouvai ce que je désirois, ce que je reconnus aussi-tôt par la senteur forte. Ayant cela, j'accomplis aisément le

Magistére. Aussi sçachant la Préparation des prémiers Agens, suivant après à la lettre mon Livre, je n'eusse pû faillir encore que je l'eusse voulu. Donc la prémiére fois que je fis la Projection, ce fut sur du Mercure, dont j'en convertis demi livre ou environ, en pur Argent, meilleure que celui de la Miniére, comme j'ai essayé & fait essayer par plusieurs fois. Ce fut le 17 de Janvier, un Lundi environ midi, en ma maison, en présence de Perrenelle seule, l'An mil trois cens quatre-vingt-deux. Et puis après, en suivant toujours de mot à mot mon Livre, je la fis avec la Pierre rouge, sur semblable quantité de Mercure, en présence encore de Perrenelle seule, en la même maison, le vingt-cinquiéme jour d'Avril suivant de la même année, sur les cinq heures du soir, que je transmuai véritablement en quasi autant de pur Or, meilleur certainement que l'Or commun, plus doux & plus ployable. Je le peux dire avec vérité. Je l'ai parfaite trois fois avec l'aide de Perrenelle, qui l'entendoit aussi bien que moi, pour m'avoir aidé aux Opérations; & sans doute, si elle eût voulu entreprendre de la faire toute seule, elle en seroit venuë à bout. J'en avois bien assez la faisant une seule fois ; mais je prenois très-grand plaisir à voir & contempler dans les Vaisseaux les

Oeuvres

Oeuvres admirables de la Nature.

Pour te signifier comme je l'ai faite trois fois, tu verras en cette Arche, si tu le sçais connoître, trois Fourneaux semblables à ceux qui servent à nos Opérations.

J'eus crainte long-tems que Perrenelle ne pût cacher la joye de sa félicité extrême, que je mesurois par la mienne, & qu'elle ne lâchât quelque parole à ses Parens des grands Trésors que nous possédions; car l'extrême joye ôte le sens, aussi bien que la grande tristesse. Mais la bonté du très-grand Dieu, ne m'avoit pas comblé de cette seule bénédiction, que de me donner une Femme chaste & sage, elle étoit encore non-seulement capable de raison, mais aussi de parfaire ce qui étoit raisonnable, & plus discrette & sécrette que le commun des autres Femmes. Sur tout elle étoit fort dévote; c'est pourquoi, se voyant sans espérance d'Enfans, & dèja bien avant sur l'âge, elle commença tout de même que moi à penser à Dieu, & à vacquer aux œuvres de miséricorde.

Lorsque j'écrivois ce Commentaire, en l'An mil quatre cent treize, sur la fin de l'An, après le trépas de ma fidelle Compagne, que je regréterai tous les jours de ma vie, elle & moi avions dèja fondé & renté quatorze Hôpitaux en cette Ville de Paris; bâti tout de neuf trois Chapelles;

Tome II. * S

décoré de grands dons & bonnes rentes sept Eglises, avec plusieurs réparations en leurs Cimetiéres, outre ce que nous avions fait à Bologne, qui n'est guéres moins que ce que nous avons fait ici. Je ne parlerai point du bien que nous avons fait ensemble aux pauvres Particuliers, principalement aux Veuves & pauvres Orphelins. Si je disois leur nom, & comment je faisois cela, outre que le salaire ne m'en seroit pas donné en ce Monde, je pourrois faire déplaisir à ces bonnes Personnes (que Dieu veüille bénir) ce que je ne voudrois faire pour rien du monde.

Bâtissant donc ces Eglises, Cimetiéres & Hôpitaux en cette Ville, je me résolus de faire peindre en la quatriéme Arche du Cimetiére des Innocens (entrant par la grande porte de la ruë S. Denis, en prenant la main droite) les plus vraies & essentielles marques de l'Art, sous néanmoins des voiles & couvertures Hiéroglyfiques à l'imitation de celles du Livre doré du Juif Abraham; pouvant représenter deux choses selon la capacité & sçavoir de ceux qui les verront. Prémiérement les Mistéres de notre Résurrection future & indubitable, au jour du Jugement & Avénement du bon JESUS (auquel plaise nous faire miséricorde,) Histoire qui convient bien à un Cimetiére. Et puis après encore, pouvant signifier à ceux, qui sont entendus en la Philosophie Naturelle, toutes les principales & nécessaires Opérations du Magistére.

Ces Figures Hiéroglyfiques serviront comme de deux chemins pour mener à la vie céleste. Le prémier sens plus ouvert, enseignant les sacrés Mistéres de notre Salut, ainsi que je démontrerai ci-après. Et l'autre, enseignant à tout Homme, pour peu entendu qu'il soit en la Pierre, la droite voye de l'Oeuvre, laquelle étant parfaite par quelqu'un, le change de mauvais en bon, lui ôte la racine de tout péché (qui est l'Avarice) le faisant libéral, doux, pieux, religieux & craignant Dieu, quelque mauvais qu'il fût auparavant. Car après cela il demeure toujours ravi dans la grande grace, & miséricorde qu'il a obtenuë de Dieu, & de la profondeur de ses Oeuvres divines & admirables. Ce sont les causes qui m'ont obligé à mettre ces Figures en cette façon, & en ce Lieu, qui est un Cimetiére, afin que si quelqu'un obtient ce bien inestimable que de conquérir cette riche Toison, il pense comme moi de ne tenir point le talent de Dieu caché dans la terre, achétant Terres & Possessions, qui sont les vanités de ce Monde; mais plûtôt de secourir charitablement ses Frétes, se souvenant d'avoir appris ce Sécret parmi les offemens des Morts, avec lefquels il fe doit bientôt trouver, & qu'après cette vie paffagére, il faudra rendre compte devant un jufte & redoutable Juge, qui cenfurera jufqu'à la parolle oifeufe & vaine.

Que donc celui, qui ayant pefé mes mots, & bien connu & entendu mes Figures, (fçachant d'ailleurs les prémiers Principes & Agents; car certainement il n'en trouvera aucun veftige ou enfeignement en ces Figures & Commentaires) faffe, à la gloire de Dieu, le Magiftére d'Hermès, fe fouvenant de l'Eglife Catholique, Apoftolique & Romaine, & de toutes les autres Eglifes, Cimetiéres & Hôpitaux, & fur tout de l'Eglife des SS. Innocens de cette Ville, au Cimetiére de laquelle il aura contemplé ces véritables démonftrations, ouvrant très-largement fa bourfe aux pauvres Honteux, Gens de bien défolez, Infirmes, Femmes veuves & pauvres Orphelins. Ainfi foit-il.

DES INTERPRETATIONS
Théologiques, qu'on peut donner à ces Hiéroglyfiques, selon mon sens.

CHAPITRE I.

J'Ai donné à ce Cimetiére, un Charnier qui est vis-à-vis de cette quatriéme Arche, le Cimetiére au milieu : & contre l'un des Pilliers de ce Charnier, j'ai fait crayonner & peindre grossiérement un Homme tout noir, qui regarde ces Hiéroglyfiques, à l'entour duquel il y a écrit en François : Je voi merveille, dont moult je m'ébahis. Cela & encore trois Plaques de fer & cuivre doré, à l'Orient, Occident & Midi de l'Arche, où sont ces Hiéroglyfiques, le Cimetiére au milieu, représentans la sainte Passion & Résurrection du Fils de Dieu, cela, dis-je, ne doit point être autrement interprété que selon le Sens commun Théologique, si ce n'est que cet Homme noir, peut aussi bien crier merveille de voir les œuvres admirables de Dieu en la Transmutation des Métaux, qui sont figurées en ces Hiéroglyfiques, qu'il regarde si attentivement, que de voir enterrer tant de Corps morts, qui se leveront hors de leurs

Tombeaux au jour redoutable du Jugement. D'ailleurs, je ne pense point qu'il faille expliquer en Sens Théologique, ce Vaisseau de terre à la main droite de ces Figures, dans lequel il y a une Ecritoire, ou plûtôt un Vaisseau de Philosophie, (si on en ôte les liens & que l'on joigne le canon au cornet:) non plus que les deux autres Vaisseaux semblables, qui sont aux côtés des Figures de S. Pierre & de S. Paul, dans l'un desquels il y a une N. qui veut dire Nicolas, & dans l'autre un F. qui veut dire Flamel. Car ces Vaisseaux ne signifient sinon que dans de semblables, j'ai fait par trois fois le Magistére. Qui voudra aussi croire que j'ai mis ces Vaisseaux en forme d'Armoires, pour y faire représenter cette Ecritoire, & les lettres Capitales de mon nom, qu'il le croye s'il veut, parce que toutes ces deux interprétations sont véritables.

Il ne faut point aussi interpreter en Sens Théologique, cette écriture qui suit en ces termes, Nicolas Flamel & Perrenelle sa Femme, d'autant qu'elle ne signifie autre chose, sinon que moi & ma Femme avons fait bâtir cette Arche.

Quant aux troisiéme, quatriéme & cinquiéme Tableaux suivans, au bas desquels il y a écrit, Comment les Innocens fûrent occis par le commandement du Roi Hérodes; le Sens Théologique s'y entend aussi assez par cette écriture; il faut seulement parler du reste qui est au dessus.

Les deux Dragons unis, & l'un dans l'autre, de couleur noire & bleuë, en Champ de Sable, c'est-à-dire noir, dont l'un a des aîles dorées, & l'autre n'en a point, sont les péchés, qui naturellement s'entretiennent; car l'un a sa naissance de l'autre. De ces péchés, les uns peuvent être chassez aisément, comme ils viennent aisément; car ils volent à toute heure vers nous. Mais ceux qui n'ont point d'aîles, ne peuvent être chassez, ainsi qu'est le péché contre le S. Esprit. Cet Or des aîles, signifie que la plûpart de ces péchés viennent de la sacrée faim de l'Or, qui rend tant de Personnes attentives, & qui leur fait si attentivement penser d'où ils en pourront avoir. Et la couleur noire & bleuë, démontre que ce sont des désirs qui sortent du ténébreux puits d'enfer, lesquels nous devons entiérement fuir. Ces deux Dragons peuvent encore représenter moralement les Légions des malins Esprits, qui sont toujours à l'entour de nous, & qui nous accuseront devant le juste Juge au jour redoutable du Jugement, lesquels ne demandent qu'à nous cribler.

L'Homme & la Femme, qui viennent après, de couleur orangée sur un Champ azuré & bleu, signifient que l'Homme & la Femme ne doivent pas avoir leur espoir en ce Monde (car l'orangé marque désespoir) ou laisser toute espérance ici. Et la couleur azurée & bleuë, sur laquelle ils sont peints, représente qu'il faut penser aux choses célestes futures, & dire comme le Rouleau de l'Homme, Homo veniet ad Judicium Dei; c'est-à-dire, l'Homme viendra au Jugement de Dieu. Ou comme celui de la Femme, Verè illa dies terribilis erit; c'est-à-dire, Certes ce jour sera terrible, afin que nous gardans des Dragons, qui sont les péchés, Dieu nous fasse miséricorde.

Ensuite de cela, en Champ de Synople, c'est-à-dire vert, sont peints deux Hommes & une Femme ressuscitans, desquels l'un sort d'un Sépulcre, les deux autres de la Terre ; tous trois de couleur très-blanche & pure, levant les mains devant leurs yeux, & leurs yeux vers le Ciel, sur lesquels il y a deux Anges sonnans des Instrumens musicaux, comme s'ils avoient appellé ces Morts au jour du Jugement. Car au dessus des deux Anges est la figure de notre Seigneur Jésus-Christ, tenant le Monde en sa main, sur la tête duquel un Ange met une Couronne, assisté de deux autres, qui disent en leurs Rouleaux, ô Pater omnipotens, ô JESUS bone! O Pere tout puissant, ô bon Jesus! Au côté droit du Sauveur est peint S. Paul, vétu de blanc orangé, avec une épée, aux pieds duquel est un Homme vétu d'une robbe orangée,

gée, en laquelle apparoissent des plis noirs & blancs, qui me ressemble au vif, lequel demande pardon de ses péchés, tenant les mains jointes, desquelles sortent ces paroles écrites en un Rouleau, Dele mala quæ feci. Otez les maux que j'ai fait. De l'autre côté, à la main gauche, est S. Pierre avec sa clef, vétu de rouge orangé, tenant la main sur une Femme vetuë d'une robbe orangée qui est à ses genoux, représentant au vif Perrennelle, laquelle tient les mains jointes, ayant un Rouleau, où est écrit, CHRISTE precor esto pius. O Christ soyez moi miséricordieux: derriére laquelle il y a un Ange à genoux avec un Rouleau, qui dit: Salve Domine Angelorum. Je vous salue, ô Seigneur des Anges. Il y a aussi un autre Ange à genoux derriére mon Image du côté de S. Paul, qui tient aussi un Rouleau, disant: O Rex sempiterne! ô Roi éternel! Tout cela est très-clair, selon l'explication de la Résurrection du Jugement futur, qu'on y peut aisément adapter: aussi il semble que cette Arche n'ait été peinte que pour représenter cela, c'est pourquoi il ne s'y faut point arrêter davantage, puisque les moindres & les plus Ignorans lui sçauront bien donner cette interprétation.

Après les trois Ressuscitans, viennent deux Anges de couleur orangée encore, sur un Champ bleu, disans en leurs Rouleaux:

Surgite Mortui, venite ad Judicium Domini mei. *Morts levez-vous, venez au Jugement de mon Seigneur.* Cela encore sert à l'interprétation de la Résurrection. Tout de même que les Figures suivantes & dernières, qui sont sur un Champ violet de l'Homme rouge-vermillon, qui tient le pied d'un Lion peint de rouge-vermillon aussi, qui a des aîles, ouvrant la gueule comme pour dévorer. Car on peut dire que celui-là représente le malheureux Pécheur, qui dormant léthargiquement dans la corruption des vices, meurt sans repentance & confession, lequel sans doute, en ce Jour terrible, sera livré au Diable, ici peint, en forme de Lion rouge rugissant, qui l'engloutira & emportera.

Les Interprétations Philosophiques selon le Magistère d'Hermès.

CHAPITRE II.

JE désire de tout mon cœur, que celui qui cherche ce Sécret des Sages, ayant repassé en son esprit ces Idées de la Vie & Résurrection future, fasse prémiérement son profit d'icelles. Qu'en second lieu, il soit plus avisé qu'auparavant, qu'il sonde & profonde mes Figures, Couleurs &

Rouleaux ; notamment mes Rouleaux, parce qu'en cet Art on ne parle point vulgairement. Qu'il demande après en soi-même, pourquoi la Figure de S. Paul est à la main droite, au lieu où on a coûtume de peindre S. Pierre, & celle de S. Pierre, au lieu de S. Paul ? Pourquoi la Figure de S. Paul est vétuë de couleur blanche orangée, & celle de S. Pierre d'orangé rouge ? Pourquoi aussi l'Homme & la Femme, qui sont aux pieds de ces deux Saints, prians Dieu comme s'ils étoient au jour du Jugement, sont habillez de couleurs diverses, & ne sont pas nuds en ossemens comme ressuscitans ? Pourquoi en ce jour du Jugement on a peint cet Homme & cette Femme aux pieds des Saints ; car ils doivent être plus bas en Terre, & non au Ciel ? Pourquoi aussi les deux Anges orangés, qui disent en leurs Rouleaux, *Surgite Mortui, venite ad Judicium Domini mei* ; c'est-à-dire, Morts levez-vous, venez au Jugement de mon Seigneur, sont vêtus de cette couleur, & hors de leur place ; car elle doit être en haut au Ciel, avec les deux autres qui sonnent des Instrumens ? Pourquoi ils ont un Champ violet & bleu ; mais principalement, pourquoi leur Rouleau, qui parle aux Morts, finit en la gueule ouverte du Lion rouge & volant ? Je voudrois donc qu'après ces questions, & plusieurs autres, qu'on peut justement faire, ouvrant entièrement les yeux de l'Esprit, il vint à conclure, que cela n'ayant point été fait sans cause, on doit avoir représenté sous leur écorce quelques grands Sécrets, qu'il doit prier Dieu de lui découvrir.

Ayant ainsi conduit sa créance par dégrés, je souhaite encore qu'il croye que ces Figures & Explications ne sont point faites pour ceux qui n'ont jamais vû les Livres des Philosophes, & qui, ignorans les Principes Métalliques, ne peuvent être nommez Enfans de la Science. Car s'ils veulent entendre entiérement ces Figures, ignorans le prémier Agent, ils se tromperont sans doute, & n'y entendront jamais rien. Que personne donc ne me blâme, s'il ne m'entend aisément; car il sera plus blâmable que moi, d'autant que n'étant point *initié* en ces sacrées & sécrettes Interprétations du prémier Agent, (qui est la Clef ouvrant les Portes de toutes Sciences,) néanmoins il veut entendre les Conceptions les plus subtiles des Philosophes qui ont été très-envieux, & qui ne les ont écrites que pour ceux qui sçavent dèja ces Principes, lesquels ne se trouvent jamais en aucun Livre, parce qu'ils les laissent à Dieu, qui les révéle à qui lui plaît, ou bien les fait enseigner de vive voix par un Maître par tradition Cabalistique, ce qui arrive très-rarement.

Or mon Fils, (je te peux ainsi appeller; car je suis dèja fort vieux, & d'ailleurs, peut-être, tu es Fils de la Science) Dieu te laisse apprendre, & puis travailler à sa gloire : écoute-moi donc attentivement ; mais ne passe pas plus avant, si tu ignores les Principes dont je viens de parler. (1)

PREMIERE FIGURE.

Une Ecritoire dans une Niche, faite en forme de Fourneau.

CHAPITRE III.

Explication de cette Figure, avec la manière du Feu.

CE Vaisseau de terre en cette forme, est appellé par les Philosophes le triple Vaisseau ; car dans son milieu il y a un étage, sur lequel il y a une Ecuelle pleine de Cendres tiédes, dans lesquelles est posé

---

(1) Pour avoir quelque connoissance de ces Principes, dont les Philosophes parlent obscurément, lisez les Notes répanduës dans le Livre de Philaléthe, vous y trouverez des éclaircissemens à ce sujet.

l'Oeuf Philosophique, qui est un Matras de verre, que tu vois peint en forme d'Ecritoire, & qui est plein de Confections de l'Art ; c'est-à-dire, *de l'Ecume de la Mer Rouge, & de la Graisse du Vent Mercurial.* Or ce Vaisseau de terre s'ouvre par-dessus, pour y mettre au dedans l'Ecuelle & le Matras, sous lesquels, par cette porte ouverte, se met le feu Philosophique, comme tu sçais. Ainsi tu as trois Vaisseaux, & le Vaisseau triple. Les Envieux l'ont appellé *Athanor, Crible, Fumier, Bain-marie, Fournaise, Sphére, Lion-verd, Prison, Sépulcre, Urinal, Phiole, Cucurbite,* moi-même en mon *Sommaire Philosophique,* (1) que j'ai composé il y a quatre ans deux mois, je le nomme sur la fin, *la Maison & Habitacle du Poulet,* & j'appelle les Cendres de l'Ecuelle, *la paille du Poulet.* Son commun nom est *Fourneau,* que je n'eusse jamais trouvé, si Abraham Juif ne l'eût peint avec son *Feu proportionné,* auquel consiste une grande partie du Sécret. Car il est comme le Ventre & la Matrice, contenant la vraie chaleur naturelle pour animer notre jeune Roi. *Si ce Feu n'est mesuré clibaniquement,* dit Calid : *S'il est allumé avec l'épée,* dit Pythagoras : *Si tu enflâmes ton Vaisseau,* dit

(1) Vous trouverez ce Sommaire à la suite de ces Explications.

Moricnus, & lui fais sentir l'ardeur du feu ; il te donnera un soufflet, & brûlera ses fleurs avant qu'elles soient montées du profond de ses moüelles, & elles sortiront rouges plûtôt que blanches ; & lors ton Opération sera détruite ; tout de même que si tu fais trop de feu. Car alors aussi tu n'en verras jamais la fin ; à cause que les Natures sont refroidies & morfonduës, & qu'elles n'auront point eu des mouvemens assez puissans pour se digérer ensemble.

La chaleur de ton feu, en ce Vaisseau, sera, comme dit Hermès & Rosinus, selon l'Hiver ; ou bien ainsi que dit Diomédes, selon la chaleur de l'Oiseau qui commence à voler fort lentement depuis le Signe d'Ariès, jusqu'à celui de Cancer. Car sçaches que l'Enfant, du commencement est plein de flegme froid & de lait, & que la chaleur trop véhémente est ennemie de la froideur & humidité de notre Embrion, & que les deux Ennemis, c'est à-dire, nos Elémens du froid & du chaud, ne s'embrasseront jamais parfaitement que peu à peu ; ayant prémiérement fait une longue demeure ensemble au milieu de la tempérée chaleur de leur Bain, & s'étant changez par longue Décoction en Soufre incombustible. Gouverne donc doucement, avec égalité & proportion tes Natures hautaines, de peur que si tu en favorises plus les unes que les autres, elles, qui font naturellement ennemies, ne se dépitent contre toi par jalousie & coléra séche ; & ne te fassent long-tems soupirer.

Outre cela, il te les faut entretenir perpétuellement en cette chaleur tempérée, c'est-à-dire, nuit & jour, jusqu'à ce que l'Hiver, c'est-à-dire, le tems de l'humidité des Matiéres soit passé, parce qu'elles font leur paix, & se donnent la main en s'échauffant ensemble ; & que si elles se trouvoient seulement une demie heure sans feu, ces Natures seroient à jamais irréconciliables. Voilà pourquoi il est dit au Livre des septante Préceptes, *Fais que leur feu dure continuellement & sans cesse, & qu'aucuns de leurs jours ne soient point oubliez.* Et Rasis, *La hâte, que méne avec soi le trop de feu, est toujours suivie du Diable & de l'Erreur.* Quand l'Oiseau doré, dit Dioméde, *sera parvenu jusqu'au Cancer, & que de-là il courra vers les Balances, alors il te faudra augmenter un peu le feu.* Et tout de même encore quand ce bel Oiseau s'envollera de Libra vers le Capricorne, qui est le désiré Automne, le tems des moissons, & des fruits déja murs.

SECONDE FIGURE.

Deux Dragons de couleur jaunâtre, bleuë & noire comme le Champ.

CHAPITRE IV.

Explication de cette Figure.

COnsiderez bien ces deux Dragons, car ce sont les vrais Principes de la Philosophie, que les Sages n'ont pas osé montrer à leurs Enfans propres. Celui qui est dessous sans aîles, c'est le Fixe, ou le Mâle ; celui qui est au dessus, c'est le Volatil, ou bien la Fémelle noire & obscure, qui va prendre la domination par plusieurs mois. Le prémier est appellé *Soulfre*, ou bien *Calidité & Siccité*, & le dernier, *Argent-vif*, ou *Frigidité & Humidité*. Ce sont le Soleil & la Lune de Source *Mercurielle*, & Origine *Sulphureuse*, qui par le feu continuel s'ornent d'Habillemens Royaux, pour vaincre toute chose métallique, solide, dure & forte, lorsqu'ils seront unis ensemble, & puis changez en *Quintessence*. Ce sont ces Serpens & Dragons, que les anciens Egyptiens ont peint en cercle, la tête mordant la queuë, pour dire qu'ils étoient sortis d'une même chose, & qu'elle seule étoit suffisante à elle-même, & qu'en son contour & circulation elle se parfaisoit. Ce sont ces Dragons que les anciens Poëtes ont mis à garder sans dormir les Pommes dorées des Jardins des Vierges Hespérides. Ce sont ceux sur lesquels Jason, en l'aventure de la Toison d'Or, versa le jus préparé par la belle Médée : des discours desquels les Livres des Philosophes sont si remplis, qu'il n'y a point de Philosophe qui n'en ait écrit depuis le *véridique* Hermès Trismégiste, Orphée, Pythagoras, Artéphius, Morienus, & les autres suivans, jusqu'à moi.

Ce sont ces deux Serpens envoyez par Junon, qui est la Nature métallique, que le fort Hercule, c'est-à-dire le Sage, doit étrangler en son berceau : je veux dire, vaincre, & tuer, pour les faire pourrir, corrompre, & engendrer, au commencement de son Oeuvre. Ce sont les deux Serpens attachés autour du Caducée, ou Verge de Mercure, avec lesquels il exerce sa grande puissance, & se transfigure & se change comme il lui plaît. *Celui*, dit Haly, *qui en tuëra l'un, il tuëra aussi l'autre*, parce que l'un ne peut mourir qu'avec son Frere.

Ces deux-ci (qu'Avicéne appelle, *Chiéne de Corassene*, & *Chien d'Arménie*,) étant donc mis ensemble, dans le Vaisseau du Sépulchre, ils se mordent tous deux cruellement ; & par leur grand poison & rage furieuse, ne se laissent jamais depuis le moment qu'ils se sont pris, & entresaisis (si le froid ne les empêche) que tous deux de leur bavant venin & mortelles blessures, ne se soient ensanglantez par toutes les parties de leurs Corps, & finalement s'entretuant, ne se soient étouffez dans leur venin propre, qui les change, après leur mort, en Eau vive, & permanente : avant quoi, ils perdent avec la *corruption & putréfaction*, leurs prémiéres Formes naturelles, pour en reprendre après une seule nouvelle plus noble & meilleure.

Ce sont ces deux Spermes, masculin & féminin, décrits au commencement de mon Sommaire Philosophique, *qui sont engendrez*, (dit Rasis, Avicéne, & Abraham Juif) *dans les reins, entrailles, & des opérations des quatre Elémens*. Ce sont l'Humide radical des Métaux, Soulfre & Argent-vif; non les vulgaires, & qui se vendent par les Marchands Droguistes ; mais ce sont ceux que nous donnent ces deux beaux & chers Corps, que nous aimons tant. Ces deux Spermes, disoit Démocrite, *ne se trouvent point sur la terre des Vivans*. Le même, dit Avicéne ; mais ajoûte-il, *On les recueille de la fiente, or-*

dure & pourriture du Soleil & de la Lune. O que bienheureux font ceux qui les fçavent recueillir ! car d'eux puis après ils en font une Thériaque, qui a puiſſance ſur toute douleur, triſteſſe, maladie, infirmité & débilité, qui combat puiſſamment contre la mort, prolongeant la vie ſelon la permiſſion de Dieu, juſqu'au tems déterminé, en triomphant des miſéres de ce Monde, & comblant l'Homme de ſes richeſſes.

De ces deux Dragons ou Principes Métalliques, j'ai dit en mon Sommaire, que l'Ennemi enflammeroit par ſon ardeur, le feu de ſon Ennemi ; & qu'alors, ſi l'on y prenoit garde, on verroit par l'Air une fumée vénimeuſe, & de mauvaiſe odeur, pire en flâme & en poiſon, que n'eſt la tête envenimée d'un Serpent, & d'un Dragon Babylonien.

La cauſe pourquoi j'ai peint ces deux Spermes en forme de Dragons, c'eſt parce que leur puanteur eſt très-grande, comme eſt celle des Dragons, & les éxhalaiſons qui montent dans le Matras ſont obſcures, noires, bleuës & jaunâtres, ainſi que ſont ces deux Dragons peints : la force deſquels, & des Corps diſſous, eſt ſi venimeuſe, que véritablement il n'y a point au Monde un plus grand venin. Car il eſt capable par ſa force & puanteur, de faire mourir &

tuer toute chose vivante. Le Philosophe ne sent jamais cette puanteur, s'il ne casse ses Vaisseaux ; mais seulement il l'a jugé être telle par la vûë & changement des Couleurs, qui proviennent de la pourriture de ses *Confections*.

Ces Couleurs donc signifient la *Putréfaction* & *Génération* qui nous est donnée, par la morsure, & *dissolution* de nos Corps parfaits; laquelle *dissolution*, vient de la chaleur externe qui aide, & de *l'Igneité* Pontique, & vertu aigre admirable du poison de notre Mercure, qui met & résout en pure poussiére, même en poudre impalpable, ce qu'il trouve qui lui résiste. Ainsi la chaleur agissant sur & contre l'humidité radicale métallique, visqueuse, ou oléagineuse, engendre sur le Sujet la noirceur. Car au même tems la Matiére se dissout, se corrompt, noircit, & conçoit pour engendrer : Parce que toute *Corruption* est *Génération*, & l'on doit toujours souhaiter cette noirceur. Elle est aussi ce voile noir avec lequel le Navire de Thésée revint victorieux de Créte, qui fut cause de la mort de son Pére. Aussi faut-il que le Pére meure, afin que des cendres de ce Phœnix, il en renaisse un autre, & que le Fils soit Roi.

Certes, qui ne voit cette noirceur, au commencement de ses Opérations, durant les jours de la Pierre, quelle autre couleur qu'il voye, il manque entiérement au Magistére, & ne le peut plus parfaire avec ce Cahos. Car il ne travaille pas bien, ne *putréfiant* point; d'autant que si l'on ne pourrit, on ne corrompt ni n'engendre point. Par conséquent, la Pierre ne peut prendre vie végétative pour croître & multiplier. Et véritablement je te dis derechef, que quand même tu travaillerois sur les vraies Matiéres; si au commencement, après avoir mis les *Confections* dans l'Oeuf Philosophique, (c'est-à-dire, quelque tems après que le feu les a irritées,) tu ne vois cette *Tête du Corbeau, noire du noir très-noir*, il te faut recommencer. Car cette faute est irréparable, & on ne la sçauroit corriger. Sur tout, on doit craindre une Couleur orangée, ou demi rouge; parce que si dans ce commencement tu la vois dans ton Oeuf, sans doute tu brûles ou as brûlé la verdeur & vivacité de la Pierre. La Couleur qu'il te faut avoir, doit être entiérement parfaite en noirceur, semblable à celle de ces Dragons, & ce en l'espace de quarante jours.

Que donc ceux qui n'auront point ces marques essentielles, se retirent de bonne heure des Opérations, afin qu'ils évitent une perte assûrée. Sçache aussi & remarque bien, que ce n'est rien en cet Art d'avoir la noirceur; il n'y a rien plus aisé à avoir.

Car presque de toutes les choses du monde mêlées avec l'humidité, tu en auras la noirceur par le feu. Il te faut avoir une noirceur qui provienne des Corps Métalliques parfaits, qui dure un long espace de tems, & qui ne se perde qu'en cinq mois, après laquelle vient & succéde la désirée blancheur. Si tu as cela, tu as beaucoup, mais non pas tout.

Quant à la Couleur bleuâtre & jaunâtre, elle signifie que la *solution* & *putréfaction* n'est point encore achevée, & que les Couleurs de notre Mercure ne sont point encore bien mêlées & pourries avec ce qui reste.

Donc cette Noirceur & Couleurs, enseignent clairement qu'en ce commencement la Matiére ou le Composé commence à se pourrir, & dissoudre en poudre plus menuë que les Atômes du Soleil, lesquels se changent après en Eau permanente. Et cette *Dissolution* est appellée par les Philosophes envieux, *Mort, Destruction & Perdition*, parce que les Natures changent de forme. De là sont sorties tant d'Allégories sur les Morts, Tombes & Sépulchres. Les autres l'ont nommée *Calcination, Dénudation, Séparation, Trituration, Assation*, parce que les Confections sont changées & réduites en très-menuës piéces ou parties. Les autres *Réduction en* prémiere *Matiére*, *Mollification*, *Extraction*, *Commixtion*, *Liquefaction*, *Conversion d'Elémens*, *Subtiliation*, *Division*, *Humation*, *Impastation*, & *Distilation*, parce que les Confections font liquéfiées, réduites en femence, amollies, & se circulent dans le Matras. Les autres *Xir*, *Putréfaction*, *Corruption*, *Ombres Cimmériennes*, *Gouffre*, *Enfer*, *Dragons*, *Génération*, *Ingreffion*, *Submerfion*, *Compléxion*, *Conjonction*, & *Imprégnation*, parce que la Matiére est noire & aqueuse, & que les Natures se mêlent parfaitement, & se retiennent les unes les autres. Car quand la chaleur du Soleil agit sur elles, elles se changent prémiérement en Poudre, ou Eau grasse & gluante, qui fentant la chaleur, s'enfuit en haut en la tête du Poulet avec la fumée, c'est-à-dire, avec le Vent & l'Air : de-là cette Eau tirée & fonduë des Confections, elle s'en reva en bas, & en décendant réduit & résout tant qu'elle peut le reste des Confections aromatiques, faisant toujours ainsi jusqu'à ce que tout soit comme un boüillon noir un peu gras. Voilà pourquoi on appelle cela *Sublimation*, & *Volatilifation*, car il vole en haut, & *Ascension* & *Descenfion*, parce qu'il monte & décend dans le Vaisseau.

Quelque tems après, l'Eau commence à s'engrossir & coaguler davantage, venant

nant comme de la Poix très-noire ; & enfin vient Corps & Terre, que les Envieux ont appellée *Terre fétide & puante*. Car alors, à cause de la parfaite *putréfaction* (qui est aussi naturelle que toute autre,) cette Terre est puante, & donne une odeur semblable au relent des Sépulchres remplis de pourriture, & d'ossemens, encore chargez d'humeur naturelle. Cette Terre a été appellée par Hermès, *la Terre des feüilles*, néanmoins son plus propre & vrai nom est *le Laiton qu'on doit puis après blanchir*. Les anciens Sages Cabalistes l'ont décrite dans les Métamorphoses sous l'Histoire *du Serpent de Mars*, qui avoit dévoré les Compagnons de Cadmus, lequel le tua en le perçant de sa Lance contre un Chêne creux. Remarque ce Chêne. (1).

(1) Ce sont les Cendres de bois de Chêne, bien tamisées, qu'on met dans l'Ecuëlle de terre, sur laquelle se pose l'Oeuf Philosophique ; après qu'on l'a placée dans le Fourneau.

TROISIEME FIGURE.

Un Homme & une Femme, vétus de Robe orangée, sur un Champ azuré & bleu, avec leurs Rouleaux.

CHAPITRE V.

Explication de cette Figure.

L'Homme ici dépeint me ressemble tout exprès bien au naturel, tout de même que la Femme représente très-naïvement Perrenelle. La cause pourquoi nous sommes peints au vif n'a rien de particulier. Car il ne falloit représenter que le Mâle & la Femelle, à quoi faire notre particuliére ressemblance n'étoit pas nécessairement requise; Mais il a plû au Sculpteur de nous mettre-là, tout ainsi qu'il a fait aussi en cette même Arche plus haut, aux pieds de la Figure de S. Paul & de S. Pierre, selon que nous étions en notre jeunesse; & encore ailleurs en plusieurs lieux, comme sur la porte de la Chapelle S. Jacques de la Boucherie, auprès de ma maison (encore qu'en cette derniére il y a une raison particuliére) comme aussi sur la porte de Sainte Génoviéve des Ardens, où tu me pourras voir.

Je te peins donc ici deux Corps, un de Mâle, & l'autre de Femelle, pour t'enseigner qu'en cette seconde Opération tu as véritablement, mais non pas encore parfaitement, deux Natures conjointes, & mariées, la *masculine* & la *féminine*, ou plûtôt les quatre Elémens : & que les Ennemis naturels, le Chaud & le Froid, le Sec & l'Humide, commencent de s'approcher amiablement les uns des autres, & par le moyen des Entremetteurs de paix, déposent peu à peu l'ancienne inimitié du viel Chaos. Tu sçais assez qui sont ces Entremetteurs entre le Chaud & le Froid : c'est l'Humide ; car il est parent & allié des deux, du Chaud par sa chaleur, & du Froid par son humidité. Voilà pourquoi pour commencer à faire cette paix, tu as déja en l'Opération précédente, converti toutes les Confections en Eau par la dissolution. Et puis après tu as fait coaguler l'Eau nécessaire, qui s'est convertie en cette Terre noire du noir très-noir, pour faire entiérement la paix. Car la Terre qui est séche & humide, se trouvant aussi parenté & alliée avec le Sec & l'Humide, qui sont Ennemis, les appaisera & accordera entiérement. Ne considére-tu pas un mélange très-parfait de tous ces quatre Elémens, les ayant prémiérement convertis en Eau, & maintenant en Terre. Je t'en-

seignerai encore ci-après les autres conver-
sions en Air quand tout sera blanc, & en
Feu quand tout sera d'un parfait rouge de
Pourpre.

Tu as donc ici deux Natures mariées,
dont l'une a conçu de l'autre, & par cette
conception, s'est convertie en Corps de
Mâle, & le Mâle en celui de Fémelle;
c'est-à-dire, se sont faites un seul Corps,
qui est *l'Androgine* des Anciens, qu'autrement on appelle encore la *Tête du Corbeau*,
& *les Elémens convertis*. En cette façon
je te peints ici que tu as deux Natures re-
conciliées, qui (si elles sont conduites &
régies sagement) peuvent former un Embrion en la matrice du Vaisseau, & puis
t'enfanter un Roi très-puissant, invincible, & incorruptible, parce qu'il sera une
Quintessence admirable. Voilà la princi-
pale fin de cette représentation, & la plus
nécessaire.

La seconde, qui est aussi très-notable,
sera qu'il me falloit dépeindre deux Corps,
parce qu'il faut qu'en cette Opération tu
divises ce qui a été coagulé, pour en donner puis après une nourriture, un lait de
vie, au petit Enfant naissant, qui est doüé
(par le Dieu vivant) d'une Ame végétative. Ce qui est un sécret très-admirable &
très-caché, qui a fait rafoller, faute de le
comprendre, tous ceux qui l'ont cherché

sans le trouver : & qui a rendu sage toute Personne qui l'a contemplé des yeux du corps, ou de l'esprit.

Il te faut donc faire deux parts & portions de ce Corps coagulé, l'une desquelles servira d'*Azoth* pour laver & mondifier l'autre, qui s'appelle *Laiton*, qu'il faut blanchir. Celui qui est lavé, c'est le Serpent Python, qui ayant pris son être de la corruption du limon de la Terre, assemblé par les Eaux du Déluge, quand toutes les Confections étoient Eau, doit être mis à mort, & vaincu par les fléches du Dieu Appollon, par le blond Soleil, c'est-à-dire, par notre Feu, égal à celui du Soleil.

Celui qui lave, ou plûtôt ces lavemens, qu'il faut continuer avec l'autre moitié, ce sont les dents de ce Serpent que le sage Opérateur, le vaillant Théfée, fémera dans la même terre, dont naîtront des Soldats, qui se détruiront enfin eux-mêmes, se laissant par apposition résoudre en la même nature de la terre, laissant emporter les conquêtes méritées.

C'est sur ceci que les Philosophes ont écrit si souvent & tant de fois répété, *Il se dissout soi-même, se congele, se noircit, se blanchit, se tuë, & vivifie soi-même.* J'ai fait peindre leur Champ azuré & bleu, pour montrer que je ne fais que commencer à sortir de la noirceur très-noire. Car l'azuré & bleu, est une des prémiéres Couleurs que nous laisse voir l'obscure Femme, c'est-à-dire, l'Humidité cédante un peu à la chaleur & sécheresse. L'Homme & la Femme sont la plûpart orangez. Cela signifie que nos Corps, (ou notre Corps, que les Sages appellent ici *Rébis*,) n'a point encore assez de digestion, & que l'Humidité dont vient le noir, bleu & azuré, n'est qu'à demi vaincuë par la sécheresse. Car quand la sécheresse dominera, tout sera blanc, & la combattant ou étant égale à l'Humidité, tout est en partie selon ces Couleurs. Les Envieux ont appellé encore ces Confections en cette Opération, *Numus*, *Ethelia*, *Arena*, *Boritis*, *Corsufle*, *Cambar*, *Albar æris*, *Duenech*, *Randeric*, *Kukul*, *Thabitris*, *Ebisemeth*, *Ixir*, &c. Ce qu'ils ont commandé de blanchir.

La Femme a un cercle blanc en forme de rouleau à l'entour de son corps, pour te montrer que *Rébis* commencera de se blanchir de cette même façon, blanchissant prémiérement aux extrémités tout à l'entour de ce cercle blanc. L'Echelle des Philosophes dit : *Le Signe de la prémiére parfaite blancheur, est quand l'on voit un certain petit cercle capillaire, c'est-à-dire, passant sur la tête, qui apparoîtra à l'entour de la Matiére aux côtés du Vaisseau, en couleur tirant sur l'orangé.*

Il y a en leurs Rouleaux, *Homo veniet ad Judicium Dei*; c'est-à-dire, l'Homme viendra au Jugement de Dieu. *Veré* (dit la Femme) *illa dies terribilis erit*. C'est à-dire, certes ce jour là sera terrible. Ce ne sont point des passages de la Sainte Ecriture, mais seulement des dictions parlans selon le Sens Théologique de la Résurrection future. Je les ai mis ainsi ; car ils me servent pour celui qui contemple seulement l'artifice grossier & plus naturel, prenant l'interprétation de la Résurrection. Et servent tout de même à ceux, qui voulans recueillir les Paraboles de la Science, prennent des yeux de Lyncée pour pénétrer au delà des Objets visibles. Il y a donc, *l'Homme viendra au Jugement de Dieu : Certes ce jour sera terrible*. C'est comme si je disois, il faut que ceci vienne au *Colorement* de la perfection, pour être jugé & nettoyé de la noirceur & ordure, & être spiritualisé & blanchi. Certes ce jour sera terrible. Oüi vraiment ; aussi vous trouverez en l'Allégorie d'Arisléus. *L'horreur nous tint en la Prison par quatre-vingt jours dans les ténèbres des Ondes, dans l'extrême chaleur de l'Eté, & dans les troubles de la Mer.* Toutes lesquelles choses doivent prémiérement passer avant que notre Roi puisse être blanchi, venant de mort à vie, pour vaincre puis après tous ses Ennemis.

Pour t'enseigner encore mieux cette albification ou blanchissement, qui est plus
difficile que tout le reste, (jusqu'au quel
temps tu peux faillir à tous pas ; mais après
non, ou tu casserois tes Vaisseaux, (je t'ai
fait encore ce Tableau suivant.

QUATRIEME FIGURE.

Un Homme semblable à Saint Paul, vétu d'une Robe blanche orangée, bordée d'Or, tenant une Epée nuë, ayant à ses pieds un Homme à genoux, vétu d'une Robe orangée, blanche & noire, tenant un Rouleau, où il y a, Dele mala quæ feci. *C'est-à-dire, Oste le mal que j'ai fait.*

CHAPITRE VI.

Explication de cette Figure.

REgarde bien cet Homme en la forme d'un Saint Paul, vétu d'une Robe entiérement orangée blanche. Si tu le considéres bien, il tourne le corps en posture, qui démontre qu'il veut prendre l'Epée nuë,

nuë, ou pour trancher la tête, ou pour faire quelque autre chose sur cet Homme qui est à ses pieds à genoux, vétu d'une Robe orangée, blanche & noire; lequel dit en son Rouleau : *Dele mala quæ feci*, comme disant : Ôte-moi ma noirceur, terme de l'Art. Car, *mal*, signifie par Allégorie la noirceur; ainsi en la Turbe on trouve, *Cuis jusqu'à la noirceur, qu'on estimera être mal*. Mais veux-tu sçavoir que veut dire cet Homme qui prend l'épée? Il signifie qu'il faut couper la tête au Corbeau, c'est-à-dire, à cet Homme vétu de diverses couleurs, qui est à genoux. J'ai pris ce trait & figuré d'Hermès Trismégiste en son Livre de l'Art secret, où il dit : *Ôte la tête à cet Homme noir; coupe la tête au Corbeau*, c'est-à-dire, *blanchis notre Sable*. Lambsprinx, Gentilhomme Allemand, s'en étoit déja servi au Commentaire de ses Hyéroglyphiques, disant : *En ce bois il y a une Bête qui est toute couverte de noirceur; si quelqu'un lui coupe la tête, alors elle perdra sa noirceur, & vêtira la couleur très-blanche. Voulez-vous entendre ce que c'est? La noirceur s'appelle la tête du Corbeau, laquelle ôtée, à l'instant vient la couleur blanche, alors c'est-à-dire quand la nuée n'apparoît plus, ce Corps est appellé sans tête*. Ce sont ses propres mots. En même Sens les Sages ont aussi dit ailleurs, *Prens la*

Vipère, appellée de *Rexa*, coupe-lui la tête; c'est-à-dire, ôte-lui la noirceur. Ils se sont encore servis de cette periphrase, quand, pour signifier la Multiplication de la Pierre, ils ont feint un Serpent *Hydra*, auquel, si on coupoit une tête, il lui en renaissoit dix; Car la Pierre augmente de dix à chaque fois qu'on lui coupe cette tête de Corbeau, qu'on la noircit, & blanchit, c'est-à-dire, qu'on la dissout de nouveau, & qu'après on la *recoagule*.

Regarde que l'épée nuë est entortillée d'une Ceinture noire, & que les bouts d'icelle ne l'environnent pas tout-à-fait. Cette épée nuë, resplendissante, est la Pierre au blanc, si souvent décrite dans les Philosophes, sous cette forme. Pour donc parvenir à cette parfaite blancheur étincellante, il te faut entendre les entortillemens de cette Ceinture noire, & ensuivre ce qu'ils enseignent, qui est la quantité des *Imbibitions*. Les deux bouts qui ne l'entortillent pas tout-à-fait, représentent le commencement & la fin. Pour le commencement, il enseigne qu'il faut *imbiber* en ce premier temps doucement & avec épargne, donnant alors à la Pierre peu de lait, comme à un petit enfant naissant, *afin que l'Ixir*, (disent les Auteurs) *ne se submerge*. Le même faut-il faire à la fin, quand nous voyons que notre Roi est saoul, &

n'en veut plus. Le milieu de ces Opérations est peint par les cinq entortillemens entiers de la Ceinture noire, auquel temps, (parce que notre Salamendre vit du feu, & au milieu du feu, voire même est un feu, & un Argent vif, courant au milieu du feu, ne craignant rien,) il lui en faut donner abondamment, de telle façon que le lait virginal entoure toute la Matiére.

J'ai fait peindre noirs ces entouremens de la Ceinture, parce que ce sont des *Imbibitions*, & par conséquent des *Noirceurs*. Car le Feu avec l'Humide (comme il est tant de fois dit) cause la noirceur. Et comme ces cinq entouremens entiers démontrent qu'il faut faire cela cinq fois entierement, tout de même ils font connoître qu'il faut faire cela cinq fois mois entiers, un mois à chaque *Imbibition*: Voilà pourquoi Hali Abenragel a dit, *La Cuisson des choses se parfait en trois fois cinquante jours.* Il est vrai que si tu veux compter ces petites *Imbibitions* du commencement & de la fin, il y en a sept. Sur quoi un des plus Envieux a dit; *Notre tête de Corbeau est lépreuse: c'est pourquoi qui la voudra nettoyer, il la doit faire descendre sept fois au fleuve de régénération au Jordain, ainsi que commande le Prophéte au Lépreux Naaman Syrien.* Comprenant en cela le commencement qui n'est que de quelques jours, le milieu, & la fin, qui est aussi fort courte.

Je t'ai donc donné ce Tableau pour te dire, qu'il te faut blanchir mon Corps qui est à genoux, lequel ne demande autre chose. Car la Nature tend toûjours à perfection. Ce que tu accompliras par l'*apposition* du lait Virginal, & par la décoction que tu feras des Matiéres avec ce lait, qui se séchant sur ce Corps, le teindra en même blanc orangé, dont est vêtu celui qui prend l'épée, en laquelle couleur il te faut faire venir ton *Corsuflet*.

Les vétemens de la figure de Saint Paul sont bordés largement de couleur dorée, & rouge orangée. O mon fils, loüe Dieu, si tu vois jamais cela. Car déja tu as obtenu miséricorde du Ciel, *Imbibe* donc & teints jusqu'à ce que le petit Enfant soit fort & robuste, pour combattre contre l'eau & le feu. Accomplissant cela, tu feras ce que Démagoras, Senior, & Hali ont appellé: *Mettre la Mere au ventre de l'Enfant qu'elle avoit déja enfanté.* Car ils appellent *Mére*, le *Mercure des Philosophes*, duquel ils font les *Imbibitions & fermentations*: & l'*Enfant*, *le corps qu'on doit teindre*, duquel est sortie ce *Mercure*. Je t'ai donné donc ces deux Figures pour signifier *l'albification* ou blanchissement; Aussi c'est en ce lieu que tu avois besoin de grande aide. Car tout le monde y a choppé. Cette Opération est vraiement un Labyrinthe, parce qu'ici se presentent mille voyes à même instant, outre qu'il faut proceder à la fin d'icelle, justement tout au rebours du commencement, en *coagulant* ce qu'auparavant tu *dissolvois*, & faisant Terre, ce qu'auparavant tu faisois Eau.

Quand tu auras blanchi, tu as vaincu les Taureaux enchantés, qui jettoient feu & fumée par les narines. Hercule a nettoyé l'Etable pleine d'ordure, de pourriture & de noirceur. Jason a versé le jus sur les Dragons de Colchos, & tu as en ta puissance la Corne d'Amalthée, qui (encore qu'elle ne soit que blanche) te peut combler tout le reste de ta vie, de gloire, d'honneur, & de richesse. Pour l'avoir il t'a fallu combattre vaillamment, & comme un Hercule. Car cet Acheloüs, ce Fleuve humide (qui est la noirceur) est doüé d'une force très-puissante, outre qu'il se change souvent d'une forme en une autre : Aussi as-tu parachevé, parce que le reste est sans difficulté. Ces *transfigurations* ou changemens sont décrits particulierement au Livre des sept Seaux Egyptiens, (1) où il est dit (comme aussi par tous les Auteurs.) Qu'avant que quitter entierement la noirceur, & se blanchir en la façon d'un mar-

(1) Les sept Chapitres d'Hermés.

bre très-reluifant, & d'une épée nuë flamboyante; la Pierre fevétira de toutes les couleurs que tu fçauras imaginer. Souvent elle fe liquifiera elle-même, & fouvent fe *coagulera* encore, & parmi ces diverfes & contraires opérations (que l'Ame Végétative, qui eft en elle, lui fait parfaire en un même temps) elle deviendra orangée, verte, rouge (non pas d'un rouge parfait) & jaune. Deviendra bleuë, & orangée, jufqu'à ce qu'étant entiérement vaincuë par la fécherefle & la chaleur; toutes ces infinies couleurs finiffent en cette blancheur orangée admirable, du vêtement de Saint Paul, laquelle, en peu de temps, viendra comme celle de l'épée nuë. Puis, par plus forte & longue décoction, prendra enfin le rouge orangé, & puis le parfait rouge de Laque, où elle fe repofera deformais. Je ne veux pas oublier, en paffant, de t'avertir que le lait de la Lune n'eft pas comme le lait Virginal du Soleil. Penfé donc que les *Imbibitions* de la blancheur demandent un lait plus blanc, que celles de la rougeur & couleur d'Or. Car en ce pas j'ai penfé faillir, & l'euffe fait fans Abraham Juif. Pour cette raifon je t'ai fait peindre la Figure qui prend l'épée nuë, en la couleur qui t'eft néceffaire : auffi c'eft cette Figure qui blanchit.

CINQUIEME FIGURE.

Sur un Champ vert, deux Hommes & une Femme, qui ressuscitent entiérement blancs, deux Anges au dessus, & sur les Anges la Figure du Sauveur venant juger le Monde, vêtu d'une Robe parfaitement orangée blanche.

CHAPITRE VII.

Explication de cette Figure.

J'AI fait peindre ainsi un Champ vert, parce qu'en cette *Décoction les Confections* se font vertes, & gardent plus longtemps cette couleur que toute autre après la noire. Cette verdeur marque particuliérement, que notre Pierre a une Ame végétative, & qu'elle s'est convertie, par l'industrie de l'Art, en vrai & pur germe, pour germer abondamment, & produire puis après de rameaux infinis. O bien-heureuse verdeur, dit le Rosaire, *qui produit toutes choses: sans toi rien ne peut croître, végeter, ni multiplier.* Les trois qui ressuscitent vêtus de blanc étincellant, représentent le Corps, l'Ame, & l'Esprit de notre Pierre blanche. Les Philosophes usent ordinairement de ces termes de l'Art, pour cacher le Secret aux Méchans. Ils appellent *Corps*, la terre noire, obscure & ténébreuse, que nous blanchissons. Ils appellent *Ame*, l'autre moitié divisée du Corps, qui, par la volonté de DIEU, & la puissance de la Nature, donné au Corps, par ses *imbibitions & fermentations*, l'Ame végétative; c'est-à-dire, la puissance & vertu de pulluler, croître, multiplier, & se rendre blanc comme une épée nuë reluisante. Ils appellent *Esprit la teinture & siccité*, qui, comme un esprit, a vertu de pénétrer toutes choses métalliques.

Je serois trop long si je te voulois montrer ici par combien de raisons ils ont dit par tout; *Notre Pierre a, comme l'Homme, Corps, Ame, & Esprit*. Je veux seulement que tu remarques bien que, comme l'Homme doüé de corps, Ame, & Esprit, n'est toutefois qu'un; qu'aussi tu n'as maintenant qu'une seule *Confection* blanche, en laquelle toutefois sont le Corps, l'Ame & l'Esprit, qui sont unis inséparablement. Je te pourrois bien donner de très-claires comparaisons & explications de ce Corps, Ame & Esprit; mais pour les expliquer, il me faudroit dire des choses que Dieu se reserve de réveler à ceux qui le craignent, &

qui l'aiment, & qui par conséquent ne se doivent pas écrire.

Je t'ai donc fait ici peindre un Corps, une Ame & un Esprit tous blancs, comme s'ils ressuscitoient, pour te montrer que le Soleil, la Lune & Mercure, sont ressuscités en cette Opération ? c'est-à-dire, sont faits Elemens de l'Air, & blanchis : Car nous avons déja apellé *la Noirceur, Mort,* continuant la Métaphore, nous pouvons donc appeller *la Blancheur une Vie,* qui ne revient qu'avec & par la résurrection. Le Corps (pour te le montrer plus clairement) je l'ai fait peindre, levant la pierre de son tombeau, dans lequel il étoit enfermé, L'Ame, parce qu'elle ne peut être mise en terre, elle ne sort pas d'un tombeau ; mais seulement je la fais peindre parmi les tombeaux, cherchant son Corps en forme de Femme ayant les cheveux épars. L'Esprit, qui ne peut être aussi mis en sépulture, je l'ai fait peindre en Homme sortant de terre, non pas de la tombe. Ils sont tous blancs ; aussi la Noirceur, qui est la Mort, est vaincuë ; & eux étans blanchis, sont désormais *incorruptibles.*

Léve maintenant les yeux en haut, & voi venir notre Rôi couronné & ressuscité, qui a vaincu la Mort, les obscurités & humidités. Le voilà en la forme que viendra le Sauveur, lequel unira à soi éternellement toutes les Ames pures & nettes, & chassera tout l'impure & immonde, comme étant indigne de s'unir à son divin Corps. Ainsi, par comparaison (demandant toutefois permission de parler ainsi à l'Eglise Catholique, Apostolique & Romaine, & priant toute Ame de bonnaire de me le permettre par *similitude*.) Voici notre *Elixir blanc*, qui dorénavant unira à soi inséparablement toute Nature pure métallique, la transmuant en sa nature argentée, & très-fine, rejettant l'impureté étrangere & hétérogéne. Loüé soit Dieu, qui nous fait la grace, par sa grande bonté, de pouvoir considérer ce Blanc étincelant, plus parfait & reluisant qu'aucune nature composée, & plus noble après l'Ame immortelle, qu'aucune autre Substance animée ou inanimée; aussi est-elle une Quintessence, *un Argent très-pur, passé par la Coupelle & affiné sept fois*, dit le Royal Prophète David.

Il n'est pas nécessaire d'interpréter ce que signifient les deux Anges joüant des Instrumens sur la tête des Ressuscités; ce sont plûtôt des Esprits Divins, chantans les merveilles de Dieu en cette Opération miraculeuse, que des Anges nous appellant au Jugement. Tout exprès pour en faire différence, j'ai donné un Luth à l'un & à l'autre une Musette, non pas des

Trompettes, qu'on leur donne toujours pour appeller au Jugement. Le même faut-il dire des trois Anges, qui sont sur la tête de Notre Sauveur, dont l'un le couronne, & les autres deux disent en leurs Rouleaux, en lui assistant, *O Pater omnipotens ! ô Jesu bone !* c'est-à-dire, O Pere Tout-puissant ! ô bon Jesus ! en lui rendant des graces éternelles.

SIXIÉME FIGURE.

Sur un Champ violet & bleu, deux Anges de couleur orangée, & leurs Rouleaux.

CHAPITRE VIII.

Explication de cette Figure.

CE Champ violet & bleu, montre que voulant passer de la Pierre blanche à la rouge, tu l'as *imbibée* d'un peu de *Lait Virginal Solaire*, & que ces Couleurs sont sorties de l'Humidité Mercurielle que tu as séchée sur la Pierre. En cette Opération du *Rubifiement*, encore que tu imbibes, tu n'auras gueres de noir, mais bien du violet, bleu, & de la couleur de la queuë du Paon : car notre Pierre est si triomphante en *siccité*, qu'incontinent que ton Mercure la touche, la Nature s'éjoüissant de sa nature, se joint à elle, & la boit avidement; & partant le Noir, qui vient de l'Humidité, ne se peut montrer qu'un peu, sous ces Couleurs violettes, & bleuës, d'autant que la *siccité* (comme il est dit) gouverne maintenant absolument.

Je t'ai fait peindre ces deux Anges avec des aîles, pour te représenter que les deux Substances de tes *Confections*, la Mercurielle & sulfureuse, la fixe aussi-bien que la Volatile, étant fixées ensemble parfaitement, volent aussi ensemble dans ton Vaisseau. Car en cette Opération le Corps fixe montera doucement au Ciel, tout spirituel; & de-là il décendra en la Terre, & là où tu voudras, suivant par-tout l'Esprit qui se meut toujours sur le feu. D'autant qu'ils sont faits une même nature & le Composé est tout Spirituel, & le Spirituel tout Corporel; tant il a été subtilisé sur notre marbre par les Opérations précédentes. Les Natures donc sont ici transmuées & changées en Anges; c'est-à-dire, sont faites spirituelles & très-subtiles, aussi sont-elles maintenant de vraies Teintures.

Or souviens-toi de commencer la *Rubification* par l'apposition du Mercure orangé rouge; mais il n'en faut guères verser, & seulement une ou deux fois, selon que tu verras: Car cette Opération se doit parfaire par feu sec, *Sublimation & Calcination* séche: Et vrayement je te dis ici un sécret, que tu trouveras bien rarement écrit. Aussi je ne suis point Envieux, & plût à Dieu que chacun sçût faire de l'Or à sa volonté, afin que l'on vécût menant paître ses gras Troupeaux, sans usure ni procès, à l'imitation des Saints Patriarches, usant seulement, comme les premiers Péres, de *permutation* de chose à chose, pour laquelle avoir il faudroit travailler aussi-bien que maintenant. De peur toutefois d'offencer Dieu, & d'être l'instrument d'un tel changement, qui peut-être seroit mauvais, je n'ai garde de représenter ou écrire, où est-ce que nous cachons les Clefs qui peuvent ouvrir toutes les portes des Sécrets de la Nature, & renverser la Terre sans dessus dessous, me contentant de montrer des choses qui l'enseigneront à toute Personne à qui Dieu aura permis de connoître, *Quelle propriété a le signe des Balances, quand il est éclairé du Soleil & de Mercure au mois d'Octobre.*

Ces Anges sont peints de couleur orangée, afin de te faire sçavoir, que tes *Confections* blanches ont été un peu plus cuites, & que le noir du violet & bleu a été déja chassé par le feu. Car cette couleur orangée est composée de ce bel orangé rouge doré, (que tu attens il y a si long-temps) & d'un reste de ce violet & bleu que tu as déja en partie défait. Cet orangé démontre encore que les Natures se digérent & peu à peu se parfont par la grace de Dieu.

Quant à leur Rouleau qui dit, *Surgite Mortui, venite ad Judicium Domini mei*; C'est-à-dire, Levez-vous Morts, venez au Jugement de Dieu mon Seigneur. Je l'ai plûtôt fait mettre pour le seul Sens Théologique, que pour l'autre. Il finit dans la gueule d'un Lion tout rouge, c'est pour montrer qu'il ne faut point discontinuer cette Opération, qu'on ne voye le vrai rouge de Pourpre, semblable du tout au Pavot champêtre, & à la Laque du Lion peur; si ce n'est point multiplier.

SEPTIÉME FIGURE.

Un Homme semblable à Saint Pierre, vétu d'une Robe orangée rouge, tenant une Clef en la main droite, & mettant la gauche sur une Femme vétuë d'une Robe orangée, qui est à ses pieds à genoux, tenant un Rouleau, où est écrit, Christe, precor, esto pius. *Je vous prie, ô Christ, soyez-moi misericordieux.*

CHAPITRE IX.

Explication de cette Figure.

REgarde cette Femme vétuë de Robe orangée, qui ressemble au naturel, à Perennelle, comme elle étoit en son adolescence. Elle est peinte en façon de Suppliante, à genoux, les mains jointes, aux pieds d'un Homme, qui a une Clef en sa main droite, qui l'écoute gracieusement, & puis étend la main gauche sur elle. Veux-tu sçavoir ce que représente cela. C'est la Pierre, qui demande en cette Operation deux choses au Mercure Solaire des Philosophes (dépeint sous la forme de Homme,) c'est à sçavoir la Multiplication, & un habit plus riche. Ce qu'elle doit obtenir en ce temps ici. Aussi l'Homme, lui mettant ainsi la main sur l'épaule, le lui accorde.

Mais pourquoi as-tu fait peindre une Femme? Je pouvois aussi-bien faire peindre un Homme ou un Ange qu'une Femme: (car les Natures sont maintenant toutes spirituelles & corporelles, masculines & féminines) mais j'ai mieux aimé te faire peindre une Femme, afin que tu juges, qu'elle demande plûtôt la Multiplication que toute autre chose; parce que ce sont les plus naturels & plus propres désirs de la Fémelle.

Pour te montrer encore plus qu'elle demande la Multiplication, j'ait fait peindre l'Homme auquel elle fait sa priére, en la forme d'un Saint Pierre, tenant une Clef, ayant puissance d'ouvrir, & fermer, de lier, & délier. D'autant que les Philosophes envieux n'ont jamais parlé de la Multiplication que sous ces communs termes de l'Art. *Ouvre, ferme, lie, délie.* Ils ont appellé *ouvrir & délier*, faire le Corps (qui est toûjours dur & fixe) mol fluide, & coulant comme l'eau, & *fermer ou lier*, le coaguler par après par décoction plus forte, en le remettant encore une autrefois en la forme de Corps.

Il

Il me falloit donc repréfenter un Homme avec une Clef, pour t'enfeigner qu'il te faut maintenant *ouvrir & fermer*, c'eſt-à-dire, multiplier les Natures germantes & croiſſantes. Car tout autant de fois que tu diſſoudras & fixeras, autant de fois ces Natures multipliront en quantité, qualité & vertu, ſelon la Multiplication de dix, de ce nombre venant à cent, de cent à mille, de mille à dix mille, de dix mille à cent mille, de cent mille à un million; & de là par même Opération juſqu'à l'infini, ainſi que j'ai fait trois fois, dont je loüe Dieu. Et quand ton *Elixir* eſt ainſi conduit à l'infini, un grain d'icelui tombant ſur une quantité métallique fonduë, auſſi profonde & vaſte que l'Océan, il le teindra & convertira en très-parfait Métail, c'eſt-à-dire, en Argent ou en Or, ſelon qu'il aura été imbibé & fermenté, chaſſant & éloignant de ſoi toute la matiére impure & étrangére, qui s'étoit jointe en ſa prémiére *Coagulation*.

Par la même raiſon que j'ai fait peindre une Clef à l'Homme, qui eſt ſous la forme d'un Saint Piérre, pour ſignifier que la Piérre demandoit d'être ouverte & fermée pour multiplier ; par même raiſon auſſi, pour te montrer avec quel Mercure tu dois faire cela, j'ai donné à l'Homme un habit orangé rouge, & un orangé à la Femme.

Cela suffise pour ne sortir du silence de Pythagoras, & pour t'enseigner que la Femme, c'est-à-dire, notre Pierre, demande d'avoir la riche parure & couleur de Saint Pierre. Elle a écrit en son Rouleau, *Christe precor esto pius.* Jesus-Christ soyez-moi doux, comme si elle disoit : Seigneur soyez-moi doux, & ne permettez pas que celui qui sera parvenu jusqu'ici, gâte tout par trop de feu. Il est bien vrai, que dorénavant je ne craindrai plus les Ennemis, & que tout feu me sera égal : toutefois, le Vaisseau qui me contient, est toujours fragile. Car si l'on augmente trop le feu, il crévera, & s'éclatant m'emportera & me sémera malheureusement parmi les cendres.

Prens donc garde à ton feu en ce pas, *régissant* & gouvernant doucement en patience cette Quintessence admirable, car il lui faut augmenter son feu, mais non par trop. Et prie la Souveraine bonté, qu'elle ne permette point que les malins Esprits, qui gardent les Mines & les Trésors, détruisent ton Opération, ou *fasciment* ta vûë, quand tu considéres ces incompréhensibles mouvemens de cette Quintessence dans ton Vaisseau.

HUITIEME FIGURE.

Sur un Champ violet obscur, un Homme rouge de pourpre, tenant le pied d'un Lion rouge de Laque, qui a des ailes, & semble ravir & emporter l'Homme.

CHAPITRE X.

Explication de cette Figure.

CE Champ violet & obscur, représente que la Pierre a obtenu, par l'entiére Décoction, les baux vétemens entiérement orangés & rouges, qu'elle demandoit à Saint Pierre, qui en étoit vétu, & que sa complette & parfaite digestion (signifiée par l'entiére couleur orangée) lui a fait laisser sa vielle Robe orangée. La Couleur rouge de Laque de ce Lion volant, semblable à ce pur & clair Escarlatin du grain de la vrayement rouge Grenade, démontre qu'elle est maintenant accomplie en toute droiture & égalité. Qu'elle est comme un Lion, dévorant toute Nature pure métallique, & la changeant en sa vraie Substance, en vrai & pur Or, plus fin que celui des meilleures Mines.

Aussi elle emporte maintenant l'Homme hors de cette vallée de miséres; c'est-à-dire, hors des incommodités de la pauvreté & infirmité, & avec ses ailes le souléve glorieusement hors des croupissantes eaux d'Egypte (qui sont les pensées ordinaires des Mortels) & lui faisant mépriser la vie & les richesses présentes, le fait nuit & jour méditer en Dieu, & ses Saints, souhaiter le Ciel Empirée, & boire les douces sources des Fontaines de l'espérance éternelle.

Loüé soit DIEU éternellement, qui nous a fait la grace de voir cette belle & toute parfaite Couleur de Pourpre, cette belle Couleur du Pavot champêtre du Rocher, cette Couleur *Tyriene*, étincellante & flamboyante, qui est incapable de changement & d'altération; sur laquelle le Ciel même, & son Zodiaque ne peut plus avoir domination ni puissance, dont l'éclat rayonnant & éblouïssant semble en quelque façon communiquer à l'Homme quelque chose de surcéleste, le faisant (quand il la contemple & connoît) étonner, trembler, & frémir en même tems.

O Seigneur, faites nous la grace que nous en puissions bien user à l'augmentation de la Foi, au profit de notre Ame, & accroissement de la gloire de ce noble Royaume. Ainsi soit-il.

F I N.

AVERTISSEMENT

Touchant les Figures de Flamel.

ON n'a pas jugé qu'il fût nécessaire de mettre dans le Livre de Flamel, les Figures particuliéres, après le Titre, & au dessus de chaque Chapitre, où elles sont expliquées ; comme les avoit fait mettre le sieur de la Chevalerie, Gentilhomme Poitevin, à qui l'on a obligation de la premiére Edition de ce Livre ; parce que ce n'eût été que de la dépense inutile, puisque l'on peut voir & consulter chacune de ces Figures particuliéres, dans la Figure générale, qui les comprend toutes, ainsi que Flamel les a fait mettre ; & comme on les voit encore présentement, dans l'une des Arches du Cimetiére des Saints Innocens dans cette Ville, qui étoit alors la quatriéme, & qui est maintenant la seconde, en entrant par la grande Porte du Cimetiére de la rue Saint Denys, depuis les nouveaux Bâtimens que l'on a fait pour élargir la rue de la Ferronnerie.

On a eu soin pour cet effet de marquer au commencement de chaque Chapitre la Figure qui y est expliqué, par un Numéro, qui renvoye à la Figure générale.

On a fait la même chose pour les Figures

Explication des Figures

d'*Abraham Juif*, dont *Flamel* parle dans son Avant-propos, qu'on a marquées au bas de la page par des chiffres Romains, qui répondent à ceux de ces Figures.

La Procession qu'il dit dans son Avant-propos avoir fait peindre, ne paroît plus. Mais sa Statuë est encore présentement dans une niche au côté gauche du Portail de l'Eglise de St Geneviève des Ardens, dans la ruë Notre-Dame, tel qu'il est représenté dans le côté gauche de la Figure générale, avec un N. & une F. Gotiques, qui sont encore tout de même dans l'Arche, qui est vis-à-vis celle où sont les Figures du Cimetière des Saints Innocents, avec cette Inscription en Lettres Gotiques sur l'un des Pilliers: *Ce Charnier fut fait & donné à l'Eglise pour amour de Dieu, l'an mil trois cens quatre vingt-dix-neuf. Priez Dieu pour les Trépassez*, en disant Pater, Ave.

PETIT TRAITÉ D'ALCHYMIE,
INTITULÉ
LE SOMMAIRE PHILOSOPHIQUE
De Nicolas Flamel.

Ui veut avoir la cognoissance
Des Metaux & vraye science,
Comment il les faut tra͜smuer,
Et de l'un à l'autre m͜er;
Prémier il convient qu'il cog-
noisse
Le chemin & entiére adresse
Dequoi se doivent en Miniére
Terrestre, former & maniére.
Ainsi ne faut-il point qu'on erre,
Regarder ès veines de Terre
Toutes les transmutations,
Dont sont formez en Nations;

Par quoi transmuer ils se peuvent
Dehors la Minière où se treuvent
Etant premiers en leurs esprits :
Assavoir pour n'être repris,
En leur Soulphre & leur Vif-argent,
Que Nature a fait par Art gent.
Car tous Métaux de Soulphre sont
Formez & Vif-argent qu'ils ont.
Ce sont deux Spermes des Métaux,
Quels qu'ils soyent, tant froids que chauds;
L'un est mâle, l'autre femelle,
Et leur compléxion est telle.
Mais les deux Spermes dessusdits
Sont composez, c'est sans dédits;
Des quatre Elémens, sûrement
Cela j'afferme vrayement.
C'est à sçavoir le premier Sperme
Masculin, pour sçavoir le terme,
Qu'en Philosophie on appelle
Soulphre, par une façon telle,
N'est autre chose qu'Elément
De l'Air & du Feu seulement,
Et est le Soulphre fixe semblable
Au Feu, sans être variable,
Et de Nature métallique :
Non pas Soulphre vulgal inique ;
Car le Soulphre vulgal n'a nulle
Substance (qui bien le calcule)
Métallique, à dire le vrai,
Et ainsi je le prouverai.
L'autre Sperme qu'est féminin,

C'est

C'est celui, pour sçavoir la fin,
Qu'on a coûtume de nommer
Argent-vif, & pour vous sommer,
Ce n'est seulement qu'Eau & Terre,
Qui s'en veut plus à plain enquerre.
Dont plusieurs Hommes de science
Ces deux Spermes-là sans doutance,
Ont figurez par deux Dragons,
Ou Serpens pires, se dit-on :
L'un ayant des aîles terribles,
L'autre sans aîles, fort horrible.
Le Dragon figuré sans aîles,
Est le Soulphre, la chose est telle,
Lequel ne s'envole jamais
Du feu ; voilà le prémier mets.
L'autre Serpent, qui aîles porte,
C'est Argent-vif, qui vous importe,
Qui est Semence féminine,
Faite d'Eau & Terre pour mine.
Pourtant au feu point ne demeure,
Ains s'envole quand voit son heure.
Mais quand ces deux Spermes disjoints
Sont assemblez & bien conjoints,
Par une triomphante Nature,
Dedans le ventre du Mercure,
Qu'est le prémier Métail formé,
Et est celui qui est nommé
Mére de tous autres Métaux.
Philosophes de monts & vaux
L'ont appellé Dragon volant :
Pour ce qu'un Dragon en allant,

Tome II. *Z

Qu'est enflambé avec son feu,
Va par l'air jettant peu à peu
Feu & fumée vénimeuse,
Qu'est une chose fort hideuse,
A regarder telle laidure.
Ainsi pour vrai fait le Mercure,
Quand il est sur le feu commun;
C'est-à-dire, en des lieux aucun,
En un Vaisseau mis & posé,
Et le feu commun disposé,
Pour lui allumer promptement
Son feu de nature âprement,
Qu'au profond de lui est caché,
Alors si vous voulez tâcher,
Voir quelque chose véritable
Par feu commun, dit végétable;
L'un enflambera par ardure,
Du Mercure feu de Nature,
Alors, si êtes vigilant,
Verrez par l'air jettant, courant
Une fumée vénimeuse,
Mal odorante & malignieuse,
Trop pire, enflambée en poison,
Que n'est la tête d'un Dragon,
Sortant à coup de Babylone,
Qui deux ou trois lieuës environne;
   Autres Philosophes sçavans,
Ont voulu chercher tant avant,
Qu'ils sont figurez en la forme
D'un Lion volant sans difforme;
Et l'ont aussi nommé Lion;

Pource qu'en toute Région
Le Lion dévore les Bêtes,
Tant soient jeunes & propretes,
En les mangeant à son plaisir,
Quand d'elles il se peut saisir,
Sinon celles qui ont puissance
Contre lui se mettre en défense,
Et résister par grande force
A sa fureur, quand il les force;
Ainsi que le Mercure fait.
Et pour mieux entendre l'effet,
Quelque Métal que vous mettez,
Avecques lui, ces mots notez,
Soudain il le difformera,
Dévorera & mangera.
Le Lion fait en telle sorte;
Mais sur ce point, je vous enhorte
Qu'il y a deux Métaux de prix,
Qui sur lui emportent le prix
En totale perfection ;
L'un qu'on nomme Or sans fiction,
L'autre Argent, ce ne nie aucun;
Tant est-il notoire à châcun,
Que si Mercure est en fureur,
Et son feu allumé d'ardeur,
Il dévorera par ces faits
Ces deux nobles Métaux parfaits,
Et les mettra dedans son ventre :
Ce nonobstant, lequel qu'y entre,
Il ne le consumera point;
Car pour bien entendre ce point,

Z ij

Ils sont plus que lui endurcis
Et parfaits en nature aussi.
Mercure est Métail imparfait :
Non pourtant qu'en lui ait de fait
Substance de perfection.
Pour vraye déclaration
L'Or commun si vient du Mercure,
Qu'est Métail parfait, je l'assure.
De l'Argent je dis tout ainsi
Sans alleguer ne cas ne si.
Et aussi les autres Métaux,
Imparfaits, croissans bas & hauts,
Sont trestous engendrez de lui.
Et pource il n'y a celui
Des Philosophes, qui ne dise
Que c'est la Mére sans faintise
De tous Métaux certainement.
Parquoi convient assurément
Que dès que Mercure est formé,
Qu'en lui soit sans plus informé
Double Substance métallique ;
Cela clairement je réplique.
C'est tout prémiérement pour l'une,
La Substance de basse Lune,
Et après celle du Soleil,
Qui est un Métail nompareil.
Car le Mercure sans doutances
Si est formé de deux Substances,
Etant au ventre en esperit
Du Mercure que j'ai descrit.
Mais tantôt après que Nature

A formé icelui Mercure,
De ses deux Esprits dessusdits
Mercure sans nul contredits
Ne demande qu'à les former
Tous parfaits, sans rien difformer,
Et corporellement les faire,
Sans soi d'iceux vouloir deffaire.
Puis quand tes deux Esprits s'éveillent,
Et les deux Spermes se réveillent,
Qui veulent prendre propre Corps:
Alors il faut être records,
Qu'il convient que leur Mére meure,
Nommé Mercure, sans demeure :
Puis le tout bien vérifié,
Quand Mercure est mortifié
Par Nature, ne peut jamais
Se vivifier : je promets,
Comme il étoit prémiérement,
Ainsi que dient certainement
Aucuns triomphans Alchimistes,
Affermants en paroles mistes
De mettre les Corps imparfaits,
Et aussi ceux qui sont parfaits,
Soudain en Mercure courant.
Je ne di pas qu'aucun d'eux ment;
Mais seulement, sauf leurs honneurs,
Pour certain ce sont vrais Jengleurs.
Il est bien vrai que le Mercure
Mangera par sa grande cure
L'imparfait Métail, comme Plomb,
Ou Estain, cela bien sçait-on :

Et pourra sans difficulté
Multiplier en quantité ;
Mais pourtant sa perfection
Amoindrira sans fiction,
Et Mercure ne sera plus
Parfait, notez bien le surplus ;
Mais si mortifié étoit
Par Art, autre chose seroit,
Comme au Cinabre, ou Sublimé ;
Je ne le veux pas animé,
Que revifier ne se pûsse.
Telle vérité ne se musse ;
Car en le congelant par Art,
Les deux Spermes, soit tôt ou tard,
Du Mercure point ne prendront
Corps fixe, ni aussi retiendront
Comme ès veines ils font de la terre ;
Ains pour garder que nulli n'erre,
Si peu congelé ne peut être,
Par Nature à dextre ou senestre,
Dedans quelque terrestre veine,
Que le Grain fix soudain n'y vienne ;
Qui produira des deux Spermes
Du Mercure, & puis du vrai Germe ;
Comme ès Mines de Plomb voyez,
Si vous y étes envoyez.
Car de Plomb il n'est nulle Mine
En lieu où elle se confine,
Que le vrai Grain du fix n'y soit,
Ainsi que chacun l'apperçoit,
C'est à sçavoir le Grain de l'Or

Et de l'Argent, qu'est un thrésor
En Substance & en nourriture;
A chacun telle chose est sûre,
La prime congélation
Du Mercure, est Mine de Plomb,
Et aussi la plus convenable
A lui, la chose est véritable,
Pour en perfection le mettre,
Cela ne se doit point obmettre,
Et pour tôt le faire venir
Au Grain fix, & tousjours tenir.
Car comme paravant est dit,
Mine de Plomb sans contredit
N'est point sans Grain fix pour tout vrai
D'Or & d'Argent, cela je sçai;
Lesquels Grains Nature y a mis,
Ainsi comme Dieu l'a permis;
Et est celui-là surement,
Qui multiplier vrayement
Se peut, sans contradiction,
Pour venir en perfection,
Et en toute entière puissance,
Comme sçai par l'expérience.
Et cela pour tout vrai j'assûre,
Lui étant dedans son Mercure,
C'est-à-dire, non séparé
De la Mine, mais bien puré;
Car tout Métail en Mine étant
Est Mercure, j'en dis autant,
Et multiplier se pourra,
Tant que la Substance il aura,

De son Mercure en vérité.
Mais si le Grain en est ôté
Et séparé de son Mercure,
Qui est sa Mine bien l'assûre,
Il sera ainsi que la Pomme
Cueillie verde, & voilà comme
Dessus l'Arbre, c'est vérité,
Avant qu'elle ait maturité,
Quand vous voyez passer la fleur,
Le fruit se forme, soyez seur,
Lequel après Pomme est nommée
De toutes gens, & renommée.
Mais qui la Pomme arracheroit
Dessus l'Arbre, tout gâteroit
A sa prime formation :
Car Homme n'a eu notion,
Par Art, ni aussi par Science,
Qu'il sçusse donner la Substance,
Ne tandis la pusse parfaire
De meurir, comme pouvoit faire
Basse-Nature bonnement,
Quand elle étoit premiérement
Dessus l'Arbre, où sa nourriture
Et substance avoit par Nature.
Pendant doncques que l'on attend
La saison de la Pomme, étant
Sur son Arbre, où elle s'augmente
Et nourrit venant grosse & gente,
El' prend agréable saveur,
Tirant toujours à soi liqueur,
Jusques à ce qu'elle soi faite

De verde bien mur & parfaite.
Semblablement Métal parfait,
Qu'est Or, vient à un même effet ;
Car quand Nature a procréé
Ce beau Grain parfait & créé
Au Mercure, soyez certain
Que tousjours tant soir que matin,
Sans faillir il se nourrira,
Augmentera & parfera
En son Mercure lui étant ;
Et faut attendre jusqu'à tant
Qu'il y aura quelque Substance
De son Mercure sans doutance,
Comme fait sur l'Arbre la Pomme ;
Car je fais sçavoir à tout Homme,
Que le Mercure en vérité
Est l'Arbre, notez ce dicté,
De tous Métaux, soyent parfaits,
Ou autres qu'on dit imparfaits :
Pourtant ne peuvent nourriture
Avoir, que de leur seul Mercure.
Par quoi je dis, pour déviser
Sur ce pas, & vous adviser,
Que si vous voulez cüeillir le fruit
Du Mercure, qu'est Sol qui luit,
Et Lune aussi pareillement,
Si qu'ils soyent séparément
Lointains en aucune maniére,
L'un de l'autre sans tarder guiére ;
Ne pensez pas les reconjoindre
Ensemble, n'aussi les rejoindre

Ainſi comme avoit fait Nature.
Au prémier, de ce vous aſſûre,
Pour iceux bien multiplier,
Augmenter ſans point varier ;
Car quand Métaux ſont ſéparez
De la Mine, à part trouverez
Chacun comme Pommes petites,
Cueiller trop verdes & ſubites
De l'Arbre, leſquelles jamais
N'auront groſſeur, je vous promets,
Le Monde a aſſez cognoiſſance,
Par nature & expérience,
Du fruit des Arbres végétaux,
Et ne ſont point ces mots nouveaux,
Qui dès la Pomme, ou bien la Poire
Eſt arrachée, il eſt notoire,
De deſſus l'Arbre, ce ſeroit
Folie qui la remettroit
Sur la branche pour r'engroſſi
Et parfaire ; Fols font ainſi,
Et gens aveuglez ſans raiſon,
Comme on voit en mainte maiſon ;
Car l'on ſçait bien certainement,
Et à parler communément,
Que tant plus elle eſt maniée,
Tant plus tôt elle eſt conſommée.
C'eſt ainſi des Métaux vraiment ;
Car qui voudroit prendre l'Argent
Commun & l'Or, puis en Mercure
Les remetre, ſeroit ſtulture ;
Car quelque grand' ſubtilité

Qu'on aye, auſſi habileté,
Ou régime qu'on penſeroit,
Abuſé on s'y trouveroit:
Tant ſoit par eau, ou par ciment,
Ou autre ſorte infiniment,
Que l'on ne ſçauroit racompter,
Tousjours ce ſeroit mécompter,
Et de jour en jour à refaire,
Comme aucun Fols ſur cet affaire,
Qui veulent la Pomme cueillée
Sur la branche être rebaillée,
Et retourner pour la parfaire,
Dont s'abuſent à cela faire.

 Nonobſtant qu'aucuns Gens ſçavans,
Philoſophes & bien parlans,
Ont très-bien parlé par leurs dits,
Diſans ſans aucuns contredits,
Que le Soleil avec la Lune,
Et Mercure, qu'eſt opportune,
Conjoints, tous Métaux imparfaits
Rendront en Oeuvres bien parfaits:
Où la plus grand part des Gens erre,
N'ayant autre choſe ſur Terre,
Soient Végétaux, ou Animaux,
Ou pareillement Minéraux,
Que ces trois étans en un Corps;
Mais les liſans ne ſont records,
Qu'iceux Philoſophes entendus,
N'ont pas tels mots dits, ni rendus;
Pour donner entendre à chacun
Que ce ſoit Or, n'Argent commun,

Ni le vulgal Mercure aussi:
Ils ne l'entendent pas ainsi;
Car ils sçavent que tels Métaux
Sont tous morts, pour vrai, sans défaux;
Et que jamais plus ne prendront
Substance; ainsi demeureront,
Et l'un & l'autre n'aidera
Pour parfaire, ains demeurera;
Car il est vrai certainement,
Que ce sont les fruits vrayement
Cueillis des Arbres avant saison:
Les laissant-là pour tel raison:
Car dessus iceux en cherchant,
Ne trouvent ce qu'ils vont quérant.
Ils sçavent assez bien qu'iceux
N'ont autre chose que pour eux:
Parquoi s'en vont chercher le fruit
Sur l'Arbre qui à eux bien duit,
Lequel s'engrosse & multiplie
De jour en jour, tant qu'Arbre en plie.
Joye ont de veoir telle besogne,
Par ce moyen l'Arbre on empoigne,
Sans cueillir le fruit nullement,
Pour le replanter noblement
En autre terre plus fertille,
Plus triomphante & plus gentille,
Et qui donnera nourriture
En un seul jour par adventure
Au fruit, qu'en cent ans il n'auroit,
Si au premier terroir étoit.
Par ce moyen donc faut entendre,

Que le Mercure il convient prendre,
Qui est l'Arbre tant estimé,
Vénéré, clamé & aimé,
Ayant avec lui le Soleil
Et la Lune d'un appareil,
Lesquels séparez point ne sont
L'un de l'autre, mais ensemble ont
La vraye association :
Après sans prolongation
Le replanter en autre terre
Plus près du Soleil, pour acquerre
D'icelui merveilleux prouffit,
Où la rosée lui suffit ;
Car là où planté il étoit,
Le vent incessamment battoit,
Et la froidure, en telle sorte,
Que peu de fruit faut qu'il rapporte :
Et là demeure longuement,
Portant petits fruits seulement.
 Philosophes ont un Jardin,
Où le Soleil soir & matin,
Et jour & nuit est à toute heure,
Et incessamment y demeure
Avec une douce rosée,
Par laquelle est bien arrosée,
La Terre ayant Arbre & fruits,
Qui là sont plantez & conduits,
Et prennent dûë nourriture,
Par une plaisante pâture ;
Ainsi de jour en jour s'amendent,
Recevans fort douce prébende,

Et là demeurent plus puissans
Et forts, sans être languissans,
En moins d'un an, ou environ,
Qu'en dix mil, cela nous diron,
N'eussent fait là où ils étoient
Plantez, où les vents les battoient;
Et pour mieux la matière entendre,
C'est-à-dire qu'il les faut prendre,
Et puis les mettre dans un four
Sur le feu où soient nuit & jour.
Mais le feu de bois ne doit être,
Ni de charbon; mais pour cognoître
Quel feu te sera bien duisant;
Faut que soit feu clair & luisant,
Ni plus ni moins que le Soleil.
De tel feu feras appareil,
Lequel ne doit être plus chaud,
Ni plus ardent, sans nul défaut;
Mais toujours une chaleur même
Faut que soit, notez bien ce thême;
Car la vapeur est la rosée,
Qui gardera d'être altérée
La Semence de tous Métaux.
Tu vois que les fruits végétaux,
S'ils ont chaleur trop fort ardente,
Sans rosée en petite attente,
Sec & transi demeurera,
Le fruit sur la branche mourra,
Ou en nulle perfection
Ne viendra pour conclusion.
Mais s'il est nourri en chaleur,

Avec une humide moiteur,
Il fera beau & triomphant
Sur l'Arbre où prend nourrissement ;
Car chaleur & humidité
Est nourriture en vérité
De toutes choses de ce Monde
Ayant vie, sur ce me fonde,
Comme Animaux & Végétaux,
Et pareillement Minéraux.
Chaleur de bois & de charbon,
Cela ne leur est pas trop bon ;
Ce sont chaleurs fort violentes,
Et ne sont pas si nourrissantes,
Que celle qui du Soleil vient,
Laquelle chaleur entretient
Chacune chose corporelle,
Pour autant qu'elle est naturelle ;
Parquoi Philosophes sçavans,
Et la Nature cognoissans,
N'ont autre feu voulu élire
Pour eux, à la vérité dire,
Que de Nature aucunement,
Laquelle il survient mêmement ;
Non pas que le Philosophe fasse
Ce que Nature fait & trace ;
Car Nature a tousjours la chose
Créé, comme ici je l'expose,
Tant Végétaux que Minéraux,
Semblablement les Animaux,
Chacun selon son vrai dégré,
Générante, où elle a pris gré,

Comme s'étend sa dominance,
Non pas que je donne Sentence,
Que les Hommes par leurs Arts font
Chose naturelle & parfont ;
Mais il est bien vrai quand Nature
A formé par sa grand' facture,
Les choses devant dites, l'Homme
Lui peut aider, & entend comme
Après par Art, à les parfaire
Plus que Nature ne peut faire,
Par ce moyen les Philosophes
Sçavans, & gens de grosse étoffe,
Pour du vrai tous vous informer,
Autrement n'ont voulu œuvrer,
Qu'en Nature avecques la Lune,
Au Mercure Mére oportune :
Duquel après en général
Font Mercure Philosophal,
Lequel est plus puissant & fort,
Quand vient à faire son effort,
Que n'est pas celui de Natures.
Cela sçavent les Créatures ;
Car le Mercure devant dit,
De Nature sans nul dédit,
N'est bon que pour simples Métaux
Parfaits, imparfaits, froids ou chauds.
Mais le Mercure du Sçavant
Philosophe, est si triomphant,
Que pour Métaux plus que parfaits,
Est bon, & pour les imparfaits :
A la fin pour tous les parfaire,

Et

Et soudainement les refaire,
Sans plus y rien diminuer,
Adjoûter, mettre, ni muer ;
Comme Nature les a mis,
Les laisse sans rien être obmis,
Non que je die toutesfois,
Que les Philosophes tous trois
Les joignent ensemble pour faire
Leur Mercure, & pour le parfaire,
Comme font un tas d'Alchimistes,
Qui en sçavoir ne sont trop mistes;
Ni aussi beaucoup sage Gent
Qui prennent l'Or commun, l'Argent
Avec le Mercure vulgal :
Puis après leur font tant de mal,
Les tourmentant de telle sorte,
Qu'il semble que foudre les porte ;
Et par leur folle fantaisie,
Abusion & rêverie ;
Le Mercure ils en cuident faire
Des Philosophes & parfaire ;
Mais jamais parvenir n'y peuvent ;
Ainsi abusez ils se trouvent,
Qui est la prémiére Matiére
De la Pierre, & vraie Miniére :
Mais jamais ils n'y parviendront,
Ni aucun bien y trouveront,
S'ils ne vont dessus la Montaigne
Des sept, où n'y a nulle Plaine,
Et pardessus regarderont
Les six que de loin ils verront ;

Et au-dessus de la plus haute
Montaigne, cognoîtront sans faute
L'Herbe triomphante Royale,
Laquelle ont nommé Minérale,
Aucuns Philosophes Herbale ;
Appellée est Saturniale.
Mais laisser le Marc il convient
Et prendre le Jus qui en vient
Pur & net : de ceci t'advise,
Pour mieux entendre cette guise ;
Car d'elle tu pourras bien faire
La plus grand' part de ton affaire.
C'est le vrai Mercure gentil
Des Philosophes très-subtil,
Lequel tu mettras en ta manche ;
En premier toute l'Oeuvre blanche,
Et la rouge semblablement.
Si mes dits entends bonnement,
Elis celle que tu voudras,
Et soyent seur que tu l'auras ;
Car des deux n'est qu'une pratique
Qu'est souveraine & authentique,
Toutes deux se font par voye une ;
C'est à sçavoir, Soleil & Lune.
Ainsi leur pratique rapporte
Du blanc & rouge, en telle sorte,
Laquelle est tant simple & aisée,
Qu'une Femme filant fuzée,
En rien ne s'en détourbera,
Quand telle besongne fera ;
Non plus qu'à mettre elle feroit

Couver des œufs quand il fait froid,
Sous une Poulle sans lavé,
Ce que jamais ne fut trouvé ;
Car on ne lave point les œufs
Pour mettre couver vieils ou neufs,
Mais tout ainsi comme ils sont fait,
Sous la Poulle on les met de fait ;
Et ne fait-on que les tourner
Tous les jours & les contourner
Sous la Mére, sans plus de plaid,
Pour soudain avoir le Poullet.
Le tout je l'ai déclaré ample ;
Puis après se met un exemple.
Prémiérement, ne laveras
Ton Mercure ; mais le prendras
Et le mettras avec son Pére,
Qui est le Feu, ce mot t'appére,
Sur les cendres, qui est la paille ;
Cet enseignement je te baille,
En un verre seul qu'est le nid,
Sans confiture ni avis,
En seul Vaisseau, comme dit est,
De l'habitacle entends que c'est,
En un Fournel fait par raison,
Lequel est nommé sa maison,
Et de lui Poullet sortira,
Qui de son sang te guérira
Prémier de toute maladie ;
Et de sa chair, quoi que l'on die,
Te repaîtra, pour ta viande ;
De ses plumes, afin qu'entende,

Il te vêtira noblement,
Te gardant de froid sûrement :
Dont prierai l'haut Créateur,
Qu'il doint la grace à tout bon cœur.
D'Alchimistes qui sont sur terre,
Briévement le Poullet conquerre,
Pour puis en être alimenté,
Nourri & très-bien substanté.
Comme ce peu qu'ici déclaire,
Me vient du haut Dieu notre Pére,
Qui pour sa bénigne bonté,
Le m'a donné en charité :
Donc vous fais ce présent petit,
Afin que meilleur appétit,
Ayez cherchans & suivans train,
Qu'il vous montre soir & matin :
Lequel j'ai mis sous un Sommaire,
Afin qu'entendiez mieux l'affaire,
Selon des Philosophes sages,
Les dits, qu'entendez d'avantage.
Je parle un peu ruralement,
Parquoi je vous prie humblement
De m'excuser, & en gré prendre,
Et à fort chercher toujours tendre.

Fin du Sommaire.

LE DÉSIR DÉSIRÉ

DE NICOLAS FLAMEL.

AVANT-PROPOS.

LE Tréfor de Philofophie nous enfeigne la fainteté de celui à qui font & appartiennent toutes chofes, le Ciel, la Terre & la Mer, & toutes ces autres chofes qui font créées. De lui procédent tous les Tréfors de la Sageffe, étant lui feul le Créateur de tout, & qui du Néant a eu la puiffance de tirer toutes chofes, en liant & uniffant les chofes hétérogénes avec les homogénes, & les accordant enfemble quoique différentes. Par fa bonté, il a voulu, avec certains Médicamens, rendre la fanté aux Créatures infirmes, & donner la perfection aux chofes imparfaites. Ce que les Sages, ou anciens Philofophes, ont entendu pleinement, & cela par deux moyens, comme ils ont écrit dans leurs Livres.

De ces deux moyens l'un est vrai, & l'autre est faux : & le vrai est écrit en termes obscurs, afin qu'ils ne soient entendus que des Sages, voulant cacher leur Science aux Méchans, qui auroient pû en faire un mauvais usage.

Sçachez donc que notre Science consiste dans la connoissance des quatre Elémens, dont les qualités sont changées réciproquement les unes dans les autres ; sur quoi les Philosophes sont d'un sentiment semblable. Et sçachez encore, qu'en toutes choses, créées au dessous du Ciel, il y a quatre Elémens, non visibles à la vûë, mais éxistans en effet ; au moyen de quoi, sous couleur de Doctrine Elémentaire, les Philosophes ont enseigné leur Science, paroissant entendre par les quatre Elémens plusieurs choses, comme Sang, Poils, Cheveux, Oeufs, Urines & autres Matiéres, dont je n'ai fait aucun compte quand je suis parvenu à entendre leurs Ecrits.

Ayant donc reconnu la vraie Matiére, ou *Sperme & Semence de tous les Métaux, & ce que c'est que le Mercure cuit & congelé au Ventre de la Terre, par la chaleur du Soufre, qui le cuit par sa propre vertu, & par la Multiplication duquel différens Métaux sont produits & procréez dans la*

Terre; car leur Sémence ou Matiére est unique & semblable. Cependant ces divers Métaux sonts différens par une action accidentelle; sçavoir, par la cuisson & nouriture plus grande ou plus petite, plus ou moins tempérée, plus ou moins brûlante; ce que les Philosophes affirment d'un commun accord. Car il est certain que toutes choses sont de ce en quoi elles se résolvent par leur dissolution; comme on peut le voir par la Glace, qui, étant formée d'Eau, se résout en Eau par la chaleur. S'il est manifeste que la Glace étant Eau, s'est convertie en Eau, de même les Métaux, qui dans leurs Principes ont été Mercure, se convertissent aussi en Mercure; ce que je démontrerai dans ce Discours.

Cela supposé, nous résoudrons facilement l'Argument d'Aristote, qui dit au 4. des Météores : Sçachent tous Artistes, *Que les Espéces des Métaux ne peuvent se transmuer, s'ils ne sont réduits en leur premiére Matiére* : Réduction dont nous parlerons dans la suite.

La Multiplication des Métaux est facile, mais non pas leur Transmutation; car toute chose qui naît dans la Terre & y croît, se multiplie; ce qui se voit dans les Plantes, les Arbres & les Animaux; car d'un Grain, il s'en engendre mille Grains; d'un Arbre, il procéde mille Rameaux, ou pour mieux dire, une infinité d'autres Arbres, & d'un seul Homme s'est faite la procréation de tout le Genre Humain.

Toutes choses donc s'augmentant & se multipliant par leur Espéce, de même le Métail peut s'augmenter & se multiplier, & cela sans aucune différence. Aristote demande si cette augmentation & multiplication se fait dans des Miniéres naturelles ou artificielles. Or il est constant que tous Métaux naissent & croissent dans la Terre. Donc il est possible qu'il se fasse en eux une augmentation & une multiplication à l'infini. Mais cela ne peut se faire que par ce qui est parfait dans la Lune, ou ordre des Métaux, dans la génération & perfection desquels est la parfaite Médécine, qui est l'Elixir des Philosophes, qu'on ne peut parvenir à faire, que par un Moyen propre ou Chose interposée, parce qu'il n'y a point de Mouvement d'une Extrémité à une autre Extrémité, que par un Moyen qui leur est propre. J'ai connu la nature de ce Moyen, ou Chose médiante, laquelle contient les Extrémités, qui sont le Soufre & le Mercure. De l'un & de l'autre se fait & s'accomplit l'Elixir par la Chose médiante, laquelle doit être naturellement plus purifiée, plus cuite, mieux digérée, meilleure, plus parfaite, & par conséquent plus prochaine.

Ainsi,

Ainsi, mon cher Lecteur, garde-toi d'errer & de manquer, car l'Homme recueillera seulement le semblable de ce qu'il aura semé. Tu vois donc maintenant ce que c'est que la Pierre des Philosophes, & tu connois les Moyens par lesquels on peut parvenir à la faire. Souviens-toi toujours que rien d'étranger ne se met ni ne s'ajoûte dans sa Composition, & au contraire, qu'on en ôte les choses superfluës : *Et que rien ne convient à notre Sécret, si non ce qui est prochain & de sa nature.* Je viens donc de t'expliquer les Sentences & les Dits des Anciens, avec leurs Paroles obscures & cachées sous des Enigmes & des Paraboles. Ce que j'ai fait, afin que tu juges que j'ai bien entendu la Doctrine des Philosophes, & que tu comprennes qu'ils n'ont rien écrit que de véritable.

PREMIERE PAROLE

des Philosophes.

LA première Parole des Philosophes, est ce qu'ils ont appellé Solution & Fondement de l'Art. Ainsi, dit Marie, Sœur de Moïse, & Prophétesse, mollifie une Gomme, & la conjoins avec une Gomme par un vrai mariage : Et tu la rendras comme une Eau courante, dit aussi le Prophéte: *Si vous ne convertissez la chose corporelle en incorporelle, vous travaillez en vain.* Parménides, ou Egadiméne, en parlant de cette Solution ou Conversion, dit dans la Tourbe, Que quelques-uns, en entendant parler de telle Solution, pensent & croyent que ce soit Eau de Mer; mais que s'ils eussent lû les Livres, & qu'ils les eussent bien entendus, ils comprendroient que c'est *Eau permanente*, laquelle ne peut être permanente sans être dissoute, jointe & faite une même chose avec son Corps; car la Solution des Philosophes n'est pas Imbition d'Eau, mais Conversion & Mutation des Corps en Eau, de laquelle ils ont été prémiérement créez; sçavoir en Mercure, de même que la Glace se convertit en Eau liquide, de laquelle elle a eu son Essence. Ainsi, par la grace de Dieu, tu as dèja un Elément, qui est l'Eau, comme tu as la réduction du Corps en Eau liquide.

DEUXIEME PAROLE
des Philosophes.

LA seconde Parole des Philosophes, est que l'Eau se fait Terre par une légére Cuisson, continuée jusqu'à ce que la *Noir-*

cheur, ou Couleur noire paroisse au dessus. Car, comme dit Avicéne au Chapitre des Humeurs, la chaleur produisant son action dans un Corps humide, engendre & fait paroître la Couleur noire, comme on le voit dans la Chaux, que l'on fait communément. C'est pourquoi, dit Monalibus, il recommande à ceux qui viendront après lui, de rendre les choses corporelles, non corporelles, par Dissolution, dans laquelle il faut soigneusement prendre garde que l'Esprit ne se convertisse en fumée, & ne s'évapore par une trop grande chaleur. Marie, la Prophétesse, dit aussi : Conserve bien l'Esprit, & garde-toi que rien ne s'en aille en fumée, en tempérant & mesurant le feu à la proportion de la chaleur du Soleil au mois de Juillet, afin que par une longue & douce décoction, l'Eau s'épaississe, se fasse & se convertisse en Terre noire. Par ce moyen tu auras un autre Elément, qui est la Terre.

TROISIEME PAROLE
des Philosophes.

LA troisiéme Parole des Philosophes, est la Mondification ou Purification de la Terre, dont Morien dit : Cette Terre avec son Eau vient à Putréfaction, se mondifie, se nettoye, & quand elle sera bien nettoyée, tout le Sécret, par l'aide de Dieu, sera bien gouverné. Aussi, dit Hermès : L'Azot & le Feu blanchissent le Laiton, & en ôtent la noirceur. Et Morien dit à ce sujet : Blanchissez le Laiton, & rompez vos Livres, de peur que vos cœurs ne soient rompus. C'est la Composition de tous les sages Philosophes, & la troisiéme partie de toute l'Oeuvre. Ajoûtez donc, comme il est dit dans la Tourbe, la siccité de la Terre noire, avec l'humidité de sa propre Eau, & faites-la cuire jusqu'à ce qu'elle soit renduë blanche. Vous avez ainsi l'Eau & la Terre avec l'Eau blanchie.

QUATRIEME PAROLE

des Philosophes.

LA quatriéme Parole des Philosophes, est l'Eau, laquelle pourra monter par Sublimation, quand elle sera épaissie & coagulée, ou conjointe avec la Terre. Par ce moyen tu as la Terre, l'Eau & l'Air, & c'est ce que Philippus dit dans la Tourbe : Blanchissez-le, & le distilez promptement par le feu, jusqu'à ce qu'il en sorte un Esprit, que vous trouverez en lui, lequel est appellé la *Cendre d'Hermès*. C'est pourquoi Morien dit aussi : Ne méprisez pas la Cendre, car elle est le Diadême de votre cœur, & une Cendre permanente. Et dans le Livre, appellé *Lilium*, il est écrit : Le feu étant augmenté par bon régime & gouvernement, après qu'on est parvenu au *Blanc*, on parvient à la *Cinération*, c'est-à-dire, à la couleur de Cendre, ce qui est nommé Terre calcinée. Ce qui fait que Morien dit encore : Au fond du Vaisseau demeure la Terre calcinée, laquelle est de nature de feu. Et de cette maniére tu as quatre Elémens, à sçavoir l'Eau dissoute en Terre dissoute, & l'Air subtil en Feu calciné. De ces quatre Elémens, dit aussi Aristote, dans son Livre du régime & gouvernement des Princes : Quand tu auras eu l'Eau de l'Air, l'Air du Feu, & le Feu de la Terre, alors tu auras pleinement & parfaitement tout l'Art de Philosophie : Et, comme dit Morien, c'est la fin de la prémiére Composition.

CINQUIEME PAROLE

des Philosophes.

PAssons maintenant à la seconde Composition, qui enseigne le Poids, & qui montre à teindre & à vivifier la prémière Composition. Ce qui fait dire à Calib: Personne n'a pû jusqu'à présent, ni ne pourra par après teindre la Terre feüillée, si ce n'est avec de l'Or. C'est pourquoi Hermès dit : Semez vôtre Or en Terre blanche feüillée, laquelle est faite, par Calcination, de nature de Feu subtil & de nature d'Air. Nous semons donc l'Or dans cette Terre, quand nous y mettons la Teinture d'Or. Mais de soi, ni de sa propre vertu, l'Or ne peut jamais teindre parfaitement un autre Corps, si par Art il n'est rendu parfait lui-même. Ce qui fait que Morien dit: Quoique notre Pierre ait dèja en soi naturellement la Teinture, néanmoins l'Or en corps n'a point de soi de mouvement, si auparavant il ne reçoit une plus grande perfection de l'Art & de certaine Opération. Géber, au Livre des Racines, dit aussi: L'Opération se fait, afin que la Teinture de l'Or soit renduë meilleure & plus parfaite, qu'il n'est parfait lui-même en sa propre nature ; & auſſi, afin qu'il ſoit fait Elixir, ſelon l'Allégorie ou le Langage obſcur des Sages ; qu'il ſoit fait Confiture, compoſée d'eſpéce de Pierre, & qu'il en ſoit fait une Médecine, pour guérir, purger & transformer ou tranſmuer tous Corps en vraie Lune. Mais pour ſçavoir ſi nous avons beſoin du ſeul Or, & non d'autre Corps, écoutons Hermès, qui dit : *A la prémiére Compoſition ſon Pére eſt le Soleil, & ſa Mére eſt la Lune : Le Pére eſt chaud & ſec, engendrant Teinture ; & ſa Mére eſt froide & humide, nourriſſant ce qui a été engendré :* Par cette raiſon le Soleil & la Lune ſont d'eux-mêmes & de leur nature difficiles à fondre ; & quand ils ſont conjoints, ainſi que ſe fait la ſoudure à l'Or, ils ſont alors promptement diſſous. Pour cela Marie dit : Prends le Corps, jette ſur lui le Mercure clair, lequel ne ſe prend ni ne ſe retient que par putréfaction ; Et prends auſſi la Teinture de l'Eſprit, & l'approche du feu juſqu'à ce que tout ſe fonde, & jette auſſi-tôt ſur lui ſa Femme, qui eſt la Lune. Donc, ſi l'un d'eux étoit teint en notre Pierre, jamais la Médecine ne fondroit facilement, ne ſe rendroit pas liquide, & ne donneroit point de Teinture ; mais le Mercure s'enfuiroit & s'en iroit en fumée, parce qu'il n'y auroit point en lui de Corps propre à recevoir la Teinture. Or, le principal Sécret, c'est d'avoir la Médecine avant que le Mercure devienne fugitif par liquéfaction. Il est vrai que la conjonction de ces deux Corps est nécessaire dans notre Oeuvre. Donc, comme dit Géber au Livre parfait de l'Art : C'est le plus précieux des Métaux, parce c'est la Teinture du rouge, transmuant tous Corps ; & d'autant que c'est le Levain que convertit toute la Pâte en sa nature, il convient de le cuire ; c'est l'Ame qui conjoint l'Esprit avec le Corps ; car tout ainsi que le Corps humain sans Ame est mort & immobile, de même le Corps est impur sans le Levain, qui est son Ame ; car le Levain du Corps préparé convertit en sa nature toute la Pâte, & il n'y a point d'autre Levain que les choses appropriées au Soleil & à la Lune, dominant sur toutes les autres Planettes. Semblablement ces deux Corps dominent sur tous les autres Corps, & les convertissent en leur propre nature, & c'est pour cela qu'ils sont appellez *Ferment* ou *Levain*; car sans ce Ferment les Gommes ne peuvent s'amander ni se corriger, comme l'écrit Méridius, en disant : Ceci ne peut s'amander ni se corriger, si auparavant il n'est subtilié par Art & par Opération. Et sur cela Hermès dit : Mon Fils, extraits & attire la propre Ombre des rayons du Soleil, c'eſt-à-dire, la Terreſtréité ou Nature terreſtre. Ainſi, la préparation & ſubtiliation du Ferment ou Levain nous eſt néceſſaire, comme nous pouvons le comprendre par la Similitude d'un Enfant, lequel, quant à ſa création, naît parfait, mais ne peut venir à perfection d'Opération ou de Vie, s'il n'eſt prémiérement alimenté avec un peu de lait, & ſi après on ne lui en donne davantage peu à peu, en augmentant prudemment ſa nourriture. C'eſt ce que nous devons faire à l'égard de notre Pierre. Prends donc, au nom de Dieu, la quatriéme partie du Ferment du Soleil, c'eſt-à-dire, *Une partie de ce Ferment, & trois parties du Corps imparfait, à ſçavoir, de la Lune, & diſſous le Ferment juſqu'à ce qu'il ſoit fait comme Corps imparfait.* Que le Vaiſſeau ſoit bouché éxactement, comme il convient, & que toutes choſes ſoient bien préparées, comme Hermès le recommande, en diſant : Prends au commencement de ton Oeuvre parties récentes & égales de la prémixtion ; mêle le tout enſemble, & le pique ou brûle une fois juſqu'à ce qu'ils ſoient ajuſtez comme par mariage ; & que la Conception ſoit faite en eux dans le fond du Vaiſſeau, & que la Génération de la choſe engendrée ſe faſſe dans l'Air. Ce qui fait que Morien dit : Fais au commencement que la *Lu-*

miére rouge reçoive & prenne la *Fumée blanche*, dans un Vaisseau, par ferme Conjonction, *sans que rien puisse s'en exhaler*.

SIXIEME PAROLE

des Philosophes.

LA sixiéme Parole des Philosophes, est quand tu conjoindras la quatriéme partie du Ferment subtilié, avec trois parties de la Terre blanchie, & qu'après tu viendras à l'imbiber de sa propre Eau comme auparavant, cuis-le souvent, & par réitération, jusqu'à ce que de deux Corps il ne s'en fasse qu'un, sans aucune diversité de Couleurs. A ce sujet Morien dit : Quand le Corps blanc sera calciné, mets dedans la quatriéme partie du Ferment d'Or; car le Ferment, à sçavoir l'Or, est comme le Levain du Pain, qui convertit en sa nature toute la masse de la Pâte. Cuis-le donc dans sa propre Eau jusqu'à ce qu'il soit fait une Chose & un Corps sec. Car, comme dit Marie : Quand l'Air le touchera & frappera, il le congélera, & sera fait un Corps; c'est-là le Sécret. Sçache que quand tu donnes le Ferment à son Corps, c'est son Ame que tu lui donnes. C'est ce que Morien dit aussi : Si tu ne mets & ne pousses le Corps nettoyé jusqu'au fond, si tu ne le rends blanc, & ne mets l'Ame en lui, tu n'as rien appris, & n'entends rien en ce Sécret. Il faut donc faire commixtion du Ferment avec le Corps pur & net, & non pas une avec un Corps sale & impur. Car, comme dit Basius : Ces Corps ne peuvent se recevoir ni se mêler ensemble, s'ils ne sont auparavant bien nettoyez & bien purgez ; parce que le Corps ne reçoit point l'Esprit, ni l'Esprit ne reçoit point le Corps, en sorte que le Spirituel devienne Corporel, & le Corporel Spirituel, si, avant leur commixtion, ils n'ont été bien nettoyez & parfaitement purifiez de toute soüillure & de toute impureté ; mais quand ils sont bien nettoyez & bien purgez, alors l'Esprit embrasse soudainement le Corps, & le Corps embrasse pareillement l'Esprit, & par leur embrassement mutuel, on parvient à une Opération parfaite de l'Oeuvre.

L'Altération se fait ainsi par nature, & ce qui étoit épais & grossier, devient subtil & atténué. C'est ce qu'Ascanius dit aussi dans la Tourbe : l'Esprit ne se joint point au Corps, jusqu'à ce que le Corps soit parfaitement purgé & nettoyé de son immondicité & de ses ordures.

Quant à l'heure de la Conjonction, on voit paroître plusieurs choses miraculeuses. Alors le Corps imparfait, moyennant le Ferment, prend une Couleur ferme & permanente, & ce Ferment est l'Ame du Corps imparfait : Et l'Esprit, par le moyen de l'Ame, s'unit avec le Corps, & se convertit avec lui dans la couleur du Ferment, qui se fait une même chose avec eux. Ce doux Elixir, comme dit Avicéne, se teint avec sa propre Teinture, se plonge & se submerge dans son Huile, & se fixe avec sa Chaux, de laquelle nous avons trouvé l'Eau, telle qu'est l'Argent-vif entre les Minéraux, & son Huile telle qu'est le Soufre ou l'Arsenic; mais, dans les Minéraux, l'Opération se fait encore meilleure, plus abondante & plus subtile. Marie dit aussi de ces Rouës ou Mutations: Il n'y a dans cette Oeuvre que des choses merveilleuses, car il entre en elle quatre Pierres, desquelles un Roi tient le régime & le gouvernement. D'où il est manifeste à celui qui a l'entendement subtil, & qui pése les paroles des Philosophes, que ce qu'ils ont écrit avec tant d'obscurité, se trouve enfin éclairci; car ils disent que notre Pierre est composée de quatre Elémens, & l'ont comparée aux Elémens.

Nous avons montré qu'il y a quatre Elémens dans notre Pierre; car, comme dit Rasis: Toutes choses qui sont sous le Ciel de la Lune, & que le souverain Créateur a créées, participent des quatre Elémens; non pas que ces Elémens soient apparens à la vûë, mais ils sont connus par leurs effets; car la Pierre est une seule Chose, une seule Substance, une Racine, une Nature, comme Hermès nous l'enseigne, en disant: Commence, au nom de Dieu, & connois la nature de notre Pierre, car elle procéde de la Racine de sa Matiére, parce qu'elle est de cette Racine & dans cette Racine, & rien n'entre en elle qui n'ait procédé d'elle, & qui n'en soit sorti. En effet, rien ne convient à une chose que ce qui est plus proche de sa nature, parce que chaque chose aime son semblable. Ce qui fait que Platon dit: C'est une Substance & une Essence, qui ne sont qu'une chose, Chaud & Sec, Froid & Humide; ce qui fait qu'on l'appelle petit Monde, parce que de lui, en lui, avec lui & par lui sont tous les Métaux: Et il est semblable à un Arbre, duquel les Rameaux, les Feüilles, les Fleurs & les Fruits sont de lui, en lui, avec lui & par lui. Il est constant qu'aucune chose ne s'engendre que de son semblable, ou de chose semblable à son Espéce, & qui lui soit homogéne, je veux dire, d'une même nature. Ainsi telle chose n'est qu'une & semblable, & non diverse & divisée; mais les Philosophes ont donné à cette Pierre les noms des choses corporelles de toutes les Espéces. C'est pourquoi, dit Pythagore: Cette Pierre s'appelle de tous noms, laquelle néanmoins n'a qu'un seul nom qui lui soit propre.

Par divers noms s'appelle cette Lune,
Et toutefois sa nature n'est qu'une.

Cette Lune, Ame & Eau, est appellée de plusieurs noms, quoiqu'elle n'en ait qu'un véritable. Mais, comme dit Perrier: Laissez la pluralité des noms obscurs & ténébreux; car ce n'est qu'une Nature, qui surmonte toutes choses, & non point diverses Natures. Véritablement il n'y a qu'une seule Nature, qui se fait germer & multiplier elle-même. C'est pourquoi, comme le dit Diomédes, nous devons entendre, Que Nature ne s'amende, ne se corrige que dans sa nature, dans laquelle nous ne devons introduire aucune chose hétérogéne ou étrangére, qui ne peut l'amender ni la corriger; mais la laisser elle-même, comme je viens de dire, se faire germer & se multiplier, comme nous l'enseigne Marie, en disant: Kibrit blanc & Chaux humide, qui ne sont qu'une Chose & d'une Racine, sont les Racines de cet Art: Et les Philosophes ont appellé ces Choses de plusieurs noms, lesquelles néanmoins ne sont qu'une chose seulement. Ce que Morien confirme, en disant : Je vous dis la vérité, rien n'a tant induit en erreur les nouveaux Philosophes, que la plurité des noms ; mais sçachez que ces noms ne sont que les Couleurs qui paroissent dans la Conjonction ; & ainsi vous n'errerez point dans la voye de l'Oeuvre. Car enfin, quoique les Philosophes ayent multiplié les noms & leurs Sentences, cependant ils n'entendent qu'une chose, qu'une voye, qu'un moyen d'opérer, qu'une démonstration de Couleurs : Et remarquez que cette diversité de Couleurs ne paroît ni ne se montre que dans le tems de la Conjonction de l'Ame avec le Corps. En une fois seulement, dit Morien, le feu renouvelle en lui diverses Couleurs. Les Philosophes ont dit aussi que notre Pierre est composée de Corps, d'Ame & d'Esprit, & ils ont dit la vérité, parce que le Corps, imparfait de soi, est un Corps grave, pesant, informe, malade & mort.

L'Eau, c'est l'Esprit, qui purge, subtilie & blanchit le Corps. Le Ferment, c'est l'Ame, qui donne au Corps imparfait la vie, qu'il n'avoit pas auparavant, & qui lui redonne une meilleure & une plus excellente forme. *Le Corps, c'est Vénus & Femme ; & l'Esprit, c'est Mercure.* C'est pourquoi Morien dit : On ne peut avoir Mercure, si ce n'est des Corps, dissouts par liquéfaction, non point par une liquéfaction vulgaire & commune, mais seulement par celle qui demeure permanente, jusqu'à ce que le Mari & la Femme se soient unis ensemble ; ce qui dure jusqu'au blanc ou blanchissement : Et remarquez que le Corps est entiérement liquéfié & fondu, quand la noirceur paroît dans la Cuisson. Ce qui fait dire à Boellus : Lorsque vous verrez que la noirceur est éminente, & qu'elle commence à paroître sur l'Eau ; sçachez que le Corps est dèja liquéfié & dissout. Cuisez-le dans son Eau avec une chaleur modérée, jusqu'à ce qu'il se desséche avec sa vapeur semblable, & il s'en fera une chose, qui introduira en soi la perfection. Mais l'Esprit convertit à soi le Corps sublimé & pénétré, & à cause de cela on le nomme Eau de vie, Eau permanente & pénétrante. C'est pourquoi, dit Dardarius dans la Tourbe : Mercure, c'est l'Eau permanente, sans laquelle rien ne se fait ; car sa vertu est un Sang spirituel, conjoint avec le Corps, qu'elle change en Esprit par la mixtion qui se fait d'eux ; & étant réduits en un, ils se changent l'un en l'autre ; car le Corps incorpore l'Esprit, & l'Esprit transmuë le Corps en Esprit, le teint & le colore comme Sang ; parce que tout ce qui a Esprit, il a Sang aussi, & le Sang est une humeur spirituelle, qui conforte la Nature :

Nature: Et sçachez que plus le Corps est cuit & trempé ou lavé dans sa propre humeur, plus il paroîtra clair, pur & meilleur. Mais, comme dit Morien : Rien ne peut ôter au Laiton son ombre que l'Azoth, quand il est cuit avec lui jusqu'à ce qu'il le rende coloré, & blanc comme les yeux de poisson ; car pour lors il attend que sa vertu soit transmuée en la nature de son Ferment.

Mais remarquez que le Ferment, c'est l'Eau fixe, qui teint & colore la Pierre, la vivifie, l'embrasse & la retient. C'est pourquoi Marie dit : *Le Corps fixe est de Matière de Saturne*, comprenant digestion & séparation de Teintures & de Couleurs, sans lequel Corps fixe notre Secret ne parvient à aucun effet, jusqu'à ce que le Soleil & la Lune soient conjoints en un Corps ; car, comme dit Euclides, l'artifice de cet Art consiste seulement *au Soleil & au Mercure* ; lesquels étant ajustez & conjoints ensemble, ont une Teinture infinie ; parce que dans l'Oeuvre s'acquiert une Couleur mêlée & répanduë en chose blanche, & se convertit une grande partie du blanc en Couleur citrine ; ce qu'on peut éprouver en jettant du Sang parmi du lait & de l'eau. Or donc, comme le Feu est déja mêlé avec l'Eau, ils seront quatre. Fais ensuite que tout cela ne devienne qu'Un,

& tu parviendras à ce que tu cherches ; car alors un Corps sera fait sur le feu débile & non débile, & la paix sera sur lui ; mais depuis le commencement jusqu'à la fin, la Préparation de ces choses est la loüable Eau fixe ; car elle montre manifestement sa Teinture dans sa Projection : & elle est la Médiatrice, ou la Chose moyenne, entre les Choses contraires, & elle est elle-même le Commencement, le Milieu, & la Fin, ou Chose première, moyenne & finale. Qui entend ceci comprend la Doctrine des Sages.

De plus, quelques Philosophes ont dit : *Si vous ne convertissez les Corps en non Corps, & ne faites que les Choses incorporelles n'ayent Corps, vous n'aurez point trouvé la régle & le chemin de la vérité.* Et si les Philosophes disent la vérité, c'est en cette Opération : *Car prémiérement le Corps se fait & se rend Eau ; en sorte que la Chose corporelle se fait incorporelle, c'est-à-dire, Esprit ; & ensuite dans la Conjonction, l'Esprit, c'est-à-dire l'Eau se fait Corps :* Et à ce sujet, Hermès dit : *Convertis & change les Natures, & tu trouveras ce que tu cherches.* Ce qui est vrai, car en notre Art, nous faisons prémiérement d'une Chose épaisse une Chose subtile ; c'est-à-dire, du Corps nous en faisons de l'Eau ; après quoi d'une Chose humide, nous en faisons une séche; sçavoir, de l'Eau nous en faisons la Terre, & de cette sorte nous changeons & convertissons les Natures; car d'une Chose corporelle nous en faisons une Chose spirituelle, & d'une spirituelle nous en faisons une corporelle. C'est ce que dit le même Hermès: Notre Oeuvre est la conversion & le changement des Corps d'un Estre en un autre Estre, d'une chose en une autre chose, de foiblesse en force, de grosseur & d'épaisseur en ténuité & en mollesse, de corporalité en spiritualité, tout de même que la Semence de l'Homme étant dans la matrice de la Femme, il se fait, par leur conjonction naturelle, muation & changement d'une Chose en une autre Chose, jusqu'à ce que se soit formé l'Homme parfait; car, comme dit Aristote: Toute Génération se fait des Choses convenantes en nature; ce qui est constant, & même dans la Génération des Métaux. Ce qui fait dire aux Philosophes: Ne faites point entrer en lui aucune chose étrangére, ni Poudre, ni Eau, ni autre chose; car s'il y entre quelque chose hétérogéne, & de nature différente, elle le corrompra & le détruira entiérement. Ce que confirme le Roi Aros, en disant: Qu'il ne soit conglutiné qu'avec son noble Soufre, qui lui est semblable, parce qu'il est de lui.

Après quoi, nous faisons que ce qui est

au dessus, est de même que ce qui est au dessous ; c'est-à-dire, que l'Esprit soit fait Corps, & que le Corps soit fait Esprit, comme il est dit au commencement de notre Oeuvre, & comme on le connoît en la Sublimation ; car alors ce qui est dessous est comme ce qui est dessus, & au contraire ; & le tout se convertit en Terre. Et c'est par cette raison qu'Hermès dit : Ce qui est dessus par Sublimation, est comme ce qui est dessous par Descension ; & ce qui est dessous par Constipation, est comme ce qui est dessus par Ascension, pour préparer choses miraculeuses d'un chose.

L'Eau & la Terre sont dans le lieu bas ; l'Air & le Feu montent au lieu haut. L'Eau & la Terre conçoivent & nourrissent ; l'Air & le Feu agissent, ajustent, conjoignent, & ces quatre, dans notre Pierre, conviennent & s'accordent ensemble, comme nous l'enseigne Sénior, en disant que les quatre Elémens sont purifiez en notre Pierre : *Car en elle l'Eau est fixe, l'Air est tranquille, la Terre est ferme, & le Feu environne le tout.* Ces quatre Natures, répugnantes entr'elles, sont dans la Pierre, & sont engendrées par elle. Il est donc manifeste, par ce que nous venons de rapporter, que notre Pierre est composée des quatre Elémens.

Tous les Philosophes ont dit que notre Pierre est des quatre Elémens, qui contiennent Corps, Ame & Esprit; & ils disent, *Que ces trois choses sont d'une Nature & d'une Matiére, & qu'elles sont avec une Eau & une Racine.* Certainement ils disent la vérité; parce toute notre Oeuvre se fait avec notre Eau; & d'elle, en elle, & par elle sont toutes les choses nécessaires : Car elle dissout les Corps, non point par Solution vulgaire & commune, comme les Ignorans pensent que se convertissent en Eau les Nuées fondantes : Mais par une Solution vraiment Philosophique, ils se convertissent en une Eau onctueuse & glutineuse, de laquelle les Corps ont été procréez. Ce qui fait que Socrate dit : La vie de toute Chose c'est l'Eau, car cette Eau fait la Dissolution du Corps & de l'Esprit, & d'une chose morte en fait une vive. C'est le Vinaigre très-fort, & plus aigre que l'aigre même. Cuisez-le jusqu'à ce qu'il se fasse épais; mais prenez bien garde que le Vinaigre ne se convertisse en fumée, & qu'il ne se perde & ne s'évapore tout. De plus, cette même Eau transforme & convertit les Corps en Cendres, les pulvérise & les incére. Ecoutez ce qu'en dit le Roi Martas : *Notre Eau congele les Corps & les rend noirs, & cette Eau lave & nettoye tous Corps, en ôte toute noirceur, teint toute Matiére blanche & la fait rouge.* Elle rend à toutes choses mortes une vie perpétuelle ; & par cette raison elle est estimée & éxaltée : Car entre toutes choses, c'est elle qui fait les plus grandes & les plus merveilleuses Opérations. Morien dit : l'Azoth & le feu blanchissent le Laiton, & en ôte toute obscurité. Le Laiton est un Corps impur & mal net ; mais l'Azoth c'est Mercure. En outre, cette Eau conjoint divers Corps, après qu'ils sont préparez, & cette conjonction est telle, que la chaleur du feu ne peut la surmonter. Cette même Eau fait le mariage entre le Corps & le Ferment ; les change l'un en l'autre, & les défend de la combustion du feu : Car la Terre étant calcinée & blanchie, se fait en s'élevant en haut, & se rend spirituelle & de nature d'Air, au moyen de quoi elle est une chose spirituelle & aërienne, incorruptible & pénétrative. Surquoi Hermès dit : L'Eau de l'Air étant éxistante entre le Ciel & la Terre, c'est la vie de toutes choses, car elle est la Médiatrice entre le Feu & l'Eau par sa chaleur & par son humidité. Par sa chaleur, elle est plus voisine du Feu, & par son humidité, elle est plus prochaine de l'Eau : Ce qui lui fait faire le mariage entre l'Homme & la Femme ; car l'Esprit, par sa subtilité, a de la conformité avec l'Air. L'Eau donc de l'Air vivifie le Mort, fait le mariage, & garantit la Composition de la combustion du feu. Et par cette raison les Philosophes ont dit : Convertis l'Eau en Air, afin que la vie soit faite avec la vie, parce qu'elle est Vie & Esprit quand elle est entrée.

Notre Eau donc sublime les Corps, non par Sublimation vulgaire, comme le pensent les Ignorans, qui croyent que notre Sublimation monte en haut ; au moyen de quoi ils prennent des Corps calcinez, qu'ils mêlent avec des Esprits sublimez ; tels que sont le Soufre, le Mercure, l'Eau, le Sel Ammoniac & l'Arsenic, qu'ils conjoignent ensemble ; en sorte, qu'à force de feu, ils font une telle Sublimation, que les Corps montent en haut avec les Esprits, & disent alors que les Esprits & les Corps sont sublimez, purgez & purifiez de toutes leurs superfluités ; mais ils sont trompez, car après leur Sublimation, ils trouvent le tout plus impur qu'il n'étoit auparavant, parce que l'Art est plus foible que la Nature. Albert le Grand, dans son Livre des Minéraux, dit à ce sujet : Quand les Humeurs étrangéres sont purgées de la substance du Soufre par l'artifice de la Nature, l'Art ne peut les repurger davantage, parce que l'artifice de la Nature, est plus subtil que celui de l'Art. C'est pour cela que notre Sublimation est celle des Philosophes, par laquelle d'une Chose petite & corrompuë, nous en faisons une grande, pure, parfaite & très-excellente. Quand nous disons, celui-ci est monté à une telle Dignité, de même nous disons, les Corps sont sublimez, c'est-à-dire subtiliez & changez en une autre nature. En sorte que sublimer, c'est la même chose que subtilier, ce que notre Eau fait parfaitement. Sur quoi Morien dit : Notre Eau ôte la puanteur du Corps mort, dans lequel il n'y a point d'Ame; & quand cette Eau aura blanchi l'Ame, & l'aura sublimée en gardant le Corps, elle ôte de ce Corps toute mauvaise odeur.

Prenez, dit Alchimédes, la Matière de ses propres Miniéres, & la sublimez en ses hauts lieux : Envoyez-la au plus haut de ses Montagnes, & la réduisez à ses Racines. Donc sublimer, n'est autre chose que subtilier une Matière grosse. Surquoi Hermès dit : Sublime subtilement & ingénieusement, & sépare le subtil de l'épais; car de la Terre elle monte au Ciel, & ensuite redécend en Terre, recevant la vertu supérieure du sublimité, pour pénétrer dans les inférieurs de gravité & de pesanteur, afin d'y demeurer & de s'y arrêter. Entens donc en cette sorte la Sublimation des Philosophes, car en ceci plusieurs se sont trompez.

De plus, notre Eau mortifie les Corps, les vivifie, les améne en Occident, &

après

après les fait retourner en Orient. Elle fait paroître les Couleurs noires dans la mortification, quand ces Corps se convertissent en Terre, par le moyen de la putréfaction. Après cela, plusieurs & diverses Couleurs paroissent avant le blanchissement, la fin desquelles est la blancheur, qui est stable & permanente. Car de même qu'un grain de Froment, étant semé en terre, produit beaucoup d'autres grains, s'il y pourrit & s'y mortifie; & au contraire, qu'il ne produit rien s'il n'y meurt pas: De même aussi les Semences de toutes choses, qui naissent & croissent sur la terre, se changent & se putréfient; & si la corruption se met en elles, aussi-tôt elles germent & se multiplient dans une Semence semblable à celle dont elles ont eu leurs racines & leurs commencemens. Il en arrive le même à notre Eau; elle se nourrit, se putréfie & se corrompt; & germant ensuite, elle ressuscite & se vivifie elle-même. Calib dit à ce sujet: Quand j'ai vû l'Eau se congeler soi-même, j'ai connu que la Science étoit certaine, & j'ai crû par ce signe que le Sécret étoit véritable. Cuisez donc cette Eau avec son Corps, jusqu'à ce que son humidité soit desséchée par le feu; & desséchez-là de cette sorte jusqu'à ce qu'on puisse reconnoître qu'elle a recueilli ses Esprits, & qu'elle aura fait sa demeure dans la Racine de son Elément: Ce qui sera quand tu auras mortifié le Corps blanc & tendre: Alors l'Eau sera spirituelle, ayant pouvoir de convertir les Natures en d'autres Natures; & alors encore, elle vivifiera les Corps morts, en les faisant germer & fructifier.

Au surplus, notre Eau est de diverses & admirables Couleurs, & elles paroissent & se montrent en si grand nombre, qu'il n'est pas possible de le croire ni de le penser. C'est alors que l'Esprit s'ajuste avec le Corps par le moyen de l'Ame. l'Esprit est aussi le lien de l'Ame; & l'Ame extraite & tirée des Corps, est la Teinture de l'Eau. Sur cela Sénior dit: Dans l'Eau est la Teinture des Teinturiers, laquelle Eau s'en va de dessus le Drap par dessèchement, & la Teinture propre y demeure par impression. Il en arrive de même de cette Eau ou Ame, qui apporte la Teinture, & on la met sur la Terre blanche, altérée & feüillée, ou en écume. Hermès appélle cette Eau *l'Eau d'écume d'Or* ou *Fleur de Safran*, parce qu'elle teint la Terre calcinée. C'est pourquoi, dit-il, semez l'Or en Terre blanche feüillée. Delà on procéde à l'Eau spirituelle, & l'Ame demeure avec le Corps, laquelle est la Teinture du Soleil: Cette Ame est comme une fumée subtile, qui ne se montre que par son effet; & son action est une manifestation de Couleurs : Et le feu s'engendre du feu, & se nourrit dans le feu, & il est le fils du feu, & pour cela il faut qu'il retourne au feu, afin qu'il ne craigne point le feu, tout de même que l'Enfant retourne aux mamelles de sa Mére.

Quelques Philosophes ont aussi appellé notre Pierre du nom de Métail blanc. C'est pourquoi Ismindrius & Lucas ont dit dans la Tourbe : Sçachez vous tous, qui cherchez notre Science, qu'il ne se fait de vraie Teinture que de notre Métail blanc, lequel n'est point Métail vulgaire ; car celui-ci gâte & corrompt tout. A quoi il est ajoûté : Mais le Métail des Philosophes blanchit tout ce à quoi il est associé & le rend parfait. Ce qui fait dire à Platon : Tout Or est Métail, mais tout Métail n'est pas Or ; car en nature d'Or, il est presque semblable au Métail par la pesanteur & par la dureté ; & en nature de Métail, il n'est autre chose que ce qui est en nature d'Or par la corruption qui est dans la terre. Mais notre Métail a Esprit, Corps & Ame, & ces trois choses n'en font qu'une ; car Esprit, Corps & Ame ne sont qu'un, d'autant que cette Ame est Esprit par un, d'un, avec un, qui est sa Racine. Le Métail donc des Philosophes, c'est leur Elixir parfait & accompli d'Esprit, de Corps & d'Ame. C'est pour cela que les mêmes Philosophes ont donné différens noms à leur Pierre, afin qu'elle ne fût entenduë que par les Sçavans, & qu'elle fût cachée aux Ignorans ; mais de quelques noms qu'ils l'appellent, & quelques différens qu'ils soient, néanmoins ce n'est qu'une seule & même chose.

Morien dit sur ce sujet : Il y a une Pierre occulte, cachée & ensevelie dans le plus profond d'une Fontaite, vile, abjecte, peu prisée, & elle est couverte de fients & d'excrémens ; & quoiqu'elle ne soit qu'une, on lui donne toute sorte de noms. Surquoi le sage Morien dit ; Cette Pierre, non pierre, est animée, & elle a la vertu de procréer & d'engendrer. Cette Pierre est Oiseau, & non pierre ni oiseau. *Cette Pierre est molle, & prend son commencement, son origine & sa race de Saturne ou de Mars, Soleil ou Venus, & si elle est Mars, Soleil & Venus.* Cette Pierre seule est plus resplandissante & reluisante que toutes autres, même plus que la Lune : car maintenant elle est Argent, & après sera Or, recevant plusieurs Espéces & Formes, comme d'Elément d'Eau, de Vin, de Sang, de Christalin, Lait, Vierge, Sperme ou Semence d'Homme, Vinaigre, Urine d'Enfans, Pierre ou Gomme du Soleil, & sa générale splendeur. L'Orpiment constituë & fait le prémier Elément. Elle est quelquefois nommée la Pierre prédite, la Mer répurgée & purifiée avec son Soufre. En sorte que les Philosophes en changent & varient les noms, parce qu'ils ne veulent point manifester un tel Sécret aux Fous & aux Ignorans, & ils enveloppent ce Sécret sous diverses formes & sous différens noms, afin qu'il n'y ait que les Sages & les Sçavans qui puissent le développer & le comprendre. Le même Morien ajoûte : Notre Pierre est la Confection ou Composition de notre Sécret, & il est semblable en ordre à la Création de l'Homme; Car 1°. se fait la Conjonction. 2°. La Corruption. 3°. L'Imprégnation. 4°. L'Enfantement. 5°. Le Nutriment. Entens & pése bien les paroles de ce Philosophe, & tu ne te fourvoyeras point dans le chemin qui conduit à la Vérité.

Ouvre tes yeux, cher Lecteur, vois & comprens que le Spermé des Philosophes est une Eau vive, & que leur Terre est le Corps *imparfait*; laquelle Terre est nommée *Mére, parce qu'elle contient & comprend tous les Elémens ; & par cette raison, quand le Sperme de Mercure est conjoint avec la Terre du Corps imparfait, alors cela s'appelle la Conjonction ; car dans ce temps-là le Corps de Terre, ou la Terre du Corps imparfait, se dissout en Eau de Sperme, & se fait Eau sans aucune division.* Il est aussi dit dans un autre endroit : La Solution du Corps, & la Congélation de l'Esprit sont deux choses ; mais elles n'ont qu'une Opération, car l'Esprit ne se congéle que par la Dissolution du Corps, & le Corps ne se dissout que par la Congélation de l'Esprit. Et quand le Corps & l'Ame s'ajustent & se conjoignent ensemble, chacun d'eux agit contre son Compagnon en fait semblable. La Terre & l'Eau nous en fournit un exemple ; car quand l'Eau s'ajoûte à la Terre, cette Eau, par son humidité, s'efforce à dissoudre la Terre, & la rendant plus subtile qu'elle n'étoit auparavant, elle l'humecte & se la rend semblable, parce qu'elle est plus subtile que la Terre.

L'Ame fait la même chose dans le Corps, & c'est de cette maniére que l'Eau se rend épaisse avec la Terre, & devient semblable à la Terre, quant à l'épaisseur, parce que la Terre est plus épaisse que l'Eau. Par cette raison on conçoit qu'entre la Solution de la Terre, & la Congélation de l'Esprit, il n'y a point de différence de temps, ni de diversité dans l'Opération, en sorte que l'une se fasse sans l'autre. Or donc comme on ne connoît point de différence de temps, ni de maniére diverse d'opérer, dans la Conjonction de l'Eau avec la Terre ; de même, on ne connoît point de différence de temps, ni de diverse maniére d'opérer, quand la Semence de l'Homme se mêle avec le Sperme de la Femme au moment de leur Conjonction ; ils ne se séparent plus l'un de l'autre, & il n'y a dans l'ordre de la Nature, qu'un But, qu'une Fin, qu'une Voye, qu'une Opération. Le Roi Merlin dit à ce sujet : La Conjonction suppose la Mixtion, & les Semences se mêlent comme le Lait ; ce qu'on remarque lorsque la Mixtion est parfaite, & de cette Mixtion parfaite, il s'ensuit la Génération.

Il faut entendre de ce que nous venons de dire, que quand la Terre se dissout en Poudre noire, & qu'elle commence un peu à retenir du Mercure, il faut entendre, dis-je, que c'est le Mâle qui éxerce son action avec la Fémelle ; c'est-à-dire, l'Azoth avec la Terre. Surquoi Arisléus dit dans la Tourbe : Les Hommes n'engendrent point ensemble, ni les Femmes ne conçoivent point seules ; car la Génération ne se fait que par Mâle & Fémelle ; & Nature ne s'éjoüit que quand les Mâles reçoivent les Fémelles, parce qu'alors se fait Génération, & non en ajoûtant follement aux Natures d'autres Natures étrangéres & dissemblables. Fais donc conjoindre ton Fils Gabertin avec sa sœur Béya, qui est une Fille froide, douce & tendre. Gabertin est le

Mâle, & Béya est la Fémelle, qui amande & corrige Gabertin, parce qu'il est venu d'elle. Et quoique Gabertin soit plus chaud que Béya, néanmoins il ne fait point de Génération sans Béya. Gabertin étant couché avec Béya, il meurt aussi-tôt; car Béya monte sur lui, l'embrasse & l'enferme dans son ventre, en sorte qu'on ne voit plus aucune chose de Gabertin. Béya donc a embrassé Gabertin avec un amour si véhément, qu'elle l'a entiérement conçû & transmué en sa nature, & l'a divisé en diverses parties. Voici ce que dit encore le Roi Merlin: Ce qui étoit dans la Conception comme du Lait, se change & se transmuë en Sang; ce qui étoit blanc se fait noir, & après survient le rouge resplandissant.

L'Imprégnation se fait quand la Terre se blanchit par la prédomination & gouvernement de la Nature. L'Eau mêlée avec la Terre, croît & se multiplie, & la Génération se fait avec augmentation de nouvelle Lignée. Alors il faut laver & nettoyer la Terre noircie, & la blanchir avec la chaleur du feu. Surquoi dit Haly: Prends ce qui est décendu au fond du Vaisseau, & le lave & nettoye bien avec la chaleur du feu, jusqu'à ce que la noirceur en soit ôtée, ainsi que son épaisseur & sa crasse. Fais-en aussi sortir, voler & résoudre toute addition d'humidité jusqu'à ce qu'il devienne comme Chaux très-blanche, sans qu'il paroisse en elle aucune tache ni aucune ordure. Alors la Terre est pure, & propre à recevoir l'Ame. L'Imprégnation, en corroborant & confrontant ce qui a été mué & changé, nous promet, après la Conception, quelque chose d'une plus grande perfection ; & ce qui a été bien purgé & bien nettoyé, se lie ensuite, & se conjoint par une bonne paix.

L'Enfantement arrive quand le Ferment de l'Ame s'ajuste avec le Corps, c'est-à-dire le Corps ou Terre blanchie, en sorte que du Tout il ne se fasse qu'Un, tant en Substance qu'en Couleur. Alors notre Pierre est née & faite, ayant vie perpétuelle : Car alors l'Esprit est conjoint & ajusté avec le Corps par le moyen de l'Ame. C'est la vraie Composition. Ecoutez Haly sur ce point : Ceci, dit-il, se fait avec putréfaction & mariage ; lequel mariage n'est autre chose que mêler le subtil avec l'épais, & ajuster & inférer l'Ame avec le Corps ; & la putréfaction, c'est cuire & rôtir la Terre, & l'arroser jusqu'à ce qu'ils se mêlent ensemble, & que tout ne soit fait qu'Un. Dans ces Matiéres, on ne fait point de diversité, de variété ni de séparation. Alors la Terre, étant mêlée avec l'Eau, elle s'efforcera de retenir ce qui est épais, & le subtil se mettra en devoir de purger l'Ame avec le feu, pour qu'elle puisse l'endurer & le souffrir. De même, l'Esprit, né dans ces Corps, s'efforcera, & désirera être répandu avec eux. Voici ce qu'en dit le Roi Merlin.

La quatriéme Imprégnation,
Par moyen de Corruption,
Fait de l'Enfant production.
A ce qu'est né la vie est donnée;
Et s'il n'est né la vie est déniée.

Le Nutriment se fait quand la Créature, étant hors du ventre, a besoin d'être nourrie. La prémiére nourriture est le Lait, avec une chaleur convenable, afin que ce qui vient de naître soit peu à peu conforté & corroboré, en augmentant la nourriture à proportion de l'accroissement; car plus les Os se fortifient, plus facilement l'Enfant parvient à la jeunesse, & par conséquent à un âge parfait de Substance forte & d'une grande vertu.

Il faut opérer de la même maniére dans notre Oeuvre. Sçachez donc que rien ne peut s'engendrer ou procréer sans chaleur; que la trop grande chaleur gâte & fait périr le Composé; que le Bain trop froid chasse & fait fuir ce qui lui est conjoint, mais, que la chaleur, qui est tempérée, chasse, par sa douceur, les humeurs corromptantes du Corps. Ce qui fait dire à Morien : Ce qui est prémiérement né est mis en lumiére, & ensuite nourri & entretenu. Le Feu surmonte l'Eau, & le Phénix administre & brûle le Nutriment. C'est pour cela que notre Pierre est apppellée le *Fils né*, au sujet duquel il est dit dans la Tourbe : Honnorez votre Roi, qui vient du feu ; couronnez-le d'un Diadême, & l'illuminez jusqu'à ce qu'il parvienne à un âge parfait. Ne le faites ni brûler ni fuïr, par une trop grande chaleur ; car si vous le provoquez par plus de chaleur qu'il ne faut, il vous ôtera son régime & son gouvernement. Son Pére est le Soleil, & sa Mére est la Lune. Le Vent le porte dans son ventre, & la Terre est sa Nourrice. Il est vrai qu'il est nourri de son propre Lait ; c'est-à-dire, du Sperme dont il a été fait dès le commencement : *Soit donc imbibé & attrempé souvent, & bien souvent peu à peu de son Mercure, jusqu'à ce qu'il boive son saoul & à sa suffisance.* Alors, comme dit Haly : Le Corps fait retenir la Teinture, & la Teinture fait paroître la Couleur, & la Couleur fait démontrer la Teinture, dans laquelle est la Lumiére, la Vie & la Nature. Ce qui est le droit & court chemin pour arriver à la perfection de notre

Matiére, même à la fin de notre Art, & à la consommation de notre Oeuvre.

Par tout ce que je viens de rapporter, tu peux, mon cher Lecteur, entendre facilement *les Paroles obscures* des Philosophes, & tu pourras connoître qu'ils s'accordent tous ensemble sur ce point, Qu'il n'y a pas d'autre moyen pour opérer sagement en notre Art que ce que je t'ai déclaré. *Or donc tu as déja la Solution du Corps, & la Réduction d'icelui à sa prémiére Matiére: Ensuite tu as la Conversion d'icelui en Terre: Tu as pareillement le blanchissement de la Terre noire, comme tu as la Subtiliation ou Mutation dans l'Air.* Car alors se fait la Distillation de l'humidité qui est en lui; & ce qui s'éléve & monte de la Terre, se fait de nature d'Air, & la Terre demeure calcinée; & alors est le feu de Nature. Tu auras aussi la commixtion d'Ame, de Corps & d'Esprit tout ensemble; & la conversion ou mutation de l'un en l'autre; d'où le Composé prend une grande augmentation, dont l'utilité est plus excellente qu'on ne peut concevoir, ni comprendre par aucun raisonnement. Ce qui se fait moyennant l'aide du Seigneur, Dispensateur unique de tous Trésors, & de toutes graces; lequel, en Trinité, est un seul Dieu, qui règne dans les Siécles des Siécles. Ainsi soit-il.

LE LIVRE
LE LA
PHILOSOPHIE
NATURELLE
DES METAUX
DE MESSIRE BERNARD,
Comte de la Marche Trévisanne.

PREFACE. (1)

N invoquant le Nom de Dieu, sans lequel nulle aide est faite : car *tout bien vient premier de lui*, & vient à l'Ame de bonne volonté, *& à l'Homme de male volonté & traître*, ja-

---

(1) Le Trévisan ayant écrit ce Livre en François, on n'a pas jugé à propos de corriger son Langage, de peur de donner à ses expressions naïves un Sens, qui auroit pû altérer sa Doctrine. On sera moins scrupuleux à l'égard des autres Ouvrages, qu'il a écrit en Latin.

mais n'y entrera Sapience, ni aide ne lui sera faite.

Afin que tant d'*Inquisiteurs* de cette précieuse Science & vénérable Art, soient réduits de ténébres à lumiére, & qu'ils laissent tant de voyes *transverses*, ausquelles n'y a nul profit, par quelque maniére que ce soit, ni par labeur qu'on y puisse mettre ; moins par tant de dépense que l'on y puisse faire, jamais on n'y trouve profit, ni aucune apparence de vérité. Donc, afin que ce digne Art ne soit tant foulé par les *Décéveurs* & Sophistiques, & que les *Inquisiteurs* goûtent des fruits de cette Science, *appareillez* pour eux & ceux qui sont ses Fils, *& ensuivent le grand chemin que Nature tient en toutes ses Créations, Opérations & Compositions*, & qu'ils puissent être informez, tant en Spéculative, qu'en Pratique, par raison nécessaire & approuvée par vraie expérience que j'ai touchée de mes mains & vûë de mes yeux. Car quatre fois j'ai composé la benoîte Pierre, qui est *vilipendée* par les Ignorans, *cuidant* les uns être impossible, les autres qu'elle soit tant difficile de faire, que jamais nul n'y puisse parvenir ; & plûtôt se *transversent* ès voyes *obliques*, & dépendent leurs biens & ceux d'autrui par les Réceptes & Livres Sophistiques, comme Géber, Archelaüs, Rasis, la Semite d'Albert le Grand, la Tramite d'Aristote, le Canon de Pandecta, la Lumiére de Rasis, l'Epitre de Démophon, & la Somme grande Testutale, & autres infinis Livres *Erratiques*, & errans, faisans dépendre infinies *pécunes* & biens, & à la fin jamais on ne trouve rien en ces Livres. Et aussi tant de Receptes Sophistiques & tant de Régimes pénibles, frais & grands dépens que les Décéveurs font, tant que par tout la benoîte Science est trouvée pour *trousse*. Et les Ignorans en commun vulgaire disent ainsi : Comme ils ayent été trompez, ils veulent tromper les autres, & c'est une sotte raison : Car un Sage désire faire faits & chose, qu'après il aye perpétuelle loüange. Comment donc voudroient-ils mettre mensonges, lesquels ne pourroient être par nulle raison naturelle ? Mais les Ignorans, s'ils n'entendent la prémiére fois un Livre, ils en disent mal, & ne le veulent plus relire ; pourquoi guéres de gens n'y viennent : *Car mieux vaudroit la seule imagination d'une bonne Intelligence de quelconque, mais qu'il connût un peu les Principes de la Nature Métallique*, & plûtôt viendroit à la fin, que par tant de Livres à les lire, sans y prendre goût pour les entendre.

Et pour ce, afin que je puisse faire un bon Traité & brief, & ensuivre la congrégation des Sages, qui ont bien parlé en cette Science; & aussi que par mon Livre les Disciples puissent être bien informez, tant en Théorique qu'en Pratique & en Opération; Je diviserai mon Livre en quatre Parties.

En la prémiére, je veux parler des Inventeurs de cette digne Science, & des Sages qui l'ont euë, comment & selon que je l'ai sçûë.

En la seconde Partie, je parlerai de moi-même, de mon temps, & comment, depuis le commencement jusqu'à la fin, je l'ai sçûë, & comment je fis du tout & par tout, sans aucune envie, les labeurs que j'ai eu en la poursuivant.

En la troisiéme Partie, je veux parler des Principes & Racines des Métaux, & mettre raisons évidentes & philosophales.

En la quatriéme Partie de mon Livre, je veux parler de la Pratique, laquelle je mettrai un peu *Parabolique*; mais non pas tant, qu'en y mettant peine, tu ne l'entendes bien.

Et par les autres Parties tu pourras être instruit merveilleusement: Et si tu n'entens l'Œuvre par mon Livre, vraiement je croi que jamais tu ne viendras à cet Art. Mais ne pense pas l'entendre à la deuxiéme, ni à la troisiéme fois, ni à la dixiéme fois; mais toujours plus l'entendre en le répétant:

répétant : Et je ne dis rien en mon Livre, que je ne prouve par raisons & expériences évidentes ; & aussi par l'autorité des Maîtres, parlans en cet Art & Science très-raisonnablement & par grande raison.

Un Homme y devroit mettre peine & y travailler : Car par cet Art & Science l'on peut éviter toute peine & maudite pauvreté : Car pauvreté tuë non seulement le Corps, mais l'Esprit, & l'Ame, & la vie, & toute force, sens & entendement. Aussi cette Science guérit de toute maladie quelle qu'elle soit, corporelle ou spirituelle, és Hommes subitement ; de sorte que la Nature ait *substantation*. Comme moi-même l'ai, en mon Dieu, expérimenté en plusieurs Ladres, Caduques, Hydropiques, Ethiques, Apoplectiques, Iliaques, Démoniaques, Insensez, & Furimonds, & autres quelconques maladies, qui seroient longues à *narrer*, & pas ne le *cuideroye*, si vû ne l'eusse & fait.

Aussi la devroit-on aimer : Car, par cet Art, on peut avoir tous les autres Arts & Sciences. Il administre les nécessités pour la vie : là où autrement on y a grand peine, & on n'y peut vacquer à l'esprit étudiant. *Item*, Cet Art & Pierre, vraîment composée, orne l'Ame de toutes vertus : Et peut on faire plusieurs aumônes, par lesquelles on peut avoir sainteté & salut de l'Ame, & faire les œuvres de Miséricorde ; comme racheter les Captifs, subvenir les Veuves & pauvres Orfelins, & guérir les pauvres Malades. On y devroit bien prendre peine : Car à étudier en Loix, en Décret, en Théologie, en Médecine, ou apprendre un Art Méchanique, un Homme est bien six ou sept ans : Et en cette précieuse Science, on n'y veut mettre qu'un mois, ou cinq ou six. Hélas ! toutes les autres ne sont rien au regard d'elle. *Elle est tant aisée, que si je te le disois, ou montrois l'Art par effet, à peine le pourrois-tu croire ni entendre, tant est facile ; mais il y a un peu de peine pour entendre nos mots, & d'en sçavoir la vraie intention.*

PREMIERE PARTIE.

Des Inventeurs, qui prémiers trouvérent cet Art précieux.

LE prémier Inventeur de cet Art (comme on lit és Faits de mémoire, & aux Livres des Gestes anciennes, & au Livre Impérial, & en l'Exposition de Clavetus sur la Table d'Emeraude, & és autres Livres) ce fut Hermès le Triple : Car il sçut toute triple Philosophie naturelle, sçavoir

Minérale, Végétale, & Animale : Et pour ce qu'il fut Inventeur de l'Art, nous l'appellons Pére, ainsi comme en tous les Livres de la Turbe, d'Hermès avant Pythagorès en est parlé, que quiconque aura cette Science, il est appellé son Fils. Cet Hermès-ci, fut cettui-là de qui est écrit en la Bible, qui après le Déluge entra en la Vallée d'Ebron, & là trouva sept Tables de Pierre de marbre, & en chacune des sept Tables, étoit imprimé un des sept Arts Libéraux en Principes; & fûrent *insculpées* ces Tables avant le Déluge, par les Sages qui étoient alors. Car ils sçavoient que le Déluge viendroit sur toute la Terre, & que tout y périroit : Et afin que les Arts ne périssent, ils les inculpérent en ces Pierres marbrines. Ledit Hermès seulement trouva lesdites Tables, lesquelles sont le fondement de tous les Arts & Sciences. Et cet Hermès-ci fut devant la Loi ancienne. Mais il y eut *moult* de Gens en ce temps-là qui sçûrent cette Science : Et dit Aros, en son Livre, qu'il écrit au Roi de Messohe, Qu'au temps de la donation de la Loi ancienne au Désert, auprès de la Montagne Sinaï, cette Science fut donnée & révélée à aucuns des Enfans d'Israël, à *décorer* & parfaire l'œuvre du Temple, & l'Arche de l'ancien Testament; comme il est écrit en Ezéchiel le Prophéte, & en Daniel, & au Livre de Joséphus.

Et ainsi l'Oeuvre a été donnée de Dieu à aucuns, comme j'ai dit. Les autres l'ont trouvée comme par nature, sans Révélations ni Livres quelconques, ni Expérience; comme la Phitomée, Rébecca, Salomon, Ambadagésir, & Philippe Macédonien. Mais Hermès, après le Déluge, fut le prémier Inventeur & *Probateur* de cette Science de Philosophie, & trouva lesdites Tables en la Vallée d'Ebron, là où Adam fut mis, étant chassé du Paradis Terrestre. Et après Hermès vint-elle par lui à d'autres infinis. Et ledit Hermès en fit un Livre, qui dit ainsi.

C'est vraie chose & sans mensonge, & très-certaine, que le haut est de la nature du bas, & le montant du descendant. Conjoints-les par un chemin & par une disposition. Le Soleil est le Pére, & la Lune blanche est la Mére, & le Feu est le Gouverneur. Fais le gros subtil, fais le subtil epois, ainsi tu auras la gloire de Dieu. Voici tout ce que dit Hermès en ce Livre là. Ce Livre là est bien brief; mais toutefois ce sont grands mots, & toute l'Oeuvre y est écrite.

Le Roi Calid l'a euë moyennant Bendégid le Ternaire, & son Fils, Aristote,

Platon, & Pythagores, qui est le premier appellé Philosophe, qui fut Disciple d'Hermès, & fit une *Congrégation*, là où il y en a plusieurs qui l'appellent *Le droit Livre du Code de toute vérité*. Car la vérité y est *sauve*, aucune superfluité ni diminution, combien qu'il soit obscur aux Lisans. Aléxandre l'a euë, qui fut Roi de Macédoine, & Disciple d'Aristote. *Item*, Avicenne qui aussi bien en parle, & Galien & Hypocrate. Et en Arabie cette Science a été sçuë de plusieurs, comme du Roi Haly, qui étoit souverain Astrologien, & l'enseigna à Morien, & Morien à Calib, Roi d'Arabie : Et Aros l'a euë, & l'enseigna à Nephandin son Frere; & Saturne à Luncabur & à son Extraction, & à sa Sœur Madéra. Et infinis Gens l'ont euë en Arabie. Plusieurs Gens l'ont euë, & ont fait plusieurs Livres sous paroles méthaphoriques & sous figures, en telle maniére que leurs Livres ne peuvent être entendus, fors que par les Enfans de l'Art. Tellement que je dis bien, Que les Disciples, par tels Livres, sont dévoyez plûtôt qu'addressez à la droite voie ; & la cachent & *musent* plus par leurs Livres qu'ils ne la révélent.

Aussi en France plusieurs l'ont euë, comme l'Escot, Docteur très-subtil, Maître Arnaud de Ville-neuve, Raymond

Lulle, Maître Jean de Meung, l'Hortolan, & le Véridique : Et une grande multitude d'autres par tout l'ont sçuë. Mais voyant par ces Livres tant de damnations & *desespérations*, qui viennent aux Etudians, ai voulu *labourer* pour mieux à mon pouvoir & petit *engin* les pourvoir, afin qu'eux prient Dieu pour moi.

DEUXIEME PARTIE,

Où je mettrai ma peine & dépense depuis le commencement jusqu'à la fin, selon verité.

LE prémier Livre que je lûs fut Rasis, là où j'employai quatre ans de mon temps, & me coûta bien huit cens écus en l'éprouvant ; & puis Géber, qui m'en coûta bien deux mil & plus, & toûjours avois Gens qui m'*aflamboient* pour me détruire. Je vis le Livre d'Archélaus par trois ans, là où je trouvai un Moine, où lui & moi *labourâmes* par trois ans, & ès Livres de Rupescissa, & au Livre de Sacrobosco avec une Eau de vie *rectifiée* trente fois sur la lie, tant qu'en mon Dieu nous la fîmes si forte, que nous ne pouvions trouver *voirre* (verre) qui la souffrît pour en *besoigner*, & y dépendîmes bien trois cens écus.

Après que j'eus paſſé douze ou quinze ans ainſi, que j'eus tant dépendu, & rien trouvé, & que j'eus expérimenté infinis *Receptes*, & de toutes maniéres de Sels, en diſſolvant & congélant, comme Sel commun, Sel armoniac, de Pin, Sarracin, Sel métallique, en diſſoluant & congélant, & calcinant plus de cent fois par bien deux ans : en Alums de Roche, de Glace, de Scaiole, de Plume ; en toutes Marcaſſiſes, en Sang, en Cheveux, en Urine, en Fiente d'Homme, en Sperme, en Animaux, & Végétaux, comme Herbes ; & après en Coperoſes, en Atramens, en Oeufs, en Séparation des Elémens, en Athanor par Alambic & Péllan, par Circulation, par Décoction, par Réverbération, par Aſcenſion & Deſcenſion, Fuſion, Ignition, Elémentation, Rectification, Evaporation, Conjonction, Elévation, Subtiliation, & par Commixtion, & par infinis autres Régimes ſophiſtiques : Et y fus en toutes ces Opérations bien douze ans ; tellement que j'avois bien trente-huit ans, que j'étois après l'extraction du Mercure des Herbes & des Animaux : tant que j'y dépendis, tant par Trompeurs, que par moi, pour les connoître, environ ſix mil écus.

Après, toûjours cherchant, je commençois à perdre courage, mais toûjours je prioiſ Dieu qu'il me donnât grace de parvenir à cette Science. Il advint qu'il vint un *Laï*, Baillif de notre pays, qui voulut faire la Pierre de Sel commun, & le diſſolvoit à l'Air, puis le congéloit au Soleil, & faiſoit des autres choſes beaucoup, qui ſeroient longues à raconter, & en cela nous perſévérâmes un an & demi, & rien ne fîmes, car nous ne beſoignions pas ſur Matiére dûë. Et comme dit la vénérable Turbe, appellée le Code de toute vérité, *On ne peut trouver en la choſe ce qui n'y eſt pas.* Mais, comme il eſt tout clair, au Sel commun n'eſt pas la choſe que nous quérons, & nous vîmes bien par quinze fois que nous recommencions, & n'y voyons nulle altération de ſa nature, & par ainſi nous laiſſâmes cettui Ouvrage.

Et puis nous vîmes des autres, qui faiſoient de très bonne Eau forte pour vouloir diſſoudre très-bon Argent fin, & Cuivre & autres Métaux, & diſſolvoient en un Vaiſſeau Argent fin, & Argent vif en un autre, & tout avec une même Eau & bien violente, & les y laiſſoient par douze mois, & puis prenoient les deux Phiolles, & les mettoient en une; Et alors ils diſoient que c'étoit mariage du Corps & de l'Eſprit. Puis mettoient deſſus cendres chaudes, & faiſoient évaporer la tierce partie de l'Eau forte; & ce qui nous reſtoit, nous le mettions en une Cucurbite triangulaire

triangulaire bien étroite ; & le Vaisseau, nous le mettions au Soleil, & puis à l'Air, tant qu'ils disoient se créer petits *Lapils* cristallins, fondans comme cire, & congélez. Et disoient que c'étoit Pierre au blanc, & que celle du Soleil, ainsi faite, étoit au rouge. Et nous en fîmes en cette maniére jusqu'à vingt-deux Phioles, toutes à demi pleines ; & ils nous en donnérent trois. Et nous tretous attendîmes par cinq ans que ces Pierres cristallines se créassent aux fonds des Phioles ; & à la fin ne trouvâmes rien de notre intention, & ne le ferions jamais : Car (comme dit la vénérable Turbe) *Nous ne voulons rien étrange en notre Pierre ; mais d'elle-même se parfaitelle, & parachéve en son unique Matiére métallique.* Tant que j'avois bien quarante-six ans & plus.

En aprés nous, avec un Docteur Moine de Cisteaux, nommé Maître Geofroi le Leuvrier, voulûmes à son intention faire la Pierre : Car nous sçavions bien que toute autre chose que la seule Pierre étoit fausse, & par ainsi nous ne cherchions que la seule Pierre, & sçavions bien que c'étoit la vérité. Et voici ce que nous fîmes. Nous achetâmes des Oeufs de Geline deux milliers, & nous les cuisîmes en eau, jusqu'à ce qu'ils fussent bien durs ; puis nous séparâmes les cocques à part, & les *aubins*

& les rouges à part, & calcinâmes les coc‑ques jufqu'à ce qu'elles fûffent blanches comme nége; & les *aubins* & les rouges nous les pourrîmes tout par eux en fient de Cheval; & puis les diftillâmes trente fois, & en tirâmes Eau blanche, & puis Huile rouge à part, & finalement nous fî‑mes chofes qui feroient longues à dire, & en la fin nous ne trouvâmes rien de ce que nous demandions, & y perféverâmes deux ans & demi, *à tant* que par *défefpérations* nous laiffâmes tout; car auffi ne befoi‑gnions-nous pas de Matiére dûë. Nous de‑meurâmes, mon Compagnon & moi, & y apprîmes à fublimer les Efprits, & à faire l'Eau forte, diffoudre, diftiller, & féparer les Elémens, & à faire Fourneaux, & Feux de maintes maniéres; & fûmes bien huit ans en ces Opérations.

 Enfin, après vint un Théologien, grand *Clerc*, qui étoit Protonotaire de Bergues, & avec lui nous voulûmes *befoigner*, & faire la Pierre, laquelle il vouloit faire avec feule Coperofe. Et prémier, nous diftil‑lâmes de bon Vinaigre huit fois, puis nous mettions la Coperofe là dedans, prémiére‑ment calcinée par trois mois, puis en ti‑rions & y remettions le Vinaigre, & la Co‑perofe demeuroit au fond, & puis remet‑tions le Vinaigre, puis tirions & remet‑tions, & le faifions ainfi chacun jour quinze fois; tellement que j'en eus les fiévres quartes par quatorze mois, & en *cuidai* mourir; & laissâmes tout par un an, & ne trouvâmes rien ; car nous besoignions sur Matiére *étrange*.

En après, vint un Homme, gentil *Clerc*, & nous dit que le Confesseur de l'Empereur sçavoit de certain la Pierre, lequel on appelloit Maître Henri. Et alors nous allâmes devers lui, & dépendîmes bien deux cens écus avant que d'avoir eu la connoissance de lui : Et brief, par grands moyens & grands Amis, nous eûmes son accointance. Et voici comme il faisoit. Il mettoit Argent fin avec Argent vif, & puis il prenoit du Soufre & de l'Huile d'Olives, & fondoit tout ensemble sur le feu, & le Soufre se fondoit avec l'Huile, & puis le cuisoit, tout à petit feu, dans un Pellican, bien fort lutté de deux doigts d'en haut, tout vêtu de *Lut* fort, & avec un bâton incorporions le tout ensemble ; & notre Matiére jamais ne se vouloit prendre, ni bien mêler. Et quand nous eûmes bien mêlé tout par bien deux mois, nous le mîmes en une Phiole de verre lutée de bonne argille, & puis le desséchâmes, & le mîmes en cendres chaudes par long-temps, & faisions feu tout à l'entour de la Phiole, jusqu'au près de la bouche, & nous disions qu'en quinze jours ou trois semaines, par la vertu du Corps & du Soufre, ils se convertiroient en Argent. Et après le temps de notre Décoction, il mettoit en la Phiole du Plomb, selon qu'il lui sembloit, & fondoit tout à fort feu, & puis le tiroit & faisoit affiner. Alors nous devions trouver notre Argent multiplié de la tierce partie. Et à celle Oeuvre je mis pour ma part dix marcs d'Argent; & les autres y en avoient mis trente-deux marcs; dequoi nous *cuidions* avoir bien cent trente marcs d'Argent ou plus, & fîmes tout affiner, & des trente-deux marcs, que les autres y avoient mis, n'en trouvérent que douze marcs; & moi de mes dix marcs, je n'en eus que quatre. Et ainsi, comme désespérez & *doulents*, laissâmes tout. Et moi qui *cuidois* avoir tout le Sécret, je perdis en tout, pour avoir l'accointance dudit Confesseur, tant en Argent que j'y avois mis, qu'en autres choses, bien quatre cens écus.

Et ainsi je délaissai tout, bien deux mois, que n'en voulois oüir parler; car tous mes Parens me blâmoient & tourmentoient tant, que je ne pouvois boire ni manger, & je devins si maigre & si défiguré, que tout le monde *cuidoit* que je fusse empoisonné. Et bref, je fus encore tant animé & enflambé de besoigner plus que devant mille fois; car je *doulois* mon temps, qui se passoit, & j'avois plus de cinquante-huit ans. Hélas ! je ne besoignois *pas en droite Voye ni Matiére.* Car comme dit Géber : *De quelconques Corps imparfaits, comme Plomb, Etain, Fer, Cuivre, à les mêler avec les Corps parfaits simplement par nature, ils ne s'en font pas plûtôt parfaits* Car les Corps parfaits par nature, ont seulement simple forme parfaite pour leur dégré & nature, & Nature y a seulement *besoigné* quant au prémier dégré de perfection : Et ainsi ils sont comme morts, & ne peuvent rien bailler de leur perfection aux Corps imparfaits, pour deux causes. Prémiérement, car ils demeurent eux-mêmes imparfaits, partant qu'ils n'ont que celle perfection qui leur est nécessaire & requise. Secondement, parce qu'ils ne peuvent mêler ensemble les Principes d'eux ; comme il est écrit au treiziéme Digeste de *Pandecta*, & au Livre de Calib, & au Livre de Géber, & en l'Oeuvre naturelle, & en Maître Daalin, & en Arnaud de Villeneuve ; toutes ces raisons y sont clairement mises. Mais comme il est écrit au *Miroüer* d'Alchimie, & aussi en l'Addresse des Errans, que composa Platon, & en l'Epitre d'Euvral, & aussi au grand Rosaire désiré, & par Euclides en son brief Traité, & aussi en tous les Livres véritables, disans ainsi : *Les Corps vulgaires, que*

Nature seulement en la Miniére a achevé; ils sont morts, & ne peuvent parfaire les Imparfaits; mais si par Art nous les prenions & les parfissions sept ou dix ou douze fois, d'autant teindroient-ils à l'infini; (1) *car alors sont-ils pénétrans, entrans, tingens, & plus que parfaits & vifs, au regard des Vulgaires.* Et par ce, dit Rasis & Aristote, en sa *Lumiére des Lumiéres*, & Aulphanes en son *Pandecte*, & Daniel au 5. Chap. de son Retraicte, *Que notre Or complet est plus que vif. Et que notre Or n'est pas Or vulgaire; ni aussi notre Argent blanc, (qui est toute une chose,) n'est pas Argent vulgaire, car ils sont vifs, & les autres sont morts, & n'ont nulle force.* Et aussi comme on peut appercevoir au Code doré de toute vérité, & en plusieurs autres.

Et par ainsi nous en avons vû & connu plusieurs & infinis besoignans en ces *Amalgamations* & multiplications au blanc & au

---

(1) Le Soleil, la Lune & le Mercure, dit Arnaud de Villeneuve, sont Pierres mortes sur la terre, qui ne font rien que par l'industrie de l'Homme. L'Auteur de l'*Harmonie Chimique*, en interprétant le Sens de ces paroles, dit : Comme nous appellons morts un Homme & une Femme, qui n'engendrent point d'Enfans ; de même nous reputons morts l'Or, l'Argent & le Mercure, tant qu'ils demeurent en leur nature. Mais, quand ils sont conjoints, & qu'ils produisent, alors ils sont dits vifs, parce qu'il n'y a que les choses vives, qui engendrent & qui produisent.

rouge, avec toutes les Matiéres, que vous sçauriez imaginer, & toutes peines, continuations & constances, que je croi qu'il est possible; mais jamais nous ne trouvions notre Or, ni notre Argent multiplié ni du tiers, ni de moitié, ni de nulle partie. Et si avons vû tant de *Blanchissemens & Rubifications*, de *Receptes*, de *Sophistications*, par tant de Païs, tant en Rome, Navarre, Espagne, Turquie, Grece, Aléxandrie, Barbarie, Perse, Messine, en Rhodes, en France, en Ecosse, en la Terre-Sainte, & ses environs; en toute l'Italie, en Allemagne & en Angleterre, & quasi *circuyant* tout le Monde. Mais jamais nous ne trouvions que Gens besoignans de choses Sophistiques & Matiéres herbales, animales, végétables & plantables, & Pierres minérales, Sels, Alums, & Eaux fortes, Distillations & Séparations des Elémens, & Sublimations, Calcinations, Congélations d'Argent-vif par Herbes, Pierres, Eaux, Huiles, Fumiers & Feu, & Vaisseaux très-étranges, & jamais nous ne trouvions Labourans sur Matiére dûë.

Nous en trouvions bien en ces Païs, qui sçavoient bien la Pierre; mais jamais ne pouvions avoir leur accointance. Et par ainsi je dépendis en ces choses, tant cherchant, qu'allant, que pour éprouver, que pour autre chose, bien treize mille écus, & vendis une *Gardienne*, qui me valoit bien huit mille florins d'Allemagne, tant que tous mes Parens me *déboutoient*, & fus en *moult* grande pauvreté, & si n'avois plus guéres d'argent ; aussi j'étois ja vieux de soixante-deux ans & plus : Et encore quelque misére que j'eusse, peine & *souffreté* & *vergoigne*, qu'il me falloit laisser mon Païs ; me confiant toujours en la miséricorde de Dieu, qui jamais ne défaut à ceux qui ont bonne volonté & travaillent, je m'en allai en Rhodes, de peur d'être connu, & là, toûjours je cherchois si je pouvois trouver *nully* qui me pût conforter.

Et un jour trouvai un grand Clerc & Religieux, qu'on disoit qui sçavoit la Pierre, & m'en allai à lui, & par grande peine j'eus son *accointance*, & me coûta beaucoup, & j'empruntai d'un Homme, qui connoissoit les miens, bien huit mille florins. Et voici comme il besoignoit. Il prenoit Or fin très-bien battu, & Argent fin très-bien battu, & les mettoit ensemble avec quatre parties de Mercure sublimé, & tout mettoit en fient de Cheval par bien onze mois, & puis distilloit à très-fort feu, & venoit une Eau, & au fond demeuroit une Terre, que nous calcinâmes à grand feu, & la cuisions par elle en son Vaisseau : Et l'Eau que nous en avions distillée, nous la distillions encore par bien six fois; & toutes Terres qui demeuroient au fond, nous les assemblions avec la prémiére, & ainsi nous distillâmes tant qu'il ne faisoit plus de Terre. Et quand nous eûmes assemblé toutes nos Terres en un Vaisseau, & toutes nos Eaux en un *Urinal*, nous remettions l'Eau petit à petit sur la Terre; mais jamais pour peine que nous y pûssions mettre, la Terre ne vouloit prendre son Eau, mais toûjours l'Eau nageoit par dessus. Et l'y laissâmes bien sept mois, que nous ne vîmes point de Conjonction ni Altération quelconque. Et puis nous fîmes plus grand feu, mais jamais nulle Conjonction ne s'y faisoit, & par ainsi tout fut perdu. Et à cela j'y fus bien trois ans, & y dépendis bien cinq cens écus.

Celui avoit de beaux Livres, c'est à sçavoir le *Grand Rosaire*, & alors quand j'eus été comme désespéré, je m'en allois lire & étudier Maître Arnaud de Villeneuve, & le Livre des Paroles, que composa Marie la Prophétesse, & autre plusieurs, & je regardois & étudiois, & je vis clairement que tout ce que j'avois fait ne valoit rien, & si étudiois bien par huit ans de long en ces Livres, qui étoient bons & beaux, & plains de bonnes raisons philosophales, évidentes & très-bonnes; & connus clairement que toutes mes Oeuvres du temps passé ne valoient rien, & je regardai le Code de toute Vérité, qui dit tant bien: *Nature foi amende en fa nature, & Nature s'éjoüit de fa nature, & Nature furmonte nature, & Nature contient nature.* Et ledit Livre m'inftruifit fort, & me délivra de mes Sophiftications & Ouvrages *errans*, & étudiai avant que de befoigner, & *arguois*, & paffois maintes nuits fans dormir. Car je penfois en moi-même, que par Homme je n'y pouvois parvenir; partant que s'ils le fçavoient, jamais ne le voudroient dire; & s'ils ne le fçavoient, dequoi me ferviroit-il les fréquenter, & tant y dépendre, & mettre tant de temps & de biens, & moi défefpérer; & ainfi je regardai là où plus les Livres s'accordoient; alors je penfois que c'étoit là la vérité: Car ils ne peuvent dire vérité qu'en une chofe. Et par ainfi je trouvai la vérité. Car où plus ils s'accordent, cela étoit la vérité; combien que l'un le nomme en une maniére, & l'autre en un autre; toutefois c'eft tout une Subftance en leurs paroles. Mais je connus que la fauffeté étoit en diverfités, & non point en *accordance*; car fi c'étoit vérité, ils n'y mettroient qu'une Matiére, quelques noms & quelques figures qu'ils baillâffent.

Parquoi, Fils, pour toi ai voulu prendre peine de faire ce Livre, lequel j'ai composé, afin que ne te défefpéres, & que tu ne fois trompé comme moi. Car le plus clair & beau éxemple qui foit; ceft parce qu'on voit à autrui advenir, fe gouverner. Et en mon Dieu, je croi que ceux qui ont écrit paraboliquement & figurativement leurs Livres, en parlant de Cheveux, d'Urine, de Sang, de Sperme, d'Herbes, de Végétables, d'Animaux, de Plantes, & de Pierres & Minéraux, comme font Sels, Alums, & Coperofes, Atramens, Vitriols, Borax, & Magnéfie, & Pierres quelconques, & Eaux; Je croi, dis-je, qu'onques il ne leur coûta guéres, ou qu'ils n'y ont prins guéres de peine, ou qu'ils font trop cruels. Car, au nom de Dieu, moi qui ai eu tant de peine & de labeur, j'ai encore grand pitié, & grande compaffion des Survenans.

Qui donc, par amour fraternelle, croire me voudra, qu'il me croye, car c'eft fon profit, & à moi n'eft que peine; & qui ne me voudra croire *fe ne* reffentira en fes Opérations, & de lui-même fe châtiera, fi par l'éxemple d'autrui il ne veut fe châtier. Ne vous *chaille* de faux Alchimiftes, ni de ceux qui croyent en eux. Car tout ce que par avanture vous pourrez trouver en vos Livres, c'eft qu'ils vous *dévoiront* par leurs *affermes* & faux *facremens*, en difant, quand ils ne fçaventplus que dire: Je l'ai fait,

fait, il est ainsi. Et je dis que si tu ne les fuis, jamais tu ne goûteras de bien. Car ce que les Livres t'octroyent d'un côté, ils te l'ôtent de l'autre par leurs affirmations & sermens. Et en mon Dieu, moi-même, quand j'ai eu cette Science, avant que je l'eusse expérimentée, & mis en œuvre, je l'ai sçûë par Livres bien deux ans avant que je la fisse. Mais comme je vous dis, quand par aucune adventure, venoient à moi ces Trompeurs, ces Larrons *pendables* & détestables, par leurs grands sermens, ils me dévoyoient de la bonne opinion, là où les Livres m'avoient mis, & juroient d'aucunes fois d'aucunes choses qui n'étoient pas vraies, dequoi je sçavois bien le contraire : Car ja en mes folies je l'avois éprouvé : Et par ainsi ne pouvois-je jamais venir à affermer mon opinion, jusqu'à ce que je les laissai du tout, & m'adonnai à étudier toûjours de plus en plus sur cette matiére : Car qui veut apprendre, doit fréquenter les Sages, & non les Trompeurs ; & les Sages, par lesquels on peut apprendre, sont les Livres : *Posé* qu'ils le montrent en étranges noms & paroles obscures : Car sçachez que nul Livre ne déclare en paroles vraies, sinon par *Paraboles*, comme figure. Mais l'Homme y doit aviser & reviser souvent le possible de la Sentence, & regarder les Opérations que Nature adresse en ses Ouvrages.

Parquoi je conclus & me croyez. Laissez Sophistications & tous ceux qui y croyent : Fuyez leurs Sublimations, Conjonctions, Séparations, Congélations, Préparations, Disjonctions, Connéxions, & autres Déceptions. Et se taisent ceux qui afferment autre Teinture que la nôtre, non vraie, ne portant quelque profit. Et se taisent ceux qui vont disant & sermonnant autre Soufre que le nôtre, qui est caché dedans la Magnésie, & qui veulent tirer autre Argent-vif que du Serviteur rouge, & autre Eau que la nôtre, qui est permanente, qui nullement ne se conjoint qu'à sa nature, & ne mouille autre chose, sinon chose qui soit la propre unité de sa nature. Car il n'y a autre Vinaigre que le nôtre, ni autre Régime que le nôtre, ni autres Couleurs que les nôtres, ni autre Sublimation que la nôtre, ni autre Solution que la nôtre, ni autre Putréfaction que la nôtre.

Laissez Alums, Vitriols, Sels & tous Atramens, Borax, Eaux fortes quelconques, Animaux, Bêtes, & tout ce que d'eux peut sortir ; (Cheveux, Sang, Urines, Spermes, Chairs, Oeufs) Pierres & tous Minéraux. Laissez tous Métaux seulets : Car combien que d'eux soit l'entrée, & que notre Matière, par tous les dits des Philosophes, doit être composée de Vif-argent; & Vif-argent n'est en autres choses qu'ès Métaux (comme il appert par Gébert, par le Grand Rosaire, par le Code de toute Vérité, par Platon, par Morien, par Haly, par Calib, par Marie, par Avicenne, par Constantin, par Aléxandre, par Bendegid, Esid, Serapion, par Maître Arnaud de Villeneuve, par Sarne, qui fit le Livre, qui est appellé *Lilium*, par Daniel, par S. Thomas en Bréviloque, par Albert en sa Tramite, par l'Abbréviation de l'Escot, en l'Epitre de Sénecque, qu'il écrit à Aros, Roi d'Arabie & de Hémus, & par Euclides en son septantième Chapitre des Rétractations, & par le Philosophe au troisième des Météores, là où tout clair sans nulle Parabole est dit, *Que les Métaux ne sont autre chose qu'Argent-vif congelé par manière de dégré de décoction;* toutefois ne sont-ils pas notre Pierre, tandis qu'ils demeurent en Forme métallique : car il est impossible qu'une Matière aye deux Formes. Comment donc voulez-vous qu'ils soient la Pierre, qui est une Forme digne moyenne entre Métal & Mercure ; si premier icelle Forme ne lui est ôtée & corrompuë ? Et pour ce, disent Aristote & Démocritus au Livre de la Phisique, au 3. Chapitre des Météores : *Fassent grande chère les Alchimistes ; car ils ne muëront jamais la Forme des*

Métaux, s'il n'y a Réduction faite à leur prémiére Matiére : Et ainſi le diſent tous les Livres parlans de Nature Métallique.

Mais pour avoir entendement que c'eſt-à-dire que les muër & réduire en leur prémier Eſtre, vous devez ſçavoir que la Matiére eſt celle choſe dequoi eſt faite une Forme, ou quelque choſe ; comme la prémiére Matiére de l'Homme eſt le Sperme d'Homme & de Femme. Mais les Ignorans *cuident* entendre ce mot, de Réduction à ſa prémiére Matiére, ainſi, c'eſt à ſçavoir de la réduire, comme ils diſent, ès quatre Elémens. Car les quatre Elémens ſont la prémiére Matiére des choſes créées. Ils diſent vrai que la prémiére Matiére ſont les quatre Elémens ; mais c'eſt-à-dire, ils ſont la prémiére Matiére de la prémiére Matiére ; c'eſt à ſçavoir les Elémens tous quatre, ce ſont les choſes dequoi ſont faits le Soufre & le Vif-argent, leſquels ſont la prémiére Matiére des Métaux. Raiſon pourquoi ? Car les quatre Elémens ſont auſſi bons pour faire un Aſne & un Beüf, comme pour faire les Métaux. Car prémier il faut que les Elémens ſe faſſent par nature Vif-argent & Soufre, devant que les Elémens puiſſent être dits la prémiére Matiére des Métaux. Comme, par exemple, quand un Homme eſt compoſé, il n'eſt pas compoſé des quatre

Elémens, qui sont encore quatre Elémens; mais déja Nature les a transmuez en la prémiére Matiére de l'Homme. Aussi quand Nature a transmué les quatre Elémens en Mercure & Soufre; alors est la prémiére Matiére des Métaux propre. Pourquoi? Car fasse Nature après tout ce qu'elle voudra sur cette Matiére, c'est à sçavoir Mercure & Soufre, ce sera toûjours Forme Métallique. Mais auparavant & durant qu'ils étoient encore quatre Elémens, & que ce n'étoit point encore Argent-vif ni Soufre; Nature eût bien pû faire de ces quatre Elémens un Beuf, une Herbe, ou un Homme, ou quelque autre chose. Ainsi il appert clairement que les quatre Elémens, qu'ils veulent dire, ne sont point la prémiére Matiére des Métaux; mais *Soufre & Vif-argent sont appellez la propre & vraie prémiére Matiére des Métaux.* Et si ce qu'ils disent étoit vrai, il s'ensuivroit que les Hommes, les Métaux, les Herbes, les Plantes, & Bêtes brutes, ce seroit toute une chose, & n'y auroit nulle différence. Car si cela étoit vrai, les Métaux ne seroient que les quatre Elémens: Et ainsi tout seroit une chose, ce qui seroit *concéder* un grand inconvénient. Et par ainsi, il appert clairement que les quatre Elémens demeurans ainsi, ne sont point la prémiére Matiére des Métaux.

Je

Je le veux encore prouver ainsi: Car si ceci étoit vrai, que les quatre Elémens fussent la prémiére Matiére des Métaux, il s'ensuivroit que des Métaux se pourroient faire les Hommes: car les Hommes ne sont faits que des quatre Elémens. Et par ainsi, il s'ensuivroit que d'une chose, se pourroit faire chacune chose, & l'un semblable n'engendreroit point son semblable, non plus que le Métal; car tout ne seroit que les quatre Elémens. Et comme vous sçavez, toutes choses se font des quatre Elémens. Ainsi il ne faudroit point de Génération, ni de Semence propre, & n'y auroit nulle différence quand tout seroit fait des quatre Elémens, & tout seroit une Substance. Exemple. Le Sperme de l'Homme a part, & celui de la Femme a part, ce ne sont point la prémiére Matiére de l'Enfant, parce que Nature en peut bien faire autre chose, durant qu'ils sont ainsi à part; comme les convertir en Matiére vermineuse. Mais quand une fois ils sont conjoints & unis ensemble en leurs vertus, si que l'un a en soi la vertu de l'autre, & l'autre pareillement la sienne: Alors Nature ne peut faire autre chose qu'icelle Forme de l'Enfant: Car c'est la fin d'icelle Matiére, & n'a autre fin. A donc cette spermatique union s'appelle prémiére Matiére: car après que cette Matiére est faite, Nature, besoignant sur icelle, ne fait que la Forme d'un Enfant : Et Nature ne peut donner autre Forme à la Matiére sur laquelle elle besoigne, que la chose à laquelle icelle Matiére est inclinée & disposée, & est toute sa fin : Et ainsi donc, cette spermatique union faite, Nature besoignant, ne lui peut donner autre Forme qu'Humaine; & cette Matiére n'est disposée & n'a puissance de recevoir autre Forme que celle-là. Exemple gros pour les Ignorans. Quand un Homme veut aller à quelque chemin, & il est en un carrefour, il n'est point encore au propre chemin du lieu où il veut aller, plûtôt qu'en un autre; mais quand une fois il est au sentier qui s'adresse au chemin, fasse après ce qu'il voudra, continuant toûjours le droit chemin, il viendra là.

Ainsi il appert clairement que chacune chose à sa propre Voye & sa propre Matiére dequoi elle se fait, & non pas que chacune chose se fasse de chacune Matiére.

Item. Si ceci étoit vrai, il ne faudroit ja ni Ciel, ni clarté : Car les quatre Elémens jamais ne mûroient leur nature, & tout seroit toûjours une chose, qui est une chose erronée.

Item. Il appert clairement après, par expérience, que chacune chose a sa chose semblable, dequoi elle se fait naturellement,

& ne s'en peut faire autre chose. Comme pour faire un Cheval, il faut nature chevaline *muée* en Sperme, uni de deux Matiéres contraires ; toutefois d'un Genre *chevalin*. Et pour faire un Homme, Nature ne prend point nature *chevaline* principalement : Car chacune chose a sa principale Semence, dequoi elle se fait & se multiplie d'elle-même, & non pas autrement.

Item. Ceci appert : Car en la Création de l'Homme, Dieu fit l'Homme & puis la Femme, & leur dit : Faites de vos Substances semblables à vous. Puis dit des autres qu'il avoit faites : Apporte chacune son fruit, & se multiplie, & fasse son semblable. Car si d'une chose eût pû tout être fait, Dieu n'eût pas tant fait de choses ; mais il en a fait de chacune sorte, afin que chacun fît son semblable. *Item.* Dieu même en la Bible ne dit-il pas à Noé devant le Déluge : *Fais une Arche longue & large, & y mets de chacun Animal une paire, à sçavoir Mâle & Fémelle ; afin qu'après notre ire passée, chacun multiple selon son Genre*, & non autrement. Ainsi donc, tu vois clairement que chacune chose requiert son semblable, pour être faite & engendrée : Car ainsi a créé Dieu les Racines des Créatures diverses, afin que chacune multipliât sa Substance.

Or, je te veux prouver mon propos par les autorités des Philosophes : car l'Escot dit clairement Qu'*Argent-vif coagulé, & Argent-vif Sulphureux, ce font la prémiére Matiére des Métaux.* Item. En la Turbe, un appellé Noscus, lequel fut Roi d'Albanie, dit ainsi : *Sçachez que d'Homme ne vient qu'Homme ; de Volatil que Volatil, ni de Bête brute que Bête brute, & que Nature ne s'aménde qu'en sa Nature, & non point en autre.* Pareillement, dit Maître Jean de Méun, en son Testament : *Chacun Arbre porte son fruit ; un Poirier, des poires ; un Grénadier, des grénades ; & ainsi le Métal fait & multiplie le Metal, & non autre chose.*

Item. Géber dit en sa Somme, lequel Géber parle dûment en aucuns lieux ; combien que tout son Livre soit Sophistique & Erronneux : *Nous avons tout expérimenté, & par raisons spectables ; mais nous n'avons ni ne sçaurions trouver chose demeurante, ni stante, ni permanante, que la seule Humidité visqueuse, laquelle est la Racine de tous les Métaux : car toutes les autres Humidités, par le feu légérement s'en vont, & s'évaporent, & se séparent l'un Elément de l'autre ; comme l'Eau par le feu, l'une partie s'en ira en fumée, l'autre en Eau, & l'autre en Terre demeurant au fond du Vaisseau. Et ainsi se séparent les Elémens de* toutes choses : car ils ne sont pas bien unis en homogénéation, & quelque petit feu que vous fassiez, quelque chose que vous y mettiez, se consumera & se séparera de sa naturelle Composition. Mais l'Humidité visqueuse, c'est à sçavoir Mercure, jamais ne s'y consume, ne se sépare de sa Terre, ni de son autre Elément : car ou tout demeure, ou tout s'en va, & chose quelle qu'elle soit ne s'y diminuë du poids. Et ainsi par ces mots exprès conclut Géber, Que pour cette digne Pierre, ne faut que cette seule Substance de Mercure, par Art très-bien mondifiée, pénétrante, tingente, stante à la bataille du feu, ne se permettant en parties diverses séparer; ains toûjours se tenant en sa seule Essence de Mercuriosité. A donc, dit-il, c'est chose qui se conjoint au profond radical des Métaux, & corrompt leur Forme imparfaite, & leur introduit une autre Forme selon la vertu de l'Elixir ou Médecine tingente, selon sa couleur. Item. Aros, le grand Roi, qui fut très-grand Clerc, dit : Notre Médecine est faite de deux choses, étant d'une Essence, c'est à sçavoir de l'union Mercuriale fixe & non fixe, Spirituelle & Corporelle, Froide & Humide, Chaude & Séche, & d'autre chose ne se peut faire. Car l'Engin de l'Art n'introduit rien de nouvel en Nature en sa Racine ; mais l'Art aidé par Nature dûment en l'enseignant :

& Nature aidée par l'Art en lui parachevant ses désirs profonds, en toute intention de bon Ouvrier. Item, Morien dit : *Mélez & jettez la Médecine dessus les Corps diminuez de perfection*, & dit *Que ce n'est autre chose qu'Argent-vif, par Art exalté sur l'Argent-vif imparfait.* Et ainsi ils montrent clairement que ce n'est autre chose qu'Argent-vif. Item, Maître Arnaud de Villeneuve dit : *Toute ton intention soit à digérer & cuire la Substance Mercurieuse, & selon sa dignité, elle dignifiera les Corps ; qui ne sont autres choses que Substance Mercurieuse décuite.*

Il se pourroit prouver par infinies raisons que le *Mercure double est la seule Matiére prochaine prémière des Métaux*, non pas les quatre Elémens. Et je l'ai voulu prouver, pour faire taire une multitude d'Errans, qui, pour confirmer leurs erreurs, afferment les quatre Elémens être la prémière Matiére des Métaux.

Mais on pourroit aussi *arguer* & opposer contre moi toute ma Réponse. Et bien, diront-ils, nous réduisons les quatre Elémens après par notre Art en Mercure & en Soufre, qui sont la prémière Matiére des Métaux : Et par ainsi, ils auront mieux valu d'être réduits à cette simplicité & subtilité des quatre Elémens, que d'être seulement réduits en leur prémière & prochaîne Matiére ; c'est à sçavoir en seule Substance Mercurielle.

Or, je veux prouver que ceci est *Erronné* & faux, par plusieurs raisons évidentes, afin que du tout je leur *cloüe* la bouche, & leur fasse faire fin à leur mauvaise intention; & qu'on ne die pas que je corrige les autres de ma volonté, mais par bonne raison.

Je te dis donc que si cela étoit vrai, il ne faudroit point qu'il y eût aucune Nature. Pourquoi ? Car l'Art feroit les Spermes de toutes choses, & feroit Hommes des Elémens seulement, sans autre Nature, & sans altération. Il feroit les Principes des Compositions; laquelle chose est contre tout bon entendement : car Nature produit & a produit la Matiére, dequoi après l'Art lui aide. Il s'ensuivroit donc qu'un Médecin par son Art, ou par Herbes feroit ressusciter un Mort; ou qu'un Homme, qui seroit mourant, il le guériroit. Ce qui est contre le dire d'Avicenne & de Rasis, là où ils disent ainsi : *Médecine est seulement aidante à Nature: car si Nature n'y est, elle ne peut avoir effet.* Aussi un Laxatif mis en un Corps mort, ne lâche point : car il n'est point adressé par Nature. Et comme dit Hippocrate dans ses Aphorismes : *Art présuppose une chose par seule Nature créée, & y fait lors aide, &*

Art aide cette Nature, & Nature l'Art. Ce qu'Hippocrate montre clairement ; lequel Hippocrate ès Principes naturels fut plus divin, qu'humain, & comme Ange spirituel sans corps. Il appert donc qu'il faut qu'Art, en besoignant, aye une Matière, laquelle aye déja été par Nature, & non pas par Art : Et si elle étoit par Art, la Nature n'y seroit requise, car ce seroit ja son ouvrage, & elle n'y mettroit rien de nouveau. Ainsi appert-il clairement que Nature d'elle-même fait les natures spermatiques & les crée ; puis l'Art, besoignant par dessus, les conjoint en suivant la fin & l'intention spermatique naturelle, sur laquelle il besogne, & non autrement.

Je le veux encore prouver par autre raison. Car quand ils seroient réduits, s'il étoit possible, en quatre Elémens ; ne faut-il pas que ces quatre Elémens se réduisent après encore une fois en Mercure & Soufre, qui sont la prémière Matière des Métaux, comme j'ai dit, & déja prouvé ? Ainsi il te faudroit prémièrement réduire les Corps en Argent-vif & en Soufre, & puis cet Argent-vif-ci & ce Soufre, en quatre Elémens : puis encore ces quatre Elémens, en Soufre & en Argent-vif ; à celle fin que tu en puisses faire nature métallique ; ce que seroit grande folie de le faire.

faire. Car puisque tout n'est qu'une même chose & une Substance, & qu'il n'acquiert point une nouvelle Nature, ni Matiére, par cette réduction; ains qu'il n'y a toûjours seulement que ce qui y étoit de prémier; déquoi lui servent tant de réductions? Car autant de Substance y avoit-il durant qu'ils étoient en forme de Sperme, de Vif-argent, & de Soufre, comme après qu'il est réduit ès quatre Elémens, & n'acquiert rien de nouveau, ni en vertu, ni en poids, ni en quantité, ni en qualité. Raison, car il n'y a nulle Matiére nouvellement conjointe qui la *dignifiât*, ni qu'entre eux ils *s'éxaucent*; mais toûjours n'est-ce qu'une seule Matiére menée çà & là, sans point d'adition; & par ainsi elle vaut autant en forme de Sperme propre, comme en forme des quatre Elémens.

Mais si tu opposois de notre Pierre, en disant qu'aussi bien elle n'acquiert rien. Je te dis que si fait : car nous la réduisons, afin qu'en icelle Réduction se fasse Conjonction de nouvelle Matiére d'une même Racine; & sans cette Réduction ne se peut faire : Mais il y a addition de Matiére. Ainsi de ces deux Matiéres l'une aide à l'autre, pour faire une Matiére plus digne qu'elles n'étoient, quand elles étoient toutes seules à part. Et ainsi il appert clairement que notre Réduction est requise : car par elle les Matiéres prennent nouvelle forme & vertu, & s'y met Matiére nouvelle : Mais en telles Réductions, comme ils disent, il ne s'y met point davantage nulle Matiére nouvelle, pour quelque chose qu'ils fassent : car ce n'est autre chose ce qu'ils font, que *circuir* une Matiére nuë de Forme, sans rien *innover* ni *exalter*, par nulle acquisition de Matiére ni de Forme. Et par ainsi il appert clairement que leurs Réductions ne sont que fantaisies folles & erronnées.

Item. Je le veux prouver par Maître Guillaume le Parisien, un très-grand *Clerc*, qui fut sage en cette Science, & en touche bien à propos, & dit ainsi. *En la création de l'Enfant, il y a prémiérement commixtion de deux Spermes différents en qualité, l'une froide & moite, & l'autre chaude & séche, dans le Vaisseau maternel ; & la chaleur de la Mère, digérant & mixtionant les vertus des deux Spermes, & augmentant leur vertu par sanguine Humidité, qui est de la Substance dequoi est le Sperme féminin, l'augmentant en grossissant & actisant la vertu active du Sperme masculin, & le nourrit jusqu'à ce que parfaitement soit faite moyenne Substance, tenant de la nature des deux totalement, sans diminution ni superfluité.* Et comme il dit expressément : *Nature crée les Spermes, & non pas l'Art. Car l'Art ne sçauroit, mais après l'Art les met au ventre maternel. Et comme il dit : Il y a bien Art aidant Nature à les mêler, comme se tenir chaudement, gueres ne se mouvoir, manger choses bonnes & de legere digestion. Mais Art ne fait qu'aider Nature, en besoignes jà faites par Nature même. Et depuis il dit : Ainsi semblablement en notre Art. Art ne sçauroit créer les Spermes de lui seul. Mais quand Nature les a créez, adonc Art, avec la vertu naturelle, qui est dedans les Matiéres Spermatiques jà creées, les conjoint comme Ministre de Nature. Car il est clair qu'Art n'y met rien de Forme, ni de Matiére, ni de vertu ; mais seulement il aide de ce qui est, & n'est pas fait. Et toutefois y est-il avec Nature & l'aide.*

Ainsi appert-il clairement par ce notable Personnage, qui est le Chef des Ecoles de Paris, que Nature crée les Matiéres, & non pas l'Art. Mais après, quand elles sont créées, l'Art les fait être & conjoindre avec la vertu naturelle, qui est la Cause principale, & l'Art est la Cause seconde de cette chose. Et ainsi notez bien qu'Art ne fait rien sans Nature. Car assez pourra un Homme semer & labourer la terre, avant qu'il en recueille aucun bien, si prémier n'y a Matiére que Nature aye créée ; c'est à sçavoir le Grain de Froment, & par ainsi l'Art est aidé de Nature, & Nature de l'Art. Et par ce il appert très-clairement qu'Art ne sçauroit créer les Spermes ni les Matières des Métaux : Mais Nature les crée, & puis l'Art *administre* : Et par ce, peux-tu voir, que ni l'Homme ni son Art, ne sçauroient réduire les quatre Elémens en Forme Spermatique réductive, altérative ni attractive, à cette fin tendante & *disponente* à recevoir action ni Forme.

Et si tu m'arguës que les Philosophes disent qu'en notre Oeuvre, il faut qu'il y ait les quatre Elémens : Je te dis qu'ils entendent que dans les deux Spermes sont les quatre Qualités des quatre Elémens ; c'est à sçavoir, Chaud & Sec, qui sont Air & Feu, en l'Argent-vif mûr, qui est le Sperme masculin ; & Froid & Humide en l'Argent-vif crud & imparfait, quant à la fin, qui sont Terre & Eau, dans le Sperme féminin. Non pas qu'actuellement soyent quatre choses Elémentales séparées, comme sont les quatre Elémens que nous voyons. Car ils ne seroient plus Matière première des Métaux, ni aussi Art humain ne les sçauroit altérer, pour en faire les deux Spermes Métalliques, qui sont la première Matière des Métaux. Comme dit ceci expressément & tout clair Calib Philosophe, qui fut Roi d'Albanie, en cette façon-ci : Sçachez qu'au commencement de notre Oeuvre, nous n'avons à besoigner que de deux Matieres seulement. On n'y voit que deux, on n'y touche que deux, aussi n'entrent que deux ni au commencement, ni au milieu, ni à la fin. Mais en ces deux, les quatre Qualités y sont virtuelles. Car au majeur Sperme, comme au plus digne, les deux plus dignes Elémens y sont en Qualité, qui sont *Feu & Air* : & à l'autre Sperme, qui est crud & imparfait en sa nature, sont les deux autres Qualités, & les deux autres Elémens imparfaits, & moins dignes, qui sont *Eau & Terre*.

Ainsi par ce Calib ci peux tu voir clairement qu'en cet Art il n'y a que deux Matieres Spermatiques d'une même Racine, Substance & Essence ; c'est à sçavoir, de seule Substance Mercurielle visqueuse & séche, qui ne se joint à chose qui soit en ce Monde, fors au Corps.

Item, Cela même dit tout clair Morien en son Livre, disant : *Faites le dur aquatique, à celle fin que l'Eau se conjoigne à lui : & scellez le Feu dedans l'Eau froide*. C'est-à-dire, conjoints le Sperme masculin, qui n'est autre chose que Mercure cuit & mûr, qui tient en lui en digestion l'Elément du Feu ; & le mêle dedans le Sperme féminin, c'est-à-dire, l'Eau vive.

Et à ce propos dit Isudrius en la Turbe :

Mêles l'Eau avec le Feu, & adonc est-ce une Spermatique Union, & est en puissance très prochaine de recevoir & venir à la perfection de la Pierre très-noble. Même dedans le même Livre, qui est le Code de toute vérité, dit un Philosophe nommé *Atesimalef*. Mets l'Homme rouge avec sa Femme blanche en une Chambre ronde, circuis de feu d'écorce, avec une chaleur continuelle, & les y laisse tant que soit faite Conjonction de l'Homme en Eau Philosophale, mais non pas vulgaire; c'est-à-dire, en Eau tenant tout ce qui est requis à sa perfection; qui est alors la première Matière de la Pierre, & non autrement. Car elle a en soi la nature du fixe, qui la fixe, & la nature spirituelle, & digne Substance de Pierre très-noble. Briévement sçachez que tous les Philosophes, pour qui bien les entend, sont tous *concordans*. Mais ceux qui sont Ignorans, & ne sont point les Enfans de la Science, les trouvent différens.

Maintenant je t'ai prouvé & parlé de la prémière Matière des Métaux, & j'ai dit que c'est *Mercure & Soufre*: Mais afin que nous procédions en notre Livre au profit des Auditeurs, & qu'ils ne passent pas sans sçavoir ce que c'est-à-dire Mercure & Soufre, & qu'elle chose c'est; je le dirai en la *subséquente* troisième Partie de mon Livre, & comment en la Terre sont créez les Métaux, & de leurs différences, par raisons nécessaires & par autorités de mes Magistrats les Philosophes, desquels je l'ai appris & sçû par la volonté de DIEU mon Créateur.

TROISIEME PARTIE,

Où il est traité des Principes & Racines des Métaux, par raisons évidentes & philosophales.

POUR avoir entendement de cette Matière, il faut prémièrement sçavoir, Que Dieu fit au commencement une Matière confuse & inordonnée sans nul ordre, laquelle étoit pleine, par la volonté de Dieu, de plusieurs Matières. Et d'icelle il en tira les quatre Elémens, desquels il en fit Bêtes & Créatures diverses, en les mêlant. Et aucunes Créatures il a fait Intellectives, les autres Sensitives, les autres Végétatives, & les autres Minérales. Les Intellectives & les Sensitives sont créées des quatre Elémens ; mais le Feu & l'Air y ont plus de domination que les autres : toutefois dans les Sensitives le Feu y est abaissé, pource que l'Air est aussi bien *Seigneur* en cette chose-là, comme lui, comme sont les Bêtes brutes, Chevaux,

Asnes, Oiseaux, & toutes Créatures Sensitives. Les autres sont créées des quatre Elémens, qui s'appellent Créatures Végétatives, lesquelles croissent & s'alimentent, & ont vie; mais elles n'ont point de Sens, ni d'entendement, & celles-là sont composées de l'Air & de l'Eau, qui y ont domination; mais dès-jà l'Air y est abaissé de sa dignité par l'Eau, & l'Eau par une seule Substance terrestre vaporeuse. Et ainsi sont après les Minéraux, lesquels sont créez de Terre & d'Eau; mais la dignité de l'Eau est plus terreuse qu'aquatique. Et en ces Minéraux y a diverses Formes, & jamais ne se peuvent multiplier, sinon par Réduction à leur premiére Matiére.

Les autres Créatures, devant dites, ont leurs Semences, esquelles est toute la vertu multiplicative, & toute la perfection finale de la Chose composée : mais la Matiére Métallique se fait de seul Mercure froid & moite crud. Néanmoins, comme j'ai dit, toutes Choses ont les quatre Elémens. Aussi, dans le Mercure, qui est és veines de la Terre, y a les quatre Elémens ; c'est à sçavoir, Chaud & Humide ; Froid & Sec : Mais les deux ont domination, c'est à sçavoir, Froid & Humide, & le Chaud & le Sec sont *sujets*. Ainsi, quand la chaleur du Mouvement Céleste pénétre tout à l'entour de la Terre dedans ſes veines ; la chaleur d'icelui Mouvement Céleſte, qui eſt dedans leſdites veines de la Terre, y eſt tant petite, qu'elle eſt imperceptible ; mais y eſt continuée. Car, *poſé* qu'il ſoit nuit, la chaleur naturelle ne laiſſe pas d'y être : & icelle chaleur ne vient pas du Soleil, ains vient de la Réfléxion de la Sphére du Feu, qui *circuit* l'Air, & auſſi du Mouvement continuel des Corps Céleſtes, qui font chaleur continuelle tant lente, qu'à peine ſe peut ſeulement imaginer ni entendre. Et ſi le Soleil étoit cauſe de la chaleur minérale, comme diſent Raymond-Lulle & Ariſtote, encore ſeroit-ce toujours chaleur continuelle ; car la Terre eſt environnée par le Soleil jour & nuit. Mais cette opinion, quoi que diſent Raymond-Lulle & Ariſtote, eſt fauſſe & erronée. Car le Soleil n'eſt ni chaud ni froid ; mais ſon mouvement eſt naturellement chaud.

A donc cette chaleur, menée par le Mouvement des Corps Céleſtes, va continuellement ès veines de la Terre ; non pas qu'elle échauffe, comme *cuident* aucuns Fous, qu'elle faſſe, diſent-ils, la Mine chaude : Car ſi elle étoit chaude, quelque petite chaleur active qu'il y eût, elle ne mettroit point dix ans à cuire en perfection de Soleil le Mercure, lequel y eſt plus de ſix cens ans ; ainſi comme il eſt tout clair. Car la Terre est froide & séche, & les Miniéres sont au centre de la Terre. Il faudroit donc, avant que la chaleur passât aux Miniéres de la Terre, *si qu'elles eussent* & sentissent réelement la chaleur du Soleil, tant petite qu'elle fût; que nous qui sommes à l'Air mourussions de chaleur que nous aurions: pour ce qu'il faudroit qu'elle fût fort véhémente, pour passer l'Eau & la Terre, pour aller és Lieux Minéraux : car la froideur de l'Eau & l'épaisseur de la Terre la tûroient si elle n'étoit forte. Et par ainsi nulle Bête ni Créature ne vivroit dessus la Terre, si ce qu'ils disent étoit vrai.

Mais ceci se doit entendre naturellement, parce que lesdits Minéraux sont composez des quatre Élémens, c'est à sçavoir le Mercure. Quand les Élémens se meuvent & échauffent le Mercure, cette Motion fait la naturelle chaleur. Et ainsi le Feu, qui est dedans le Mercure, & l'Air se meuvent & s'élévent petit à petit : Car ils sont plus dignes Élémens que n'est l'Eau & la Terre du Mercure : mais toutefois l'Humidité & la Froideur dominent. Et pour ce que la chaleur & sécheresse sont plus dignes Élémens, ils veulent vaincre les autres; c'est à sçavoir la Froideur & l'Humidité qui dominent au Mercure; pour ce que le naturel Mouvement & chaleur causée des Mouvemens des Corps Célestes, meuvent aussi les Mouvemens du Mercure; c'est-à-dire, ses Qualités. Et par long-temps prémier la Sécheresse du Mercure vainc un dégré de son Humidité, & se fait Plomb. Et puis après elle vainc encore un autre dégré, & se fait Étain. Et puis la chaleur du Mercure commence à consommer un peu de l'Humidité & de la Froideur, & se fait Lune. Et puis la chaleur encore plus domine, & se fait Airain. Et puis Fer, & Soleil parfait. Et ainsi les deux Qualités, devant dites, qui souloient être succombées par Froideur & Moiteur, maintenant consomment & succombent les autres, & la Chaleur & Sécheresse dominent. Et ces deux Qualités, qui au prémier succomboient, c'est à sçavoir Chaud & Sec, quand ils commencent à soi réveiller, *c'est le Soufre*. Et la Froideur & Humidité du même Mercure, *c'est Mercure*. Ainsi le faut-il entendre, c'est à sçavoir, que le Soufre n'est point une chose qui soit divisée du Vif-argent ni séparée; mais est seulement celle Chaleur & Sécheresse, qui ne dominent point à la Froideur & Humidité du Mercure, lequel Soufre, après digéré, domine les deux autres Qualités, c'est-à-dire Froideur & Moiteur, & y imprime ses vertus. Et par ces divers dégrés de Décoctions, se font les diversités des Métaux.

Et à l'expérience, regarde le Plomb; il est volatil par un feu continué; car les deux Qualités, c'est à sçavoir le Froid & le Moite du Mercure, n'ont encore été *autres* par le Chaud & le Sec : & le Chaud & le Sec ne dominent en nulle manière. Et s'ils dominoient, ils ne s'en iroient point en aucune manière de dessus le feu le plus fort du monde. Car le Mercure ne s'en iroit pour le feu; ains se réjoüiroit dedans son semblable. Mais tous les autres Métaux le fuient, excepté le Soleil; car encore sont froids & moites, les uns plus que les autres; selon qu'ils tiennent moins encore de Froideur & d'Humidité. A donc ils fuyent leurs Contraires, & ne les peuvent souffrir, & s'en volent. Car chacune Chose fuit son contraire, & se réjoüit de son semblable. Ainsi, il s'ensuit que le Soleil n'est que pur Feu en Mercure. Car jamais, pour gros feu qui soit, ne s'enfuit-il, où tous les autres ne le peuvent souffrir, les uns plus, les autres moins; selon qu'ils sont plus éloignez, ou plus prochains de la compléxion du Feu.

Et ainsi peut-on entendre de la compléxion des Métaux & des Miniéres. Car Soufre n'est autre chose que pur Feu, c'est à sçavoir Chaud & Sec; cachez au Mercure, qui est par long-temps en la Miniére, excité par le naturel Mouvement des Corps

Célestes, & qui se méne aussi sur les autres (Froid & Moite du Mercure) & les digére, selon les dégrés des altérations, en diverses Formes Métailliques. Et la prémiére est Plomb, la moins chaude & moite; la seconde Etain; la troisiéme Argent; la quatriéme Airain; la cinquiéme Fer; la sixiéme Soleil, lequel Soleil est à sa perfection de nature Métallique, & est pur Feu digéré par le Soufre, étant dedans le Mercure.

Et ainsi tu peux voir clairement que Soufre n'est pas une chose à part hors de la Substance du Mercure, & que ce n'est pas Soufre *vulgal*. Car si ainsi étoit, la Matiére des Métaux ne seroit point d'une nature homogénée, qui est contre le dire de tous les Philosophes. Mais les Philosophes ont appellé ceci Soufre; parce qu'ès Qualités dominantes, c'est une chose inflammable, comme Soufre; chaude & séche, comme Soufre. Et pour cette similitude l'appelle-t-on Soufre; mais non pas que ce soit Soufre vulgal, comme *cuident* aucuns Fous.

Ainsi tu peux voir clairement que la Forme Métallique n'est autrement créée par Nature, que de pure Substance Mercurielle, & non pas étrange. Et Géber le dit clairement en sa Somme, ainsi: *Au profond de nature du Mercure est le Soufre, qui se fait par* longue attente ès veines de la Minière de la Terre. Item, tout clair le disent Morien & Aros : *Notre Soufre n'est pas Soufre vulgal, mais est fixe & ne vole point, & est de la nature Mercuriale, & non d'autre chose.* Et ainsi, disent-ils, faisons-nous comme Nature ; car Nature n'a en la Minière, autre Matière pour besoigner, que pure Forme Mercuriale ; comme appert par raison, autorité, & expérience. Et audit Mercure est le Soufre fixe & incombustible, qui parfait notre Oeuvre, sans qu'autre Substance y soit requise, que pure Substance Mercurielle. Semblablement le disent Galib, Bendégid, Jésid & Marie tout clair ainsi. *Nature fait les Métaux de Chaleur & Sécheresse, surmontante la Froideur & Moiteur du Mercure, en l'altérant ; non pas qu'autre le parfasse.* Ainsi appert-il clairement par tous les Philosophes, qui seroient long à réciter. Mais aucuns Fous *cuident* qu'en la procréation des Métaux, il y advienne une Matière Sulphureuse.

Ainsi il appert clairement que dans le Mercure, quand Nature besoigne, est le Soufre enclos ; mais il n'y domine point, sinon par le Mouvement chaleureux, où ledit Soufre s'altère, & les deux autres Elémens du Mercure. Et Nature, par ce Soufre (ès veines de la Terre) fait selon le dégré des Altérations, diverses Formes des Métaux.

Ainsi pareillement nous ensuivons Nature. Nous ne mettons rien d'étrange en notre Matiére. Mais en notre Argent-vif est Soufre fixe, incombustible, mercurieux; lequel toutefois ne domine point encore : car l'Humidité & Froideur du Mercure volatil domine encore. Mais par continuelle action de chaleur, sur ce notre Vif-argent persévérant, le fixe mêlé par tout le Volatil domine, & vainc la Froideur & Humidité de Mercure : Et la Chaleur & Sécheresse du Fixe, qui sont ses Qualités, commencent à dominer; & selon les dégrés de cette altération du Mercure par son Soufre, se font diverses Couleurs Métalliques; ni plus ni moins que Nature fait ès Miniéres. Car la prémiére est la noirceur Saturnelle; la seconde est blancheur Joviale; la troisiéme est Lunaire, la quatriéme Airaineuse, la cinquiéme Martiale, la sixiéme *Soldique*, & la septiéme nous la menons un dégré par notre Art, plus que ne fait Nature. Car nous la faisons un dégré en perfection Métallique plus parfaite en rougeur sanguine & très-hautaine. Et de ce qu'il est ainsi plus que parfait, il parfait les autres. Car s'il n'étoit parfait, sinon seulement au dégré que Nature simple le parfait, dequoi nous serviroit la longueur de ce temps de neuf mois & demi? Car nous prendrions aussi bien ce Corps-là comme Nature la créé. Mais, comme par ci-devant je vous ai montré, il faut que le Corps masculin soit plus que parfait par Art, ensuivant Nature. Et ainsi de son *Outre perfection*, il peut parfaire les autres Imparfaits, de son abondante & *plantereuse radiation* en Poids, en Couleur, en Substance, en Racines & en Principes Minéraux.

Et pourtant, qui seroit tant *ventueux* de *cuider* le parfaire, tel que nous le demandons, par autres choses étranges, là où il n'y a point de Commixtion en ses Racines ? Car, comme dit la Turbe, là où la vérité est élevée de toute fausseté ; & par Aristéus, qui fut Gouverneur seize ans du Monde Universel par son grand sçavoir & entendement, lequel étoit Grec, & fut Assembleur des Disciples de Pythagoras, lequel, comme on lit ès Chroniques de Salomon, fut le plus sage, après Hermès, qui onques fut ; & si lit-on, que jamais il ne mentoit, & parce il s'appelloit en aucuns Livres d'Astrologie le Véridique ; & trouve t'on dans son Livre, *Que Nature ne s'amende qu'en sa nature*. Comment donc voulez-vous *amender* notre Matière, sinon en sa propre nature ? Regarde-bien aussi Parmenidés comment il en parle. Car je te dis, en mon Dieu, que ce fut celui qui fut mon premier Adresseur de mes erreurs.

Ainsi

Ainsi donc il appert que Nature Métallique ne s'amende qu'en sa nature métallique, & non en autre chose, quelle qu'elle soit. Et par notre Art, nous acheverons en quelque mois, là où Nature met milliers d'ans. Car prémier la Chaleur ès Miniéres est nulle, partant que si elle y étoit, il se feroit à coup : mais en notre Oeuvre, nous avons Chaleur double ; c'est à sçavoir, du Soufre & du Feu, aidant l'un à l'autre. Non pas, comme dit Constantin & Empedocles, que le Feu soit de la Substance de la Matiére, qui augmente l'Oeuvre ; car il s'ensuivroit qu'elle perceroit de jour en jour plus, qui est une chose pleine d'erreur. Mais seulement le Feu est tout l'Art dequoi s'aide Nature ; car nous n'y sçaurions faire autre chose. Et pour ce sçachez que le Feu fort ne les altére point l'un l'autre, & aussi Feu fort les garde d'avoir mouvement l'un avec l'autre.

Mais *faites Feu vaporant, digerant, continuel, non violent, subtil, environné, aëreux, clos, incomburant, altérant.* Et (en mon vrai Dieu) je t'ai dit toute la maniére du Feu, & récapitule mes mots, mot à mot. Car le Feu est tout, comme tu peux voir par tous les dits du Code de toute vérité. Item, A ce propos, regarde ce que dit le Grand-Rosaire : *Gardez que vous ne veuilliez parfaire votre Solution avant le* temps requis, car cet avancement est signe de privation de Conjonction. Et pour ce, dit-il, soit votre Feu persévérant & doux, en dégré de la Nature, & amiable au Corps, digérant froideur. Item, A ce propos dit aussi Marie la Prophétesse. Le Feu fort garde de faire la Conjonction ; le Feu fort teint le blanc en rouge de Pavot champêtre. Et ainsi tu peux imaginer de toi-même, comme moi-même l'ai fait. Car je l'ai mis en chaleur de fient, & en rien ne valoit, & en Feu de Charbon sans nul moyen, & ma Matiére se sublimoit, & ne se dissolvoit point. Mais en Feu, comme je t'ai dit, vaporeux, digérant, continuel, non pas violent, subtil, environné, aëreux, clair & enclos, incomburant, altérant, pénétrant & vif. Et si tu és Homme, tel que doit être un vrai Etudiant, tu entendras, par ces paroles, ce que ce doit être. Et même, regarde ce que dit la Turbe, sans aucune envie : L'expérience artificielle te montre quel il sera. Regardez aussi, comme dit la Lumiére d'Aristote : Mercure se doit cuire en triple Vaisseau, & c'est pour évaporer & convertir l'activité de la Sécheresse du Feu en l'Humidité vaporeuse de l'Air circulant la Matiére. Regardez à ce propos ce que Géber & Sénéque afferment. Le Feu ne digére point notre Matiére ; mais sa chaleur altérante & bonne, qui est estimée seche par l'Air, qui est le moyen, là où le Feu sert à mouvoir & à mourir.

Mais de ceci n'en ai-je rien voulu parler. Car c'est le Feu qui le parfait, ou qui le détruit. Et comme disent Aros & Calib. En tout notre Ouvrage, notre Mercure & le Feu te suffisent au milieu & à la fin. Mais au commencement n'est-il pas ainsi, car ce n'est pas notre Mercure, ce qui est bon à entendre. Item, Morien dit : Sçachez que notre Leton est rouge, mais nous n'en avons nul profit, jusqu'à ce qu'il soit blanc. Et sçachez que l'Eau tiede le pénetre & blanchit, comme elle est, & que le Feu humide, & vaporeux fait le tout. Item, Regardez ce que disent Bendégid, Maître Jean de Meun, & Haly : Aussi entre vous, qui toutes nuits & jours cherchez & dépendez vos pécunes & consommez vos biens, & perdez votre temps, & rompez vos entendemens, & étudiez en tant de subtilité de Livres : Je vous certifie & fais à sçavoir en charité & pitié, comme feroit le Pére à son Enfant unique, que blanchissiez le Leton rouge, par l'Eau blanche étouffée & tiede : & rompez tant de Livres Sophistiques, & tant de Régimes, & tant de subtilités, & me croyez. Car autrement ce n'est que rompement de cervelle, & tous viennent à ce que je dis. Et ainsi tu peux voir clairement que cette parole est une des meilleures paroles qui onques fut dite. Regardez aussi ce que dit le Code de toute vérité: *Blanchissez le rouge, & après rougissez le blanc: car c'est tout l'Art, le commencement & la fin*: Et moi, je te dis que si tu ne noircis, tu ne peux blanchir. Car noirceur est le commencement de blancheur; & la fin de noirceur est signe de putréfaction, & altération, & que le Corps est pénétré & mortifié. Et à mon propos dit Morien, le sage Philosophe Romain: *S'il n'est pourri & noirci, il ne se dissoudra point; & s'il ne se dissout, son Eau ne le pourra par tout pénétrer ni blanchir: & ainsi il n'y aura point de Conjonction & Mixtion, ni par conséquent d'Union.* Car il faut Mixtion avant qu'y aye Union; & faut Altération avant Mixtion: & faut Composition avant Altération. Et ainsi, par ces dégrés, notre Matiére est faite à l'éxemple de Nature, en tout & par tout, sans y rien ajoûter ni diminuer; comme tu peux voir par mes dits.

Mais pour ce qu'aucuns pourroient parler & demander *du Poids de notre Matiére*, aussi comment Nature prend ce Poids: Je leur réponds qu'ès Lieux de la Miniére il n'y a nul Poids, comme je vous dis: Car Poids est quand il y a deux choses. Mais quand il n'y a qu'une chose & qu'une Substance, il n'y a point de regard au Poids;

mais le Poids est quand au regard du Soufre qui est au Mercure : Car, comme je t'ai dit, l'Elément du Feu, qui ne domine point au Mercure crud, est celui qui digére la Matiére. Et pour ce, qui est bon Philosophe, sçait combien l'Elément du Feu est plus subtil que les autres, & combien il peut vaincre en chacune Composition de tous les autres Elémens. Et ainsi le Poids est en la Composition prémiére élémentale du Mercure, & rien autre chose.

Il faut donc que prémiérement la Composition ou Conjonction se fasse, puis Altération, puis Mixtion, puis l'Union se fera. Et pour celui qui veut bien ressembler Nature en tout, & par tous ses Faits, doit proportionner son Poids à celui de Nature, & non autrement. Et à ce propos, regardez ce que dit le Code de toute vérité : que si vous faites Confection sans Poids, il y viendra retardation, par laquelle tu seras découragé si tu le fais. *Item*, dit très-bien à ce propos Abugazal, qui fut Maître de Platon en cette Science : *La puissance terriènne sur son Résistant, selon la résistance différée, c'est l'action de l'Agent en cette Matiére.* Lesquelles paroles sont mots dorez sur le fondement du Poids, & autrefois les ai bien épiloguées : Et qui ne sera Clerc, ne les entendra pas.

sitôt : Or, si tu n'es Clerc, fais les toi exposer par un Sage & Discret. (1) Moi-même je te les exposerois ; mais j'ai voüé & promis à Dieu, à Raison & aux Philosophes, que jamais par moi, en paroles claires & vulgaires, ne seroit mis le Poids, ni la Matière, ni les Couleurs, sinon en Paroles paraboliques, lesquelles vous aurez tantôt. Et je te dis bien que cette Parole est toute vraie, sans aucune diminution ni superfluité, en suivant la coûtume des Sages.

Donc je t'ai parlé en mon Livre des Inventeurs de cette Science, & de ceux qui l'ont euë, & t'ai dit & révélé comment, moi-même, l'ai euë du commencement jusqu'à la fin, & aussi des Trompeurs & de mes dépens & peines. Et je te dis que j'avois bien soixante-quatre ans avant que je la sçûsse, & si j'avois commencé depuis que j'avois dix-huit ans. Mais si j'eusse eu tous les Livres que j'ai eu depuis, je n'eusse pas tant tardé, & ne tardois que par défaut de Livres : Et n'avois, sinon quelques Receptes erronnées, fausses & faux Livres ; & si ne communiquois & *sermonnois* qu'avec Gens faux & Larrons

---

(1) Plus la Matière est dense & serrée, dit l'Auteur de l'Harmonie Chimique, plus elle résiste à la puissance de l'Agent, ou Dissolvant, qui agit sur elle. Tout Agent, ajoute-t-il, agit selon la force de la Matière, contre laquelle il doit prévaloir.

ignorans, maudits de Dieu & de toute la Philosophie. Mais après que je sçûs cette Science, j'ai bien eu l'accointance de quinze Personnages, qui la sçavoient vraiment. Mais entre autres, il y avoit un Barberin, lequel, comme nous en parlions ensemble, & toutefois je la sçavois jà deux ans auparavant, mais je ne l'avois point faite, & ainsi que d'adventure il m'échappa, en nous disputant, de dire que je ne l'avois point faite, il me vouloit depuis dévoyer & détourner. De sorte que pour cette cause je le laissai : Car je la sçavois aussi bien que lui. Mais nous en disputions comme Frères, & la plus grande chose dequoi nous parlions, étoit de céler cette Science précieuse. Et ainsi, comme je vous dis, après que je l'ai sçuë, j'ai eu l'accointance d'assez de ceux qui la sçavoient, paravant encore que je l'eusse faite, & parlions clairement. Mais quant à la maniére du Feu, les uns étoient divers aux autres, combien que la fin fût toute une chose. Ainsi, comme te le dit la Turbe : *Que le Fuyant ne s'envole devant le Poursuivant*, quoique le Feu se fasse de mainte maniére, comme il veut être fait.

Ainsi je conclus & m'entens. *Notre Oeuvre est faite d'une Racine & de deux Substances Mercurielles, prises toutes cruës, tirées de la Miniére ; nettes & pures,* conjoinctes par feu d'amitié, comme la Matière le requiert ; cuites continuellement, jusqu'à ce que deux faſſent Un ; & en cet Un-ci, quand ils ſont mêlez, le Corps eſt fait Eſprit, & auſſi l'Eſprit eſt fait Corps. A donc vigore ton feu, juſqu'à ce que le Corps fixe teigne le Corps non fixe en ſa couleur & en ſa nature. Car ſçachez que quand il eſt bien mêlé, il ſurmonte tout, & réduit à lui & à ſa vertu. Et ſçachez qu'après il teint & vainc mille, & dix fois mille, & mille fois mille. Et qui l'a vû le croit : Et auſſi ſe multiplie-t'il en vertu, & en quantité, comme le vénérable & très-véritable Pythagoras, & Iſindrius, dans le Code de toute vérité, en parlent très-évidemment.

Et ſçachez qu'oncques en nuls Livres je ne trouvai la Multiplication, fors en ceux-ci ; c'eſt à ſçavoir au Grand-Roſaire, en la Pandecte de Marie, au Véridique, au Teſtament de Pythagoras, en la Benoîte Turbe, en Morien, en Avicenne, en Bolzain, en Albugazar, qui fut Frére de Bendégid, en Jéſid, qui étoit de Conſtantinople Cité. Et autres Livres, ſi elle y étoit, jamais ne l'ai pû apprendre. Et ſi ai bien vû un de la Marche d'Ancone, qui ſçavoit très-bien la Pierre ; mais la Multiplication, il ne la ſçavoit pas : & me pourſuivit bien par ſeize ans ; mais jamais par moi il ne la ſçûë, car il avoit les Livres comme moi.

Je

Je t'ai parlé de toute la Spéculative, & t'ai informé des Principes Minéraux, & raisons nécessaires, par lesquelles tu peux élever ton entendement à connoître les fausſetés d'avec les vérités; & être informé & aſſuré en cette Oeuvre. Maintenant je te veux mettre practicalement la Pratique en obſcures Paroles, ainſi comme je l'ai faite quatre fois & compoſée. Et je te dis bien que quiconque aura mon Livre, il ſera ou devra être hors de toutes angoiſſes, & devra ſçavoir la vérité accomplie, ſans nulle diminution: Car (en mon Dieu) je ne te ſçaurois plus clairement parler que je t'ai parlé, ſi je ne te le montrois; mais raiſon ne le veut pas. Car toi-même, quand tu le ſçauras (je te dis vrai) tu le céleras encore plus que moi: Outre ce, ſeras-tu courroucé de ce que j'ai parlé ſi ouvertement: Car c'eſt la volonté de Dieu qu'elle ſoit cachée, ainſi comme dit la Tourbe par tout.

QUATRIEME PARTIE,

Où est mise la Pratique en Paroles paraboliques.

OR tu dois sçavoir que quand j'eus tant étudié, que je me sentis un peu Clerc, je commençai à chercher Gens vrais de cette Science, & non pas erreux : Car un Homme sçavant demande un autre sçavant, non pas le contraire. Pour conclusion, chacun demande son semblable. En allant, je passai par la Ville d'Appullée, qui est en Inde, & oüis dire qu'il y avoit là un des grands Clercs du Monde en toutes Sciences, lequel avoit pendu pour *Joiel ès Disputations*, un beau petit Livre de très-fin Or, les feüillets & la couverture, & tout ledit Livret. Et cela étoit pendu à tous venans qui en sçauroient *arguer*. Alors, moi allant par la Ville, toûjours désirois parvenir à chose d'honneur. Mais sçachant que sans me mettre en avant & avoir courage, jamais ne parviendrois à los & honnneur, pour Science que sçûsse: Si est-ce que je pris courage, par l'*enhortement* d'un Homme vaillant. De sorte, qu'étant en chemin, je me mis en train pour aller aux *Disputations*, là où je gagnai les dit Livret devant tout le monde pour bien disputer : lequel me fut présenté par la Faculté de Philosophie, & tout le monde commençoit à me regarder très fort. Alors je m'en allai pensant par les champs, parce que j'étois las d'étudier.

Une nuit advint que je devois étudier, pour le lendemain disputer : Je trouvai une petite Fontenelle, belle & claire, toute environnée d'une belle pierre. Et cette pierre-là étoit au dessus d'un vieux creux de Chêne, & tout à l'environ étoit bordée de murailles, de peur que les Vaches ni autres Bêtes bruttes, ni Volatils, ne s'y baignassent. (1) A donc j'avois grand appetit de dormir, & m'assis au-dessus de ladite Fontaine, & je vis qu'elle se couvroit par dessus & étoit fermée.

(1) Cette Fontaine, c'est le Mercure Principe, ou l'Eau Mercurielle, cette Substance moyenne entre la Mine & le Métail, qui contient en soi l'Embrion des Métaux, & le Feu végétal, animal & minéral, qui anime le Mercure Métallique, qui est le *Medium* ou Moyen, dont l'Artiste se sert pour extraire cette Eau Mercurielle du sujet Minéral, dans lequel elle est comme absorbée dans un Soufre arsénical. La Pierre, qui l'environne, c'est le Vaisseau de Verre, appellé *Oeuf Philosophique*, dans lequel sont les Substances d'une même Racine, dont le Magistère est composé. Le creux de Chêne, en cet endroit, car ailleurs il signifie autre chose, c'est la cendre sur laquelle on pose ce Vaisseau dans une écuelle de terre. Les Murailles, qui empêchent les Animaux de venir se baigner dans la Fontaine, c'est l'Athanor, ou autre Fourneau, tel qu'il plaît à l'Artiste de le construire.

K k ij

Et il passa par là un Prêtre ancien & de vieil âge: Et je lui demandai pourquoi est ainsi cette Fontaine fermée dessus & dessous, & de tous côtés. Et il me fut gracieux & bon, & me commença tout ainsi à dire: Seigneur, il est vrai que cette Fontaine est de terrible vertu, (1) plus que nulle autre qui soit au monde; & est seulement pour le Roi du Païs, (2) qu'elle connoît bien, & lui elle. Car jamais ce Roi ne passe par ici qu'elle ne le tire à soi. Et est avec elle dedans icelle Fontaine à se baigner deux cens quatre vingt-deux jours. Et elle rajeunit tellement ledit Roi, (3) qu'il n'y a Homme qui le puisse vaincre.

(1) La vertu de ce Dissolvant, qui est une production des Influences Célestes, surpasse en effet les vertus des autres Dissolvans; puisqu'il est le seul qui puisse dissoudre les Corps parfaits, sans corrosion, sans violence, sans détruire leur Substance, & qui s'incorpore si intimement avec eux dans leur Dissolution, qu'ils ne font plus ensemble qu'une même Matière, propre à prendre une Forme plus parfaite que celle qu'ils avoient auparavant.

(2) Le Roi du Païs, c'est l'Or, préparé selon les Principes de l'Art, pour être réincrudé, ou remis en sa première Matière, que la Fontaine connoît, parce qu'elle est de même nature que lui; c'est par cette raison qu'il la connoît aussi, & qu'il se dissout en elle seule, *la Nature*, disent les Philosophes, *ne s'éjouissant qu'en sa nature.*

(3) La Fontaine rajeunit le Roi; c'est-à-dire, que par la Dissolution elle réincrude l'Or, ou le réduit en Mercure, tel qu'il étoit avant que la Nature en eût fait un Métal; après quoi le Philosophe le remet en une espèce de Corps d'Or, & l'exalte à un si haut dégré de perfection, qu'il en communique alors une

Et il y passe ainsi. Et ainsi ce Roi a fait *clore* ladite Fontaine, tout *prémier* d'une pierre blanche & ronde, comme vous voyez. Et la Fontaine y est si claire que fin Argent, & de céleste couleur. Après, afin qu'elle fût plus forte, & que les Chevaux n'y marchassent, ni autres Bêtes brutes, il y éleva un creux de Chêne, tranché par le milieu, qui garde le Soleil, & l'Ombre de lui. (1) Après, comme vous voyez, tout à l'entour elle est d'épaisse muraille bien *close*; Car prémier elle est enclose en une pierre fine & claire, & puis en creux de Chêne. Et cela est parce qu'icelle Fontaine est de si terrible nature, qu'elle pénétreroit tout, si elle étoit enflambée & courroucée. Et si elle s'enfuyoit, nous serions perdus.

portion aux Métaux imparfaits, dont il réunit les parties aurifiques, & les convertit en sa propre Substance d'Or, ce qu'il ne pouvoit faire avant cette éxaltation, parce que la Nature ne lui avoit donné de perfection que pour lui-même.

(1) L'Ombre du Soleil, selon Démocrite, c'est la *Corporéité* de l'Or, & selon d'autres Philosophes, c'est leur Lune, qui n'est pas l'Argent, qu'on appelle communément de ce nom; mais l'Eau Mercurielle, dont nous venons de parler dans la Note prémière de cette Parabole, laquelle Eau est la véritable Lune des Philosophes, la Fémelle, qui conçoit, par la vertu du Soufre Solaire, l'Enfant Philosophique, qui, après avoir été allaité & nourri avec prudence, devient enfin d'une nature plus excellente que celle de ses Pére & Mére. Celui, dit Richard, Anglois, qui teint le Vénin, c'est-à-dire, le Mercure, avec le Soleil & son Ombre, parachéve notre Pierre.

A donc je lui demandai s'il y avoit vû le Roy. Et il me répondit qu'oüi, & qu'il l'avoit vû entrer : Mais que depuis qu'il y est entré, & que sa Garde l'a enfermé, jamais on ne le voit, jusqu'à cent & trente jours. Alors il commence à paroître & à resplandir. Et le Portier, qui le garde, lui chauffe son Bain continuellement, pour lui garder sa chaleur naturelle, laquelle est *muffée* & cachée dedans cette Eau claire, & l'échauffe jour & nuit sans cesser.

A donc je lui demandai de quelle couleur le Roi étoit. Et il me répondit, qu'il étoit vétu de Drap d'Or *au prémier*. Et puis avoir un Pourpoint de Velours noir, & la Chemise blanche comme nége, & la Chair aussi *sanguine*, comme sang. (1) Et ainsi je lui demandai toûjours de ce Roi.

Après lui demandai quand ce Roi venoit à la Fontaine, s'il amenoit grande Compagnie de Gens étranges, & de menu Peuple avec lui. Et il me répondit amia-

---

(1) Par ce Vêtement de Drap d'Or, le Trévisan désigne le Corps, dont on doit se servir pour faire la base de la Composition du Magistère. Par le Pourpoint de Velours noir, il entend parler du Régime, pendant lequel se fait la Putréfaction, ou Conjonction des Substances d'une même Racine. Par la Chemise blanche, il marque le passage du *Noir* au *Blanc*, après que les Matières se sont unies ensemble indivisiblement. Par la Pierre Sanguine, il démontre la Pierre, éxaltée jusqu'à la Couleur *Rouge*.

blement, en foi fouriant : Certainement ce Roi, quand il fe difpofe pour venir, il n'améne que lui, & laiffe tous fes Gens étranges ; & n'approche nul que lui à cette Fontaine, & nul n'y ofe aller finon fa Garde, qui eft un fimple Homme ; & le plus fimple Homme du monde en pourroit être Garde : Car il ne fert d'autre chofe, finon de chauffer le Bain ; mais il ne s'approche point de la Fontaine.

Alors je lui demandai s'il étoit Ami d'elle, & elle Amie de lui. Et il me répondit : Ils s'entr'aiment merveilleufement, la Fontaine l'attire à elle, & non pas lui elle : car elle lui eft comme Mére.

Et je lui demandai de qu'elle Génération étoit ce Roi. Et il me répondit : On fçait bien qu'il eft fait de cette Fontaine-là : & cette Fontaine l'a fait tel qu'il eft, fans autre chofe. (1)

Et je lui demandai : Tient-il guéres de Gens ? Et il me répondit : Que fix Perfonnes, qui font en attente, que s'il pouvoit mourir une fois, ils auroient le Royaume auffi bien que lui. Et ainfi le fervent & *mi-*

_____

(1) Le Trévifan dit ici, comme tous les Philofophes le difent dans leurs Ecrits, Qu'il n'entre aucune Matiére étrangère dans la Compofition de la Pierre Phifique. Ainfi, ceux qui la cherchent dans un autre Règne que le Minéral, travaillent contre l'intention des Philofophes, & contre les Principes de la Nature.

niſtrent, car ils attendent tout leur Bien de lui.

A donc je lui demandai s'il étoit vieil. Et il me répondit qu'il l'étoit plus que la Fontaine (1), & plus mûr que nul de ſes Gens, qui ſont ſous lui.

Et je lui dis : Pourquoi eſt-ce donc que ſes ſix Compagnons & Sujets ne le tuënt, & ne le mettent à mort, puiſqu'ils attendent tant de Biens de lui par ſa mort, & auſſi puiſqu'il eſt ſi vieil ? & adonc il me répondit : Combien qu'il ſoit bien vieil, ſi n'y a-t'il nul de ſes Gens ni Sujets, qui tant endurât froid & chaud comme lui, ni pluie ni vent, ni aucune peine.

Et je lui dis : Au moins que ne le tuënt-ils, & ne le mettent à mort ? & il me répondit que tous ſix, ni toute leur force enſemble, ni chacun à part ſoi, ne le ſçauroient tuër.

Et comment donc, dis-je, auroient-ils

---

(1) Ceux, dit l'Auteur anonime *de la Généalogie de la Mère du Mercure des Philoſophes*, qui ont connoiſſance de cette précieuſe & vile Matière, qui ſe trouve par tout, ne ſont guères en peine d'expliquer cette Enigme. Ils ſçavent que ce Fils, plus vieux que ſa Mère, étant engendré par l'Influence & le Concours des Aſtres & des Elémens, & rempli de l'idée formelle & du caractère ſpécifique de tous les Eſtres corporels, eſt porté dans le ventre de l'Air du Ciel dans la Terre, où il engendre à ſon tour cette Mère Univerſelle ; (*cette Eau Mercurielle*) qui doit après le régénérer dans ſes entrailles virginales, pour le mettre au jour, & le manifeſter aux Enfans de la Science,

le Royaume qu'il tient, puisqu'ils ne le peuvent avoir jusqu'après sa mort, & qu'ils ne le peuvent tuer? Adonc il me dit: Tous six sont de la Fontaine, & en ont eu tous leurs Biens, aussi bien que lui: Et ainsi, pour l'amour qu'ils en sont, elle le prend & tire à elle, & tuë, & le met à mort. Puis il est ressuscité par elle-même. Et puis de la Substance de son Royaume, qui en est très-menuës parties, chacun en prend sa piéce. Et chacun, pour petite piéce qu'il en aye, il est aussi riche comme lui, & l'un comme l'autre.

Et je lui demandai ; Combien faut-ils qu'ils attendent ? Et il commença à soûrire, & dire ainsi : Sçachez que le Roi y entre tout seul, & nul Etranger, ni nul de ses Gens n'entre dedans la Fontaine: Combien qu'elle les aime bien, ils n'y entrent point. Car ils ne l'ont encore point desservi. Mais toutefois, quand le Roi y est entré, prémiérement il se dépoüille sa Robe de Drap de fin Or, battu en feüilles très-déliées, & la baille à son prémier Homme, qui s'appelle Saturne. Adonc Saturne la prend & la garde quarante jours ou quarante-deux au plus, quand une fois il l'a euë. Après le Roi dévet son Pourpoint de fin Velours noir, & le second Homme, qui est Jupiter, & il le lui garde vingt jours bons. Adonc Jupiter, par commandement du Roi, le baille à la Lune, qui est la tierce Personne, belle & resplandissante, & le garde vingt jours : Et ainsi le Roi est en sa pure Chemise, blanche comme nége, ou fine fleur de Sel fleuri. Alors ils dévet sa Chemise blanche & fine, & la baille à Mars, lequel pareillement la garde quarante, & aucunes fois quarante-deux jours. Et après cela, Mars, par la volonté de Dieu, la baille au Soleil jaune, & non pas clair, qui la garde quarante jours. Et après vient le Soleil très-beau & sanguin, qui la prend bientôt. Et adonc celui-là la garde.

Et je lui dis : Et puis, que devient tout ceci ? Adonc, me répondit-il, la Fontaine s'ouvre, & puis ainsi comme elle leur a donné la Chemise, la Robe, & le Pourpoint ; elle, à tretous, & à un coup, leur donne sa Chair sanguine, vermeille & très hautaine à manger. Et alors ont-ils leur désir.

Et je lui dis : Attendent-ils jusqu'à ce temps-là, ne peuvent-ils avoir rien de bien jusqu'à la fin ? Et il me dit : Quand ils ont la Chemises, s'ils veulent, quatre d'iceux en feront grand chére : mais ils n'auroient que le demi Royaume. Et ainsi, pour un petit davantage, ils aiment mieux attendre la fin, à celle fin qu'ils foient couronnez de la Couronne de leur Seigneur. (1)

Et je lui dis : N'y vient-il jamais nul Médecin ni rien ? Non, dit-il, Perfonne n'y vient autre qu'un Gardien, qui au deffous fait chaleur continuelle, environnée & vaporeufe, fans autre chofe.

Et je lui dis : Ce Gardien là a-t'il guéres de peine ? Et il me répondit : Il a plus de peine à la fin qu'au commencement ; car la Fontaine s'emflambe.

Et je luis dis : L'ont vûë beaucoup de Gens ? Et il me dit : Tout le monde l'a devant les yeux, mais ils n'y connoiffent rien. (2)

(1) Par cette Allégorie, on doit entendre que quand la Pierre eft au *Blanc*, l'Artifte peut la fermenter avec l'Argent, pour être projettée fur les Métaux imparfaits, qu'elle convertiroit enfuite en véritable Lune ; mais le Philofophe patient aime mieux la pouffer jufqu'au *Rouge* pour les convertir en Soleil.

(2) Tout le monde a devant les yeux la Fontaine, fans la connoître : Parce qu'elle eft renfermée dans le Centre du Sujet Minéral, que tout le monde a entre fes mains, ou peut avoir pour un prix très-modique, ainfi que le difent les Philofophes, & l'Artifte doit tirer l'Eau de cette Fontaine, le Bain du Roi & de la Reine, des entrailles de ce Sujet, où elle eft comme étouffée dans une grande abondance de Soufre impur. On peut auffi la tirer d'une Subftance Célefte, que les Aftres communiquent par le moyen de quelques Aimans, & elle demeure invifible, comme celle dont nous venons de parler, jufqu'à ce que l'Artifte la corporifie & la rende palpable. Il eft prefque impoffible, dit l'Auteur de *la Lumière fortant des ténèbres*, de travailler fur l'Or, à moins

Et lui dis : Que font-ils encore après ? Et il me dit : S'ils veulent, ils peuvent encore eux six, purger le Roi par trois jours en la Fontaine, circulant, & contenant le lieu au contenu de la contenante contenuë ; en lui baillant le premier jour son Pourpoint, le jour après sa Chemise, & le jour après sa Chair sanguine. (1)

Et je lui dis : Dequoi sert ceci ? Et il me dit : Dieu fit un & dix, cent & mille, & cent mille, & puis dix fois tout le multiplia.

Et je lui dis : Je ne l'entens point. Et il me dit : Je ne t'en dirai plus, car je suis ennuyé. Et alors je vis qu'il fut ennuyé, moi aussi avois appetit de dormir, parce que le jour précédent j'avois étudié, & le *convoyai* Ce Vieillard étoit si sage, que tout le Ciel lui obéissoit, & tout trembloit devant lui.

Adonc je m'en revins à la Fontaine tout sécrétement, & commençai à ouvrir toutes les fermures, qui étoient bien justes ; & commençai à regarder mon Livre, que

---

que d'avoir cette Eau éthérée, le Ciel des Philosophes, & leur vrai Dissolvant. Quiconque la sçait tirer, peut se vanter d'avoir la parfaite connoissance de la Pierre, & d'avoir atteint les Bornes Autantiques.

(1) Dans cet Article, & dans le suivant, le Trévisan parle de la Multiplication de la Pierre, qui se fait de la maniére que l'enseigne Philaléthe. Et comme ce Philosophe en parle clairement, je renvoye l'Amateur de la Science au Chapitre qu'il a écrit sur ce Sujet.

j'avois gaigné, & de la refplendeur de lui, qui étoit tant fin, (auffi que j'avois appetit de dormir) il chut en la Fontaine devant dite, & j'en fus tant courroucé que ce fut grande merveille. Car je le voulois garder pour loüange de mon honneur, que j'avois gaigné. Adonc je commençai à regarder dedans, & j'en perdis la vüë totalement. Et moi, de commencer à puifer ladite Fontaine, & la puifai fi bien & difcrettement, qu'il n'y demeura que la dixiéme partie fienne, avec les dix parties, (1) Et moi, *cuidant* tout puifer, ils étoient fort tenans enfemble. Et en met-

---

(1) Le Cofmopolite explique nettement cet Article. Dans ce lieu-là, dit-il dans fon Enigme ou Parabole, on ne pouvoit avoir d'Eau, fi l'on ne fe fervoit de quelque Inftrument moyen; & fi l'on en avoit, elle étoit vénimeufe, à moins qu'elle ne fût tirée des rayons du Soleil & de la Lune; ce que peu de Gens ont pû faire. Et fi quelques-uns ont eu la Fortune affez favorable pour y réuffir, ils n'en ont jamais pû tirer plus de dix parties; car cette Eau étoit fi admirable, qu'elle furpaffoit la nége en blancheur. Il ajoûte un peu plus bas: Saturne, prenant le Vafe, puifa les dix parties de cette Eau, & incontinent il prit du fruit de l'Arbre Solaire, & le mit dans cette Eau, & je vis le fruit de cet Arbre fe confumer & fe réfoudre dans cette Eau, comme la glace dans l'eau chaude, Ces dix parties d'Eau, tirées des Rayons du Soleil & de la Lune, font, fi l'on veut, comme l'enfeignent quelques Philofophes, les dix parties d'Eau Mercurielle, qu'on employe dans les Sublimations pour la Diffolution de l'Or, qu'on veut réduire en fa premiére Matiére, pour animer & fpécifier le Mercure double des Philofophes, dont le Trévifan a parlé le prémier.

tant peine à faire cela, il survint des Gens promptement, & je n'en pûs plus tirer. Mais avant que je m'en allasse, j'avois très-bien fermé toutes les ouvertures, afin qu'ils ne vissent point que j'avois puisé la Fontaine, ni aussi que je l'eusse vûë, & aussi qu'ils ne m'*emblassent* mon Livre. Alors, la chaleur du Bain, qui étoit à l'environ pour baigner le Roi, s'échauffoit & allumoit, & je fus en prison pour un méfait quarante jours. Adonc, quand à la fin des quarante jours, je fus hors de prison, je vins regarder la Fontaine. Et je vis *nubles* noires & obscures, lesquelles durérent par long-tems; mais brief, à la fin je vis tout ce que mon cœur désiroit, & n'y eus guéres de peine. Aussi, n'auras-tu pas, si tu ne te dévoyes en ce mauvais chemin & erreux, ne faisant pas les choses que Nature requiert.

 Et je te dis, en mon Dieu, que quiconque lira mon Livre, s'il ne l'entend par lui, jamais par autres ne l'entendra, quoiqu'il fasse. Car en ma Parabole tout y est, la Pratique, les Jours, les Couleurs, le Régime, la Voye, la Disposition, la Continuation; tout au mieux que j'ai pû faire pour vôtre digne Révérence, en pitié, en charité & en compassion des pauvres Labourants en ce précieux Art.

 Ainsi est achevé mon Livre, par la grace

de Dieu le Créateur, qui donne à toutes Gens de bonne volonté, grace & puissance de l'entendre. Car, en mon Dieu, il n'y a guéres de difficulté pour l'entendre, à qui a bon sens, sans s'imaginer tant de fantaisies ni de subtilités. Car tant de subtilités (je le dis à toi) ne sont point de mon intention, ni de celle des Sages. Mais le plein chemin naturel, comme je t'ai dèja dit & déclaré en ma Spéculative.

Parquoi, mes Enfans, à qui ce Livre parviendra, après celui à qui je l'adresse, veillez prier Dieu pour mon Ame. Car par mon Livre je prie assez véritablement pour vos Corps, & pour vos Biens; mais que vous le veillez croire sans erreur, & fuir les Errans & leur opinion, aussi leur compagnie. Car vous ne sçauriez penser le dommage qui vous en peut avenir, de la *deviation* totale.

F I N.

LA PAROLE
DÉLAISSÉE,

TRAITE' PHILOSOPHIQUE, de Bernard, Comte de la Marche Trévisane,

A prémiére chose requise à la sécrete Science de la Transmutation des Métaux, est la connoissance de la Matiére, dont se tirent l'Argent-vif des Philosophes & leur Soufre, desquels ils font & constituënt leur divine Pierre.

La Matiére, dont cette Médecine souveraine est extraite, est l'Or, très-pur, l'Argent très-fin, & notre Mercure ou Argent-vif, lesquels tu vois journellement altérez & changez par artifice en Nature d'une Matiére blanche & séche, en maniére de Pierre, de laquelle notre Argent-vif & notre Soufre sont élevez & extraits avec force ignition; par une destruction réitérée de
cette

cette Matiére, en résolvant & sublimant. Dans cet Argent-vif sont l'Air & le Feu, qui ne peuvent être vûs des yeux corporels, tant ils sont rares & spirituels : Ce qui dément ceux qui croyent que les quatre Elémens sont réellement & visiblement séparez dans l'Oeuvre, chacun à part; mais ils n'ont pas bien conçû la nature des Choses : Car, on ne peut donner les Elémens simples; nous les connoissons seulement par leurs opérations & les effets, qui sont dans les bas Elémens, sçavoir dans la Terre & dans l'Eau, selon qu'ils sont altérez de nature close & grosse, par laquelle ils sont muez de Nature en Nature.

L'Or & l'Argent, selon la Doctrine de tous les Philosophes, sont la Matiére de notre Pierre. En vérité, dit Hermès, son Pére est le Soleil, & sa Mére est la Lune. Ce qui embarrasse le plus, c'est de sçavoir quel est le tiers Composant; c'est-a-dire, quel est cet Argent-vif, duquel nous faisons notre Compôt avec l'Or & l'Argent.

Pour le sçavoir, il faut remarquer que l'Oeuvre des Philosophes est divisée principalement en deux Parties. Les Philosophes divisent la seconde Partie en Pierre blanche accomplie, & en Pierre rouge également accomplie. Mais parce que le fondement du Sécret consiste dans la prémiére Partie, ces Philosophes ne voulant pas divulguer ce Sécret, ils ont fort peu écrit de cette prémiére Partie. Et je croi que si ce n'eût été pour éviter que cette Science ne parût fausse en ses Principes, ils auroient gardé un profond silence sur cette prémiére Partie, & n'en auroient fait aucune mention. S'ils n'en avoient aucunement parlé, cette même Science eût été entiérement ignorée, & seroit périe, ou passeroit pour fausse.

Comme cette prémiére Partie est le Commencement, la Clef & le Fondement de notre Magistére, si cette Partie est ignorée, la Science demeure trompeuse & fausse dans l'expérience. Afin donc que ce très-grand Sécret, qui est la Pierre, à laquelle on n'ajoûte rien d'étrange, ne se perde pas à l'avenir, j'ai résolu d'en écrire quelque chose de certain & de véritable, ayant vû cette bénîte Pierre, & l'ayant tenuë, dont Dieu m'est témoin, & j'en confie le Sécret à toute Ame sacrée, sous peine de périr, si elle le révéle aux Méchans. C'est pourquoi les Philosophes ont appellé ce Sécret *la Parole delaissée*, où *tuë en cet Art*, qu'ils ont presque tous cachée avec soin, de peur que les Indignes n'en eussent connoissance.

Il faut donc que tu sçaches que la Pierre Philosophale est divisée en trois Dégrés, sçavoir la Pierre Végétale, la Minérale,

& l'Animale, ou qui a Ame & Vie. La Pierre Végétale, difent les Philofophes, eft proprement & principalement cette prémiére Partie, qui eft la Pierre du prémier Dégré, de laquelle, Pierre de Villeneuve, frere d'Arnaud du même nom, dit fur la fin de fon *Rofaire :* Le commencement de notre Pierre eft l'Argent-vif, ou fa Sulfuréité, qu'il nous faut avoir de fa groffe Subftance corporelle, avant qu'il puiffe paffer au fecond Dégré.

Le commencement donc de notre Pierre, eft que le Mercure, croiffant en l'Arbre, foit compofé & fublimé en l'allégeant ; car c'eft le Germe Volatil, qui fe nourrit, mais qui ne peut croître fans l'Arbre fixe, qui le retient, comme le téton fait la vie de l'Enfant. De là il paroît que cette Pierre eft Végétale, comme étant le doux Efprit, croiffant du Germe de la Vigne, joint dans le prémier Oeuvre au Corps fixe blanchiffant, ainfi qu'il eft dit dans le *Songe Vert,* où la Pratique de cette Pierre Végétale eft donnée à ceux qui fçavent entendre la Vérité ; laquelle Pratique je ne mettrai point ici pour de juftes raifons. (1)

PREMIER DEGRÉ.

Dans le prémier Dégré de la Pierre Phi-

(1) Nous mettons le Songe Vert dans ce Volume.

tique, nous devons faire notre Mercure Végétal net & pur, qui est appellé par les Philosophes Soufre blanc, non urent, lequel sert de moyen pour conjoindre les Soufres avec les Corps. Et comme ce Mercure est véritablement de Nature fixe, subtile, & net, il s'unit avec les Corps, y adhére, & se joint dans leur profond, moyennant sa chaleur, & son humidité. Les Philosophes ont dit de lui, Qu'il est le Moyen de conjoindre les Teintures, & non pas l'Argent-vif Vulgaire, qui est trop froid & flagmatique, & par conséquent destitué de toute opération de Vie, laquelle consiste dans la chaleur & dans la moiteur.

Mais parce qu'il est en partie volatil, il sert aussi de Moyen pour mêler les Esprits volatils, & pour adhérer & se joindre à la Substance fixe des Corps. Nous allons toucher la triple cause de sa nécessité.

La prémiére, comme nous avons à joindre les deux Semences, à sçavoir du Mâle & de la Fémelle, il faut que l'un soit mêlé avec l'autre par un naturel amour, & par une connaturelle spongiosité, en sorte que ce qu'il y a de plus dans l'un, soit attiré par le plus de l'autre, & par conséquent que l'un soit mêlé avec l'autre, & qu'ils soient conjoints ensemble.

Et pourtant, comme ces deux Corps, O. & Argent, sont rendus moites par une chaleur digestive, dissolutive, & subtilative, alors ils deviennent prémiére Matiére, & simple ; & en cet état ils prennent le nom de Semence prochaine à Génération, par l'impression qu'ils reçoivent à cause de leur simplicité & de leur obéïssance à la chaleur instrumentale, équipolante & semblable à la chaleur naturelle de ce Mercure. Et c'est alors que s'en fait l'*Elixir* des Philosophes; la prémiére Partie de la Pierre étant ordinairement appellée de ce nom d'Elixir.

Cette prémiére Partie donc est un Moyen pour conjoindre les extrémités du Vaisseau de Nature, & dans ce Vaisseau les Esprits doivent être transmuez en fuyant de Nature en Nature. Ce que nous disons fait voir la seconde cause de sa nécessité ; car comme la Pierre doit être imprégnée d'Esprits, il convient qu'il y ait en elle quelque Vertu rétentive, qui embrasse ces Esprits, afin qu'ils soient plus facilement mêlez aux très-petites Parties des Corps.

Cette Vertu rétentive est véritablement dans ce Mercure Phisique ; & comme il est en partie de Nature spirituelle, il est un véritable Esprit, dépuré & purifié de toute féculence ou résidence terrestre : Esprit, dis-je, véritable & fixe, & en partie volatil : Car il contient la Nature de l'un & de l'autre Feu ; ce qui manifeste sa ponticité ou aigreur, ou componction aiguë, qu'on remarque dans ses Opérations, puisque par ce Mercure mortifié, le Mercure vulgaire, comme dit le Texte, est facilement congelé.

Cependant il n'est pas fixe par lui-même; car pour le devenir, il faut qu'il soit joint au Soleil & à la Lune, & fait leur Ami, afin que ce qui est en lui volatil, soit fixé avec ces deux Corps; c'est-à-dire, Que de cette Chose, qui est composée de toutes ces Choses, mêlées ensemble avec les Collatéraux, le Mercure vulgaire puisse être directement fixé. C'est la cause pourquoi de nouveaux Corps y sont mis, & ils sont fixes, afin que le Feu composé, qui est appellé Mercure sublimé, ou première Matière, soit tellement informé du Ferment propre, qu'il obtienne la force de longue persévérence dans la bataille du Feu, malgré sa grande âpreté.

A ce sujet, l'Hortulain dit, Que ce à quoi ce Mercure doit être joint; c'est-à-dire, avec quoi il doit se fixer, ne doit point lui être étranger. En parlant de ce Mercure Raimond Lulle dit, Que l'Argent-vif, par nous fait, congèle le commun, & est aux Hommes plus commun que le commun du moindre prix; qu'il est de plus grande vertu, comme aussi de plus forte rétention. Ce qui fait dire à Géber, qu'il est signe de perfection, parce que c'est une Gomme plus noble que les Marguerites, laquelle convertit & attire toute autre Gomme à sa Nature fixe, claire & pure; l'a fait toûjours durer avec elle au Feu, avec lequel elle s'éjouït. C'est pourquoi, dit le Texte, alléguant Morien : Ceux qui croyent composer notre bénîte Pierre, sans cette prémiére Partie, sont semblables à ceux qui veulent monter aux plus hauts Pinacles, sans échelle, lesquels avant que d'y arriver, tombent en bas en miséres & en douleurs.

Ce Mercure donc est le commencement & le fondement de tout ce glorieux Magistére ; car il contient en soi un Feu, qui doit être répu & nourri de plus grand & plus fort Feu, au second Régime de la Pierre.

Donc, tant le Feu enclos de ce Mercure par le prémier Régime, que celui qui doit être aussi enclos par le second, dans les Choses naturelles, est nommé propre Instrument, qui est la seconde Chose requise, & principalement à connoître dans ce haut Magistére. En sorte que la Matiére, dont on doit commencer l'Oeuvre, étant connuë, on doit prémiérement enclore le Feu dans la Matiére volatile & fixe, en chauffant & coagulant avec Dissotion des Corps. Pour faire un Mistére de cette *inclusion* ou *emprisonnement* du Feu, les Philosophes l'ont appellée Sublimation ou Exaltation de Matiére mercurielle. Ce qui fait qu'Arnaud de Villeneuve dit, Que le Mercure soit prémiérement sublimé; c'est-à-dire, le Mercure étant de nature basse, sçavoir de Terre & d'Eau, il doit être ramené à une Nature noble & haute, sçavoir d'Air & de Feu, qui sont très prochains de ce Mercure, selon l'intention de la Nature & de l'Art. C'est pourquoi, quand cette Pierre mercurielle est ainsi éxaltée & subtilisée, elle est sublimée de prémiére Sublimation, & il convient encore de la sublimer avec son Vaisseau. Raimod Lulle dit à ce sujet : Nous espérons en notre Seigneur que notre Mercure sera sublimé à plus grandes Choses, avec addition de la Chose qui le teint; & son Ame sera éxaltée en gloire.

Je te dis donc, appellant Dieu à témoin de cette Vérité, que ce Mercure ayant été sublimé, il a paru Vétu d'une aussi grande blancheur, que celle de la nége des hautes Montagnes, sous une très-subtile & cristaline splendeur, de laquelle il sortoit, à l'ouverture du Vaisseau, une si douce odeur, qu'il ne s'en trouve point de semblable dans ce Monde. Et moi, qui te parle, je sçai que cette merveilleuse blancheur

cheur a paru à mes propres yeux; que j'ai touché de mes mains cette subtile cristalinité, & que j'ai par mon odorat senti cette merveilleuse douceur, de laquelle je pleurai de joye, étant étonné d'une chose si admirable. Et pour cela, béni soit le Dieu éternel, haut & glorieux, qui a mis tant de merveilleux Dons dans les Sécrets de la Nature, & qui a bien voulu les montrer à quelques Hommes. Je sçais que quand tu connoîtras les Causes de cette Disposition, tu te demanderas: Qu'elle est donc cette Nature, qui étant donnée d'une Chose corrompante, tient néanmoins en elle une Chose toute Céleste? Personne ne peut raconter tant de merveilles. Toutefois, un temps viendra peut-être, que je te raconterai plusieurs Choses spéciales de cette Nature, desquelles je n'ai pas encore obtenu du Seigneur la permission de t'instruire par écrit. Quoi qu'il en soit, quand tu auras sublimé ce Mercure, prends le tout frais & tout récent avec son Sang, de peur qu'il ne s'envieillisse, & le présente à ses Parens, à sçavoir au Soleil & à la Lune, afin que de ces trois Choses, Soleil, Lune, & Mercure, notre Compôt soit fait, & que commence le deuxiéme Dégré de notre Pierre, lequel se nomme Minéral.

DEUXIEME DEGRÉ.

Si tu veux avoir une bonne multiplication en très-fortes Qualités & Vertus Minérales par les Opérations du deuxième Dégré, moyennant Nature, prends les Corps nets, & unis avec eux ce Mercure, selon le Poids connu des Philosophes, & conjoins cette Eau séche, qui a en soi le Soufre des Elémens, & qui est appellée Huile de Nature & Mercure sublimé & subtilié, dissout & endurci par les préparations du prémier Dégré, en séparant toûjours & rejettant les résidences ou féces qu'il fait dans la Sublimation, comme n'étant d'aucune valeur.

Il ne faut pas que dans notre Sublimation, la Chose sublimée demeure à la hauteur du Vaisseau, comme il arrive dans la Sublimation des Sophistes. Dans la nôtre au contraire, ce qui est sublimé, demeure seulement un peu élevé sur les féces du Vaisseau ; car la plus subtile & la plus pure Partie nage toûjours sur ces féces, & se joint aux côtés du Vaisseau, ce qui est impur demeurant naturellement au fond, parce que la Nature, par cette évacuation, désire être restituée en mieux, en perdant de mauvaises & d'impures parties, pour en recouvrer de plus pures & de meilleures.

Par toutes ces choses, on voit la troisiéme Cause de sa nécessité, laquelle est que comme le Mercure est net, clair, blanc & incombustible, il illumine toute la Pierre, la défend d'adustion ou brûlement, & tempére l'ardeur du Feu contre Nature, en le ramenant à vrai tempérement & concorde avec le Feu naturel : Car ce Mercure Philosophique contient par excellence le Feu innaturel, dont la souveraine Vertu est attrempement contre l'ardeur du Feu contre-Nature, & comme une aide amiable du Feu naturel naturalisant, c'est-à-dire se convertissant soi-même en Nature, ou se faisant soi-même naturel, par une douce attempérence avec le Feu naturel, ce qui est un très-grand Sécret, connu de peu de Gens, d'où ce Mercure est dit Terre nourrice, comme étant le Germe, sans lequel la Pierre ne peut croître ni se multiplier. C'est pourquoi Hermès dit : La Terre est la Nourrice de notre Pierre, de laquelle le Soleil est le Pére, & la Lune la Mére. Elle monte de la Terre au Ciel, & derechef elle décend en Terre : Sa force est entiére, si elle est tournée en Terre, de laquelle Terre, avec les deux Corps parfaits, la droite Composition des Philosophes prend naissance & commencement.

Qu'il te suffise donc de ces deux Corps,

car ils sont semblables à la Chose requise & demandée, comme ledit Arnaud de Villeneuve; c'est-à-dire, Que comme la fin de la Pierre est d'être parfaite, elle parfait le Mercure vulgaire, & les autres Corps imparfaits, en les transmuant en Or & en Argent. Il faut donc nécessairement rechercher cette Vertu transmutative, là où elle est, & on ne peut la trouver plus convenablement, que dans les Corps parfaits: Car si la puissance, la force & la Vertu de transmuer les Métaux imparfaits en véritable Or, n'est pas dans un Corps pur & fin, en vain iroit-on chercher cette Vertu dans le Cuivre ou dans un autre Métal imparfait. Je dis la même chose de l'Argent; car dans tout le Genre des Métaux, l'Or & l'Argent seulement sont parfaits.

Pour avoir donc cette Substance Mercurielle dans laquelle est cette parfaite Vertu de transmuer en Or & en Argent les Métaux imparfaits, il faut recourir à tes deux Coprs parfaits, & non ailleurs. C'est pourquoi tu dois sçavoir que la Conjonction de ces deux Corps est le terme naturel de derniére Subtiliation & de Transmutation en la prémiére Matiére de régénération; & par cette raison, de cette Conjonction, comme de prémiére & simple Matiére, est faite la Génération du véritable Elixir,

La Lune, réduite en prémiére Matiére, est la Matiére passive ; car véritablement elle est l'Epouse du Soleil, & ils sont l'un & l'autre en très-prochaine affinité.

Telle est la convenance entre le Mâle & la Fémelle du Genre de l'Art, des quels s'engendre le Soufre blanc & rouge, conglutinant & congélant le Mercure : Et certainement meilleure Création, & plus voisine Transmutation est toûjours faite, quand le propre Mâle est conjoint avec sa propre Fémelle en une nature : Et le Mâle est ce qui s'éjoüit le plus au profond de la Matiére passive par sa subtilité naturelle, & il l'a transmuë & convertit en sa nature de Soufre. Ce qui a porté Dastin, Anglois, à dire de cette Conjonction : Si la Femme blanche est mariée avec le Mari rouge, ils s'embrasseront incontinent, se joindront, s'accoupleront ensemble, & ne feront qu'un Corps par leur Dissolution.

Cette Copulation est le Mariage Philosophique, & le Lien indissoluble. C'est pour cela qu'il est dit ; Ces Deux deviennent Un par conversion, & tiennent par Un, à sçavoir par notre Mercure, qui est l'Anneau du souverain Lien; Aussi est-il appellé la Fille de Platon, qui conjoint les Corps assemblez par amour.

Compose donc notre très sécrete Pierre de ces trois Choses, & non d'autres ; car les Choses requises à cet effet sont en elles seules.

Cette Amalgame, ou Composition Phisique, étant ainsi traitée, on peut véritablement dire que la Pierre n'est qu'une Chose: Car tout ce Compôt est une mixtion ou mélange, dont le prix est d'une valeur inestimable; c'est-à-dire, que le prix en est si grand, qu'on ne sçauroit se le figurer: Car il est notre Airain, dont il est dit dans la Tourbe: Sçachez tous que nulle vraie Teinture n'est faite que de cet Airain; c'est-à-dire, de notre Confection, qui se fait seulement des trois Choses, dont nous venons de parler: Et alors commence la seconde Partie de notre très-noble Pierre, & la Pierre du second Dégré, qui est appellée Minérale.

Il faut remarquer ici que la Pierre ou le Mercure, qui, par la prémiére Opération, étoit né si clair & si resplendissant, est par cette seconde Opération mortifié, noirci, & devient difforme avec tout le Compôt, afin qu'il puisse ressusciter victorieux, plus clair, plus pur, & plus fort qu'il n'étoit auparavant. Car cette mortification est sa révivification, Parce qu'en le mortifiant, il se révivifie, & en se révivifiant, il se mortifie.

Ces deux Opérations sont tellement enchaînées l'une avec l'autre, que l'une ne peut être sans l'autre, comme l'enseignent tous les Philosophes ; car la Génération de l'un, est la Corruption de l'autre. Tout cela néanmoins n'est autre chose que créer le Soufre de Nature, & réduire le Compôt en la prémiére Matiére prochaine au Genre Métallique.

Sçachez donc que ce Compôt est cette Substance, de laquelle ce Soufre de Nature doit se retirer par confortation & nourrissement, en mettant dans cette Substance la Vertu minérale, pour qu'elle soit finalement faite une nouvelle Nature, dénuée de toutes terrestréités superfluës & corrompantes, & de toutes humidités flegmatiques, qui empêchent la Digestion. Où il faut observer que selon les diverses altérations ou mutations d'une même Matiére en sa Digestion, divers noms lui sont imposez par les Philosophes : Et selon différentes compléxions, quelques-uns ont appellé ce Compôt Présure coagulante ou épaississante, d'autres l'ont nommé Soufre, Arsenic, Azot, Alum, Teinture illuminant tout Corps, & Oeuf des Philosophes : Car comme un Oeuf est composé de trois choses, sçavoir de la Coque, du Blanc, & du Jaune ; de même notre Oeuf Phisique est composé de Corps, d'Ame, d'Esprit, quoiqu'à la vérité notre Pierre soit une même chose, selon le Corps, selon l'Ame & selon l'Esprit; mais, selon diverses raisons & intentions des Philosophes, elle est tantôt dite une chose, & tôt une autre; ce que Platon nous fait entendre, quand il dit, Que la Matiére fluë à l'infini; c'est-à-dire toûjours, si la Forme n'arrête son flux.

Ainsi c'est une Trinité en Unité, & une Unité en Trinité; parce que là, sont Corps, Ame, & Esprit; là aussi sont Soufre, Mercure, & Arsenic: Car le Soufre spirant, c'est-à-dire, jettant sa vapeur en Arsenic, opére en copulant le Mercure; & les Philosophes disent que la propriété de l'Arsenic est de respirer, & que la propriété du Soufre est de coaguler, congéler, & arrêter le Mercure. Toutefois ce Soufre, cet Arsenic, & ce Mercure ne sont pas ceux que pense le Vulgaire; car ce ne sont pas ces Esprits venimeux que les Apothicaires vendent; mais ce sont les Esprits des Philosophes, qui doivent donner notre Médecine; au lieu, que les autres Esprits ne peuvent rien pour la perfection des Métaux.

C'est donc en vain que travaillent les Sophistes, qui font leur Elixir de tels Esprits venimeux & pleins de corruption: Car certainement la vérité de la souveraine subtilité de Nature, n'est en nulle autre chose, que dans ces trois Choses, à sçavoir Soufre, Arsenic, & Mercure Philosophiques, dans lesquels seulement est la réparation & la totale perfection des Corps, qui doivent être purgez & purifiez.

Les Philosophes ont imposé plusieurs noms à notre Pierre, & cependant elle n'est toûjours qu'une Chose. Par cette raison, laissez la pluralité des noms, & vous arrêtez à ce Compôt, qu'il faut mettre une fois dans notre Vaisseau sécret, d'où il ne doit point être tiré, que la Roue élémentaire ne soit accomplie, afin que la force & vertu active du Mercure, qui doit être nourri, ne soit suffoquée ou perduë : Car les Semences des choses, qui naissent de Terre, ne croissent ni ne multplient, si leur force & vertu générative leur est ôtée par quelque qualité étrangère : Aussi semblablement, cette Nature ne se multipliera jamais, ni ne sera multipliée, si elle n'est préparée en maniére d'Eau.

La Matrice de la Femme, après qu'elle a conçû, demeure close & fermée, afin qu'il n'y entre aucun air étranger, & que le fruit ne se perde pas : De même notre Pierre doit toûjours demeurer close dans son Vaisseau, & rien d'étranger ne doit lui être ajoûté : Elle doit seulement être nourrie & informée par la Vertu Informatrice de sa nature, & multiplicative, non seulement en quantité, mais aussi en qualité très-forte : De sorte qu'il faut influer ou mettre dans la Matiére sou

Humidité vivificative, par la vertu de laquelle elle est nourrie, accruë, & multipliée.

Après donc que notre Compôt est fait, la prémiére chose à laquelle on doit s'appliquer, c'est de l'animer en y mettant la Chaleur naturelle ou l'Humidité vivificative, ou l'Ame, ou l'Air, ou la Vie par la voie de la Solution & de la Sublimation avec Coagulation ; car sans cette Chaleur, elle demeureroit sans action, & sans Ame, seroit privée de ses hautes vertus, & n'auroit aucun mouvement de Génération. La maniére d'introduire la Chaleur dans la Matiére, c'est de la convertir de disposition en disposition, & de nature en nature, c'est-à-dire, de l'élever d'une nature trèsbasse, à une nature très-haute, & très-noble.

Cette disposition se fait par sa propre Sublimation, Dissolution de Terre, & Congellation d'Eau, ou Ingrossation, ou Mortification, ou Résurrection & Sublimation en légers Elémens. De sorte donc, que tout le Cercle de ce Magistére, n'est autre chose qu'une parfaite Sublimation, laquelle toutefois a plusieurs Opérations particuliéres, & enchaînées ensemble.

Cependant il y en a deux principales, à sçavoir la parfaite Dissolution, & la parfaite Congellation : Aussi tout le Magistére n'est autre chose que parfaitement dissoudre, & parfaitement congéler l'Esprit : Et ces Opérations ont une telle liaison entre elles, que jamais le Corps ne se dissout, que l'Esprit ne se congéle, ni l'Esprit ne se congéle point, que le Corps ne se dissolve. Ce qui fait dire à Raimond Lulle, Que tous les Philosophes ont déclaré que l'Oeuvre entier du Magistére, n'est que Dissolution & Congellation. Pour avoir ignoré ces Opérations, de grands Personnages en d'autres Sciences ont été trompez ; la présomption de leur sçavoir leur a fait présumer qu'ils entendoient les Cercles de la Nature, & la maniére de circuler.

Il est donc important de bien connoître la maniére de cette Circulation, qui véritablement n'est autre chose qu'imbiber & abreuver, ou faire boire le Compôt selon le juste poids de notre Eau mercurielle, que les Philosophes commandent de nommer Eau permanente, parce que dans cette Imbibition le Compôt est digéré, dissout, & congéle d'une maniére accomplie & naturelle.

C'est une chose véritable, Que si une Matiére de Terre doit être faite Feu, il faut qu'elle soit subtiliée, préparée, & faite plus simple qu'elle n'étoit. Il en est de même de notre Compôt, attenué & subtilié, en telle sorte, que le Feu domine en lui, &

cette Subtiliation & Préparation de Terre est faite avec Eaux subtiles, souverainement aigres & aiguës, qui n'ont aucune fétidité ni mauvaise odeur, telle, comme dit Géber dans sa *Somme*, qu'est l'Eau de notre Argent-vif sublimé, & ramené à nature de Feu, sous les noms de Vinaigre, de Sel, d'Alum, & de plusieurs autres Liqueurs très-aigres. Par laquelle Eau les Corps sont subtiliez, réduits & ramenez à leur prémiére Matiére, prochaine à la Pierre ou à l'Elixir des Philosophes. Remarquez que comme l'Enfant, au ventre de sa Mére, doit être nourri de son aliment naturel, qui est le sang menstruel, afin qu'il puisse croître en quantité & en qualité plus forte, de même notre Pierre doit être nourrie de sa graisse, dit Aristote, & de sa propre nature & substance.

Mais quelle est cette graisse, qui est le nourissement, la vie, l'accroissement & la multiplication de notre Pierre? Les Philosophes l'ont totalement célée, comme étant le grand Sécret qu'ils ont juré de ne jamais révéler ni manifester à aucun, & ils ont remis à Dieu seul, ce Sécret pour le révéler, ou inspirer à qui il lui plaira. Cependant, cette Humidité grasse & vivifique, ou donnant vie, est appellée par quelques Philosophes, Eau Mercurielle, Eau permanente, Eau demeurante au feu, Eau divine;

& elle est la Clef & le Fondement de toute l'Oeuvre.

De cette Eau mercurielle & permanente, il est dit dans la Tourbe, Qu'il faut que le Corps soit occupé par flamme du feu, afin qu'il soit dérompu, dépecé, & débilité; à sçavoir, avec cette Eau pleine de feu, dans laquelle le Corps est lavé jusqu'à ce que tout soit fait Eau, laquelle n'est pas Eau de Nuë ni de Fontaine, comme le croyent les Ignorans & les Sophistes, mais c'est notre Eau permanente; laquelle toutefois, sans le Corps avec lequel elle est jointe, ne peut être permanente, c'est-à-dire qu'elle ne peut demeurer au feu, & qu'elle s'enfuit aussi-tôt : & tout le secret de notre Pierre est dans cette Eau permanente : car c'est dans cette Eau qu'elle se parfait, parce que l'Humidité, qui la vivifie, est en elle, comme étant sa vie & sa resurrection.

Au sujet de cette Eau très-secrete, il est dit dans la Tourbe : l'Eau, par elle seule, fait tout : car elle dissout tout ; elle congéle tout ce qui est congelable; elle dépéce & déromp tout sans aide d'autrui; en elle est la chose qui teint & qui est teinte ; Bref, notre Oeuvre n'est autre chose que Vapeur & Eau, qui est dite mondifiante, ou nettoyant, blanchissant, rubifiant, & déjettant la noirceur des Corps; & les Philosophes l'ont nommée Eau permanente, Huile fixe & incombustible, ou qui ne peut être brulée. C'est l'Eau que les Philosophes ont divisée en deux parties, l'une desquelles dissout le Corps en le calcinant, c'està-dire en le réduisant en Chaux & en le congélant ; & l'autre partie nettoye le Corps de toute noirceur, le blanchit & rougit, & le fait fluër ou courir en multipliant ses parties. Cette Eau dans la Tourbe est appellée le Vinaigre très-aigre & trèsaigu : Car c'est une Humidité chaude en elle-même d'une chaleur vivifiante, contenant en soi une Teinture invariable, qui ne peut être altérée.

Alphidius a nommé cette Eau *Attrempance* ou mesure des Sages, & Urines des Jeunes Colériques. Pour ne pas faire connoître cette Eau, les Philosophes l'ont cachée sous différens noms, & elle n'est connuë que de trés-peu de Gens.

Hermès l'a connuë & touchée, Géber l'a connuë, Alphidius l'a traitée, Morienus l'a écrite, le Lis l'a entenduë, Arnaud de Villeneuve l'a bien apperçûë, Raimond Lulle l'a foiblement déclarée, le Texte ne l'a pas ignorée, Rasis, Avicenne, Galien, Hipocrate, Haly, & souverainement Albert l'ont sagement cachée, & Dastin, Bernard de Grave, Pythagoras, Merlin l'ancien & Aristote l'ont très-bien enteuduë :

Bref, cette Eau, qui triomphe de tout, est nommée céleste, glorieuse, dernier & final Sécret pour nourrir notre honorable Pierre, sans laquelle Eau elle n'est jamais amendée, nourrie, accruë, ni multipliée ; & pour cela, les Philosophes ont célé la manière de faire cette Eau, comme la Clef de leur Magistére. (1) Et certainement j'ai lû plus de cent volumes de Livres, traitans de cet Art, sans avoir trouvé dans aucun la perfection de cette Eau Mercurielle. J'ai vû aussi plusieurs Hommes sçavans en cette Science, sans en avoir trouvé aucun qui eût ce Sécret, excepté un grand Médecin, qui me dit avoir soupiré pendant trente-six ans avant que d'y être parvenu.

Il est dit qu'à cette Nature est donnée une double Nature, à sçavoir d'Or & d'Argent, dans les entrailles desquels, comme dans le ventre de sa Mere, l'Argent vif est contenu, multiplié, purgé & converti en Soufre blanc, non urant, par l'action de la chaleur du feu, étant là-dedans informé régulièrement par l'Art. Donc cette Eau Mercurielle n'est autre chose que l'Esprit des Corps, converti en nature de Quintessence, donnant vertu à la

---

(1) L'Auteur du Rosaire, en parlant de cette Eau sécrete : Notre Eau, dit-il, est plus forte que le feu, parce que du Corps de l'Or, elle fait un pur Esprit, ce que le feu commun ne peut faire.

Pierre & la gouvernant, Et cette Pierre, ou notre Compôt, est Matrice contenante, & Lien expédient & convenable, sçavoir Terre, Mére ou Vaisseau de Nature, retenant vertu formative de la Pierre, en quoi la chaleur naturelle est mise, qui est cette vertu *issante* du Vaisseau par le cinquiéme Esprit. C'est pourquoi ce Vaisseau, est appellé Mére & Nourrice, parce qu'il donne une vertu naturelle au Soufre, qu'il paît & qu'il nourrit.

Ceci donc est notre Compôt en ce Vaisseau naturel, dans lequel les Esprits sont transmuez de nature en nature, & plus ils fuyent, plus ils s'altérent dans ce Vaisseau, & s'éloignent de leur corruption & imperfection, jusqu'à ce qu'ils parviennent à l'accomplissement de Quintessence: Ce qui fait qu'ils prennent, ou vétent une nouvelle nature, qui est nette, blanche, pure, dénuée de toute corosiveté & superfluité terrestre, adurante ou brulante, & flegmatique évaporable.

En cette affinité du Vaisseau, l'humidité de l'Esprit, est par sa viscosité ou nature gluante, retenuë en adhérence, ou conjonction naturelle & ferme, & le Compôt s'y échauffe comme dans son humidité radicale, mêlée & mortifiée. Après quoi la chose morte ressuscite avec Sublimation joyeuse d'enfantement, en soi relevant totalement

ment de nature salfugineuse & amére. Mais l'Enfant a la puissance de se soutenir soi-même ; & comme il est encore de nature simple, il convient de le nourrir d'un petit lait gras, à sçavoir de son Humidité vivifiante, de laquelle en partie il a été engendré, & qui est notre Eau permanente, Lait de Vierge, ou Eau de vie, qui ne vient point de la vigne, & néanmoins elle est dite Eau de vie, parce qu'elle vivifie notre Pierre & la fait ressusciter. Elle est aussi dite Sang réincrudé, ou refait crud, Menstruë blanchie, Nourrissement de l'Enfant, Viande du cœur, Eau de Mer, Venin des Vivans, Viande des Morts, & Argent vif des Philosophes, dépuré de sa féculence terrestre par Sublimation Philosophique.

Après donc que notre Compôt est fait, on doit le mettre dans son Vaisseau sécret, cuire à feu très-lent, où sec ou humide, & lui faire boire de notre Eau permanente, peu à peu, en dissolvant & congélant tant de fois que la Terre monte feüillée, laquelle ensuite doit être calcinée & finalement incérée, en la fixant avec la même Eau, qui est appellée Huile incombustible & fixe, jusqu'à ce qu'elle fluë ou fonde promptement comme de la cire. Raimond Lulle dit que la Cération doit être tant de fois réitérée ou recommencée sur la Pierre, la Sublimation de la partie humide réservée, que la Pierre, avec sa propre Humidité, radicalement permanente & fixe, & qui ne laisse jamais son Corps, donne une droite fusion. C'est pourquoi, ajoute ce Philosophe, il est commandé d'abreuver notre Pierre avec cette Humidité permanente, qui rend claires ses parties; car après sa parfaite mundation ou purgation de toutes choses corrompantes, & mêmement des deux humeurs superfluës, l'une grasse & adustible, & l'autre flegmatique & évaporable, la Pierre est ramenée en propre nature & substance de Soufre non brûlant; & sans cette Humidité, jamais notre Pierre n'est amendée, nourrie, augmentée, ni multipliée. Il faut remarquer que durant la digestion, notre Pierre prend alternativement toutes sortes de Couleurs. Néanmoins il n'y en a que trois principales, dont on doit avoir grand soin, sans se mettre en peine des autres; la Couleur noire, qui est la prémiére, la Clef & le Commencement de l'Oeuvre; la Couleur blanche, qui est la seconde; & la Couleur rouge, qui est la troisiéme. C'est pourquoi il est dit que la Chose dont la tête est rouge, le pieds blancs, & les yeux noirs est tout le Magistére.

Observez donc que quand notre Compôt commence à être abreuvé de notre Eau permanente, alors il est entiérement tourné en maniére de Poix fonduë, & devenu noir comme charbon ; en cet état il est appellé la Poix noire, le Sel brûlé, le Plomb fondu, le Laiton non net, la Magnésie, & le Merle de Jean ; car, durant cette Opération, on voit comme une nuée noire, volant par la moyenne Région du Vaisseau, au fond duquel demeure la Matiére, fondue en maniére de Poix, qui se dissout totalement. En parlant de cette nuée, Jacques du Bourg Saint Saturnin s'écrie, O bénite nuée, qui t'envoles par notre Vaisseau ! C'est-là l'Eclipse du Soleil, dont parle Raimond Lulle.

Quand cette Masse est ainsi noircie, elle est dite morte & privée de sa Forme : Le Corps est aussi dit mort, & éloigné de son attrainpement, son Ame étant séparée de lui. Alors l'Humidité se manifeste en couleur d'Argent-vif, noir & puant, lequel auparavant étoit sec, blanc, bien odorant, ardent, dépuré de Soufre par la prémiére Opération, & il faut recommencer à le dépurer par cette seconde Opération. Ce Corps se trouve privé de son Ame, qu'il a perdue, de sa splendeur & de cette merveilleuse lucidité qu'il avoit prémiérement, & maintenant il est noir & enlaidi ; ce qui fait que Géber le nomme, pour sa propriété, Esprit puant, Noir blanc ocultement, & Rouge manifestement, & encore Eau vive séche.

Cette Masse, ainsi noire ou noircie, est la Clef, le Commencement, & le Signe d'une parfaite manière d'opérer au second Régime de notre Pierre précieuse. Aussi Hermès, dit-il, en voyant cette noirceur: Croyez que vous avez opéré par la bonne voie.

Donc cette Noirceur montre la vraie manière d'opérer; car la Masse étant renduë difforme, & corrompuë de vraie corruption naturelle, il s'ensuit de cette Corruption une Génération de nouvelle disposition réelle en cette Matiére; à sçavoir, acquisition d'une nouvelle Forme, lucide, claire, pure, resplendissante, & d'une odeur suave & douce.

L'Oeuvre de noircir étant accomplie, il faut en venir à l'Oeuvre de blanchir, qui est une des Roses de ce Rosier phisique, laquelle est désirée de plusieurs, requise & attenduë. Toutefois, comme nous avons déja dit, avant que la parfaite Blancheur apparoisse, toutes les Couleurs, qu'on sçauroit imaginer, sont vûës & apperçuës dans l'Oeuvre, desquelles on ne doit point s'embarasser, excepté seulement de la Blancheur qu'on doit attendre avec une patience constante.

Observez que la manière d'opérer au Noir, au Blanc, & au Rouge est toujours la même; à sçavoir, cuire le Compôt en le nourriſſant de notre Eau permanente; c'eſt-à-dire, le Blanc d'Eau blanche, & le Rouge d'Eau rouge, par lequel Nourriſſement, ou Imbibitions & Digeſtions, on extrait de la Pierre cette moyenne Subſtance de Mercure, qui eſt toute la perfection de notre double Magiſtére. De manière que la Pierre doit être purgée, non ſeulement des ſulfuréités, mais auſſi de toutes terreſtréités par Sublimations d'Eaux, par Calcinations de Terre, par Inhumations & Décoctions de ces ſuperfluités; par Réductions, entre Diſtillations & Calcinations; & enſuite cette moyenne Subſtance de ce Mercure vous conjoindrez avec un Soufre qui lui ſoit propre, & cuire le tout enſemble ſi longuement, qu'il ſoit congelé & privé de toute Humidité ſuperfluë, par la voie d'une chaleur naturelle, qui lui correſponde; après quoi il eſt ſublimé en Soufre blanc comme la nége. Par tout ceci, on voit que notre Pierre contient en ſoi deux Subſtances d'une même nature; l'une volatile, & l'autre fixe, & les Philoſophes appellent ces Subſtances unies leur Argent-vif. Par notre Opération, la Pierre doit donc être parfaitement ſéparée de toutes ſuperfluités brûlantes & corrompantes, & il n'y doit demeurer que la ſeule & pure ſubtilité, ou moyenne Subſtance d'argent-vif congelé, & dépuré de toute nature sulfureuse, étrangère, ou corrompante. Cette Dépuration se parfait quand le Corps se tourne en Esprit, & que l'Esprit se retourne en Corps, par réitération de Calcination, Réduction & Sublimation, par lesquelles la Dissolution des Corps est faite avec la Congellation ou Epaississement de l'Esprit, & la Congellation de cet Esprit se fait avec la Dissolution des Corps.

C'est donc par une seule Opération que toutes choses sont faites ; à sçavoir, Solution de l'Argent-vif fixe, avec Congellation de certain poids de l'Argent-vif volatil, & leur ablution se fait avec Eau mesurée, ainsi que la Coagulation de cette Eau en Pierre se fait moyennant la chaleur du Mâle qui opére par la Fémelle.

La Pierre naît donc véritablement après la prémiére Conjonction de ces deux Mercures, comme d'Homme & de Femme, & elle ne peut prendre naissance autrement.

Par cette Opération le Corps est dépécé, détruit, & gouverné soigneusement jusqu'à ce que son Ame subtile, étant extraite de son épaisseur, se soit tournée en Esprit impalpable. Alors le Corps est tourné en non Corps ; ce qui est la véritable Régle pour bien opérer.

Souvenez-vous que tout ce Corps est dissout par l'Esprit aigu, & qu'il se fait spirituel en se mêlant avec lui. Et comme cet Esprit est sublimé, il est nommé Eau, laquelle se lave elle-même, & se nettoye, comme nous l'avons dèja dit, en montant avec sa très-subtile Substance, & délaissant ses parties corrompantes; & les Philosophes ont appellé cette Assension, Distilation, Ablution, & Sublimation.

TROISIE'ME DE'GRE'.

Quand la Sublimation se trouve parfaitement accomplie, la Pierre est alors vivifiée de son Esprit vivifiant, ou Ame naturelle, dont elle avoit été privée en noircissant; elle est inspirée, animée, ressuscitée, & menée à la derniére fin de toute subtilité & pureté, & réduite en Pierre cristaline, blanche comme nége; elle est un peu élevée dans le Vaisseau, au fond duquel demeurent les résidences.

Cette Pierre cristaline étant séparée de ses résidences, mettez-la à part, & la sublimez sans ces résidences : car si vous vous essayez de la sublimer avec ces mêmes résidences, jamais vous ne les séparerez d'ensemble, & votre travail vous deviendroit inutile.

En sublimant donc sans ces résidences, on a la Terre blanche feüillée, le Soufre blanc non urant, congélant, & fixant après parfaitement le Mercure; nettoyant tout Corps impur, & parfaisant l'Imparfait en le réduisant en véritable Argent.

Ce Soufre, étant ainsi sublimé, il n'y a blancheur au monde qui excéde la sienne; car il est dénué de toutes choses corrompantes, & est une Nature nouvelle, une Quintessence venant des plus pures parties des quatre Elémens; c'est le Soufre de Nature, l'Arsenic non urant, le Trésor incomparable, la Joie des Philosophes, leur Délectation si désirée, la Terre blanche, feüillée & claire, l'Oiseau d'Hermès, la Fille de Platon, l'Alum sublimé, le Sel Ammoniac, & de nouveau le Merle blanc, dont les plumes excédent en lucidité le cristal, & il est de grande resplendeur, de très-suave odeur, & de souveraine pureté, netteté, subtilité, & agilité.

Ce Merle blanc Philosophique est d'une vertu inexprimable, car c'est la Substance du plus pur Soufre du monde, laquelle est l'Ame simple de la Pierre, nette & noble, & séparée de toute épaisseur corporelle. Il faut calciner ce Soufre blanc par séche Décoction, jusqu'à ce qu'il devienne une Poudre impalpable & très subtile, & privée de toute Humidité superfluë. Après quoi il doit être incéré de l'Huile blanche des Philosophes, peu à peu, jusqu'à ce qu'il fluë très promptement comme Cire. Cette Incréation accomplie, qui n'est autre

tre chose que réduction à fusion, ou à fonte de la chose qui ne peut fondre, notre glorieuse Pierre des Philosophes au blanc est parfaite, fluante & fondante, plus blanche que la nége, participante de quelque Verdeur; persévérante au feu; retenant & congélant le Mercure, & le fixant ensuite; teignant & transmuant tout Métail imparfait en véritable Lune : Et si vous en jettez un poids sur mille d'Argent-vif, ou de quelque autre Métail imparfait, il les convertira en Argent plus fin, plus pur, & plus blanc que celui des Mines.

La maniére de la Projection & de la Multiplication au blanc & au rouge est semblable.

Cependant la Multiplication se fait en deux maniéres; l'une par projection, en jettant un poids sur cent, & tout sera Médecine, de laquelle un poids convertira autre cent poids, aussi en Médecine parfaite; & un poids de ces cent, fait cent poids de pur Argent, ou de pur Or.

Il y a d'autres maniéres plus profitables & plus sécretes de multiplier la Médecine par projection, dont je me tais à présent; mais par Multiplication la Pierre est augmentée sans fin; c'est à sçavoir par ses Digestions, Animations ou Imbibitions d'Huile Mercurielle, laquelle Huile est de nature des Métaux : Et cette Multiplication se fait seulement en imbibant ou abrévant la Pierre de cette Huile permanente, & en dissolvant & congélant autant de fois qu'on le voudra : Car plus la Pierre sera digérée, plus elle sera parfaite, & plus de poids elle convertira, parce qu'elle sera plus subtiliée. En quoi est accomplie la Roze blanche, céleste, suave, & si chérie des Philosophes. Après que la Pierre au blanc est accomplie, il en faut dissoudre une partie, & tant la calciner, selon que le veulent quelques Philosophes, que par vertu de longue Décoction, elle soit tournée en cendre impalpable, & qu'elle devienne colorée en citrinité. Il faut ensuite l'abréver de son Eau rouge, jusqu'à ce qu'elle demeure rouge comme corail. Dans son Codicile, au Chapitre de la Calcination de la Terre, Raimond Lulle dit : N'oublie pas de calciner en son feu allumé la matiére de la Terre préconnuë de la Pierre, avec réitération de Destruction, de Distillation d'Eau, & de Calcination de Corps, jusqu'à ce que la Terre demeure blanche & vuide de toute humidité : Et après, continuez par plus grande force de feu & d'imbibition d'Eau, jusqu'à ce qu'elle devienne rouge comme Hyacinte, en Poudre impalpable, & sans tact. Le Signe de perfection est manifestement montré, quand à sa dermière Calcination, la Matière demeure privée de toute humidité, en parlant du second Procédé, & principalement du second Régime, qui est de faire la Pierre rouge. Géber dit, Qu'elle n'est pas faite sans addition de la chose qui la teint, que Nature connoît bien; à sçavoir, sans qu'elle soit abreuvée & teinte de cette Eau Céleste, de laquelle il est dit au *Lis* des Philosophes : Ô Nature Céleste ! comment tourne-tu nos Corps en Esprit ! O qu'elle merveilleuse & puissante Nature ! Elle est par dessus tout, elle surmonte tout, & elle est le Vinaigre, qui fait que l'Or est véritable Esprit, ainsi que l'Argent. Sans elle, ni Noirceur, ni Blancheur, ni Rougeur ne peuvent jamais être faites en notre Oeuvre : Donc, quand cette Nature est jointe au Corps, elle le tourne en Esprit, & de son Feu spirituel, le teint d'une Teinture invariable, & qui ne peut être effacée.

Hermès nomme cette Nature Céleste, Eau des Eaux ; & Alphidius l'appelle Eau des Philosophes Indiens, Babyloniens & Egyptiens. Sans cette Eau, par laquelle les Corps sont faits Esprits & réduits à leur première Nature ou Matière, notre Pierre n'est jamais amandée, la Blanche sans l'Eau blanche, & la Rouge sans l'Eau rouge.

Soit donc la Pierre Rouge abrévée de l'Eau rouge, pour qu'enfin tant par longue Décoction ou Cuisson, que par longue Imbibition ou continuel Abreuvement, elle soit faite rouge comme Sang, Hyacinthe, Ecarlate, ou Rubis, & luisante comme un Charbon embrasé, mis dans un lieu obscur : Et finallement, que notre Pierre soit ornée d'un Diadême rouge. Ce qui fait dire à Diomédes : Votre Roi venant du Feu avec sa Femme, gardez-vous de les brûler par trop grand feu ; Cuisez les donc doucement, afin qu'ils soient faits prémiérement Noirs ; après Blancs ; ensuite Citron & Rouge, & finalement Venin teignant.

Car, comme dit Ægistus, ces Choses doivent être faites par division des Eaux, Je vous commande de ne mettre pas toute l'Eau ensemble, mais peu à peu, & cuisez doucement jusqu'à ce que l'Oeuvre soit accompli.

On voit par là que la Pierre demeure rouge de vraie rougeur, lumineuse, claire, & vive, fondante comme Cire, par la Teinture de laquelle l'Argent-vif vulgaire, & tous Métaux imparfaits peuvent être teints & parfaits en très-vrai & très-bon Or, beaucoup meilleur que celui des Mines. En quoi est accomplie notre précieuse Pierre, surmontant toute Pierre précieuse, laquelle est un Trésor infini à la gloire de de Dieu, qui vit & règne éternellement.

Fin de la Parole delaissée.

LE SONGE VERD,

Véridique & véritable, parce qu'il contient Vérité. (1)

DANS ce Songe tout paroît sublime; le sens apparent n'est pas indigne de celui qu'il nous cache; la Vérité y brille d'elle-même avec tant d'éclat, qu'on n'a pas de peine à la découvrir à travers le voile, dont on a prétendu se servir pour nous la déguiser.

J'étois enseveli dans un sommeil très-profond, lorsqu'il me sembla voir une Statuë, haute de quinze pieds ou environ,

---

(1) On croit que le Trévisan est l'Auteur de cet Opuscule, qui fait la quatrième Partie du *Texte d'Alchimie*. Quoiqu'il en soit, il est fort estimé. Voici ce qu'en rapporte celui qui l'a mis en lumière. Il est inutile, ce me semble, dit-il, de chercher l'Origine du *Songe Verd*; il suffit de trouver en lui la Pratique de la Pierre Végétale, comme le cite le Trévisan dans son Livre de la *Parole délaissée*, où il en parle dans le plus bel endroit de ce Traité, pour éclaircir ce qu'il veut expliquer.

représentant un Vieillard vénérable, beau & parfaitement bien proportionné dans toutes les parties de son Corps. Il avoit de grands cheveux d'Argent tous par ondes ; ses cheveux étoient de Turquoises fines, au milieu desquelles étoient enchassées des Escarboucles, dont l'éclat étoit si brillant, que je ne pouvois en soutenir la lumière. Ses lévres étoient d'Or, ses dents de Perles Orientales, & tout le reste du Corps étoit fait d'un Rubis fort brillant. Il touchoit du pied gauche un Globe terrestre, qui paroissoit le supporter. Ayant le bras droit élevé & tendu, il sembloit soutenir, avec le bout de son doigt, un Globe céleste au-dessus de sa tête, & de la main gauche il tenoit une Clef, faite d'un gros Diamant brute.

Cet Homme s'approchant de moi, me dit: Je suis le Génie des Sages, ne crains point de me suivre. Puis me prenant par les cheveux, de la main dont il tenoit cette Clef, il m'enleva, & me fit traverser les trois Régions de l'Air, celle du Feu, & les Cieux de toutes les Planettes. Il me porta encore bien au-delà; puis m'ayant enveloppé dans un tourbillon, il disparut, & je me trouvai dans une Isle, flotante sur une Mer de Sang. Surpris d'être dans un Païs si éloigné, je me promenois sur le Rivage; & considérant cette Mer avec une grande attention, je reconnus que le Sang, dont elle étoit composée, étoit vif & tout chaud. Je remarquai même qu'un vent très-doux, qui l'agitoit sans cesse, entretenoit sa chaleur, & excitoit en cette Mer un bouillonnement, qui causoit à toute l'Isle un mouvement presque imperceptible.

Ravi d'admiration de voir ces choses si extraordinaires, je réfléchissois sur tant de merveilles, quand j'apperçûs plusieurs personnes de mon côté. Je m'imaginai d'abord qu'ils vouloient peut-être me maltraiter, & je me glissai sous un tas de Jassemins pour me cacher; mais leur odeur m'ayant endormi, ils me trouvérent & me saisirent. Le plus grand de la troupe, qui me sembloit commander les autres, me demanda avec un air fier, qui m'avoit rendu si téméraire que de venir des Païs-bas dans ce très-haut Empire. Je lui racontai de quelle maniére on m'y avoit transporté. Aussi-tôt cet Homme, changeant tout d'un coup de ton, d'air & de maniéres, me dit : Sois le bien venu, toi qui fus conduit ici par notre très-haut & très-puissant Génie. Puis il me salua, & tous les autres ensuite, à la façon de leur Païs, qui est de se coucher tout plat sur le dos, puis se mettre sur le ventre, & se relever. Je leur rendis le salut, mais selon la coûtume de mon Païs. Il me promit de me préfenter au *Hagaceftaur*, qui eft leur Empereur. Il me pria de l'excufer fur ce qu'il n'avoit point de voiture pour me porter à la Ville, dont nous étions éloigné d'une lieuë. Il ne m'entretenoit par le chemin que de la puiffance & des grandeurs de leur Hagaceftaur, qu'il difoit poffeder fept Royaumes, ayant choifi celui qui étoit au milieu des fix autres, pour y faire fa réfidence ordinaire.

Comme il remarquoit que je faifois difficulté de marcher fur des Lis, des Rofes, des Jaffemins, des Oeilets, des Tubereufes, & fur une quantité prodigieufe de Fleurs les plus belles & les plus curieufes, qui croiffent même dans les chemins; il me demanda en fouriant, fi je craignois de faire mal à ces Plantes. Je lui répondis, que je fçavois bien qu'il n'étoit point en elles d'ame fenfitive; mais que comme elles étoient très-rares dans mon Païs, je repugnois à les fouler aux pieds.

Ne découvrant par toute la Campagne que Fleurs & Fruits, je lui demandai où l'on fémoit leurs Bleds. Il me répondit, qu'ils ne les fémoient point ; mais que comme ils s'en trouvoit en quantité dans les terres ftériles, le Hagaceftaur en faifoit jetter la plus grande partie dans nos Païs-bas pour nous faire plaifir, & que les Bêtes mangeoient ce qui en restoit. Que pour eux, ils faisoient leur Pain des Fleurs les plus belles; qu'ils les pétrissoient avec la Rosée, & les cuisoient au Soleil. Comme je voyois par-tout une si prodigieuse quantité de très-beaux Fruits, j'eus la curiosité de prendre quelques Poires pour en goûter; mais il voulut m'en empêcher, en me disant qu'il n'y avoit que les Bêtes qui en mangeoient. Je les trouvois cependant d'un goût admirable. il me présenta des Pêches, des Melons & des Figues; & il ne s'est jamais vû dans la Provence, dans toute l'Italie, ni dans la Gréce des Fruits d'un si bon goût. Il me jura par le Hagacestaur que ces Fruits venoient d'eux-mêmes, & qu'ils n'étoient aucunement cultivez, m'assurant qu'ils ne mangeoient rien autre chose avec leur pain.

Je lui demandai comment ils pouvoient conserver ces Fleurs & ces Fruits pendant l'Hiver. Il me répondit qu'ils ne connoissoient point d'Hivers; que leurs Années n'avoient que trois Saisons seulement, sçavoir le Printemps, l'Esté, & que de ces deux Saisons se formoit la troisiéme, à sçavoir l'Automne, qui renfermoit dans le Corps des Fruits l'Esprit du Printemps, & l'Ame de l'Esté : Que c'étoit dans cette Saison que se cueilloient le

Raisin & la Grénade, qui étoient les meilleurs fruits du Païs.

Il me parut fort étonné lorsque je lui appris que nous mangions du Bœuf, du Mouton, du Gibier, du Poisson, & d'autres Animaux. Il me dit que nous devions avoir l'entendement bien épais, puisque nous nous servions d'alimens si matériels. Il ne m'ennuyoit aucunement d'entendre des choses si belles & si curieuses, & je les écoutois avec beaucoup d'attention. Maïetas nt averti de considérer l'aspect de la Ville, dont nous n'étions alors éloignez que de deux cens pas, je n'eus pas si-tôt levé les yeux pour la voir, que je ne vis plus rien, & que je devins aveugle; de quoi mon Conducteur se prit à rire, & ses Compagnons de même.

Le dépit de voir que ces Messieurs se divertissoient de mon accident, me faisoit plus de chagrin que mon malheur même. S'appercevant donc bien que leurs maniéres ne me plaisoient pas, celui qui avoit toujours pris soin de m'entretenir, me consola, en me disant d'avoir un peu de patience, & que je verrois clair dans un moment. Puis il alla chercher d'une Herbe, dont il me frotta les yeux, & je vis aussitôt la lumiére, & l'éclat de cette superbe Ville, dont toutes les Maisons étoient faites de Cristal très-pur, que le Soleil éclairoit continuellement; car dans cette Isle il ne fut jamais de nuit. On ne voulut point me permettre d'entrer dans aucune de ces Maisons, mais bien d'y voir ce qui se passoit à travers les murs qui étoient transparens. J'examinai la prémiére Maison; elles sont toutes bâties sur un même modéle. Je remarquai que leur logement ne consistoit qu'en un étage seulement, composé de trois Appartemens, chaque Appartement ayant plusieurs Chambres & Cabinets de plein pied.

Dans le prémier Appartement paroissoit une Salle, ornée d'une tenture de Damas, tout chamaré de Galon d'Or, bordé d'une Crêpine de même. La couleur du fond de cette étoffe étoit changeante de rouge & de vert, rehaussé d'Argent très-fin; le tout couvert d'une Gaze blanche, ensuite étoient quelques Cabinets, garnis de Bijoux de couleurs différentes; puis on découvroit une Chambre toute meublée d'un beau Velours noir, chamaré de plusieurs bandes de Satin très-noir & très-luisant; le tout relevé d'un travail de Geais, dont la noirceur brilloit & éclatoit fort.

Dans le second Appartement se voyoit une Chambre, tendue d'une Moire blanche ondée, enrichie & relevée d'une Sémence de Perles Orientales très-fines. Ensuite étoient plusieurs Cabinets, parez de meubles de plusieurs couleurs, comme de Satin bleu, de Damas violet, de Moire citrine, & de Taffetas incarnat.

Dans le troisiéme Appartement étoit une Chambre, parée d'une Etoffe très-éclatante, de Pourpre à fond d'Or, plus belle & plus riche sans comparaison que toutes les autres étoffes que je venois de voir.

Je m'enquis où étoient le Maître & la Maîtresse du Logis. On me dit qu'ils étoient cachez dans le fond de cette Chambre, & qu'ils devoient passer dans une autre plus éloignée, qui n'étoit séparée de celle-ci que par quelques Cabinets de communication, que les meubles de ces Cabinets étoient de couleurs toutes différentes, les uns étant d'un Tabis couleur d'Isabelle, d'autres de Moire citrine, & d'autres d'un Brocard d'Or très-pur & très-fin.

Je ne pouvois voir le quatriéme Appartement, parce qu'il doit être hors d'œuvre ; mais on me dit qu'il ne consistoit qu'en une Chambre, dont les meubles n'étoient qu'un tissu de rayons de Soleil les plus épurez & concentrez dans cette étoffe de Pourpre où je venois de regarder.

Après avoir vû toutes ces curiosités,

on m'apprit comment se faisoient les Mariages parmi les Habitans de cette Isle. Le Hagacestaur ayant une très-parfaite connoissance des humeurs & du temperament de tous ses Sujets, depuis le plus grand jusqu'au plus petit, il assemble les Parens les plus proches, & met une jeune Fille, pure & nette, avec un bon Vieillard sain & vigoureux : Plus il purge & purifie la Fille, il lave & nottoye le Vieillard, qui présente la main à la Fille, & la Fille prend la main du Vieillard: Puis on les conduit dans un de ces Logis, dont on scelle la porte avec les mêmes matériaux dont le Logis a été fait : & il faut qu'ils restent ainsi enfermez ensemble neuf mois entiers, pendant lequel temps ils font tous ces beaux Meubles qu'on m'a fait voir. Au bout de ce terme, ils sortent tous deux unis en un même Corps ; & n'ayant plus qu'une Ame, ils ne font plus qu'un, dont la puissance est fort grande sur Terre. Le Hagacestaur s'en sert alors pour convertir tous les Méchans, qui sont dans ses sept Royaumes.

On m'avoit promis de me faire entrer dans le Palais du Hagacestaur; de m'en faire voir les Appartemens, & un Sallon entr'autres, où sont quatre Statuës aussi anciennes que le Monde, dont celle qui est placée au milieu est le puissant *Séganissie géde*, qui m'avoit transporté dans cette Isle. Les trois autres, qui forment un triangle à l'entour de celui-ci, sont trois Femmes, à sçavoir, *Ellugaté*, *Linémalore*, & *Tripsarécopsem*. On m'avoit aussi promis de me faire voir le Temple où est la Figure de leur Divinité, qu'ils appellent *Elesel Vassergusine*; mais les Cocqs s'étant mis à chanter, les Pasteurs conduisant leurs Troupeaux aux champs, & les Laboureurs attelans leurs charruës, firent un si grand bruit, qu'ils me réveillerent, & mon Songe se dissipa entiérement.

Tout ce que j'avois vû jusqu'ici n'étoit rien en comparaison de ce qu'on promettoit de me faire voir. Cependant je n'ai pas de peine à me consoler, lorsque je fais réfléxion sur cet Empire Céleste, où le Tout-Puissant paroît assis dans son Trône environné de gloire, & accompagné d'Anges, d'Archanges, de Chérubins, de Séraphins, de Trônes & de Dominations. C'est-là que nous verrons ce que l'œil n'a jamais vû, que nous entendrons ce que l'oreille n'aura jamais entendu, puisque c'est dans ce Lieu que nous devons goûter une félicité éternelle, que Dieu lui-même a promise à tous ceux qui tâcheront de s'en rendre dignes, ayant tous été créez pour participer à cette gloire. Faisons donc tous nos efforts pour la mériter. Loüé soit Dieu.

Fin du Songe Verd.

OPUSCULE
DE LA
PHILOSOPHIE
NATURELLE
DES METAUX,

Composée par D. ZACHAIRE,
Gentilhomme de Guyenne.

PREFACE. (1)

COMBIEN que tous ceux qui ont écrit en cette Divine Science, justement & à bon droit apellée Philosophie Naturelle, ayent expressement défendu la profanation & *divulguement* d'icelle ; si est-ce, Ami Lecteur, qu'ayant

(1) Zachaire ayant écrit en François son Opuscule, on n'a pas crû devoir en réformer le Langage, pour les raisons qui ont empêché de corriger celui de Trévisan.

lû & relû par diverses & continuelles fois les Livres des Philosophes Naturels, & pensé ordinairement à l'interprétation des Contradictions, Figures, Comparaisons, Equivoques & divers Enigmes qui apparoissent en nombre infini en leurs Livres; je n'ai voulu céler & cacher la résolution qu'en ai pû faire; après avoir longuement travaillé aux Sophistications, & maudites *Receptes*, ou, pour parler plus proprement, *Déceptes*, esquelles j'ai été par un long-temps plus envelopé & enfermé qu'oncques Dédalus ne fut en son Labirinthe. Mais enfin, par continuelle lecture des bons Auteurs, & approuvez dans la Science, j'ai dit avec Géber en sa Somme: *Retournant en nous-mème, & considerant la vraie voie & façon dont Nature use sous terre en la procréation des Métaux, avons connu la vraie & parfaite Matiére, laquelle Nature nous a préparée pour les parfaire sur terre.* Ainsi que l'expérience, grace au Seigneur Dieu, qui m'a fait tant de faveur & graces par son cher Fils, notre Rédempteur Jesus-Christ, m'a puis après certifié, comme le dirai plus amplement en la prémiére Partie de mon présent Opuscule, où je déclarerai la façon par laquelle je suis parvenu à la connoissance de cette Divine Oeuvre. Car en la seconde je montrerai de quels Auteurs j'ai usé en mon étude,

rédigeant

rédigeant leurs autorités en bon ordre, & vraie métode, afin de mieux connoître la propriété & explication des Termes de la Science. Et en la tierce & dernière Partie, je déclarerai la Pratique de telle sorte, qu'elle sera cachée aux Ignorans, & montrée comme au doigt aux vrais Enfans de la Science; pour lesquels je me suis grandement peiné à mettre & rédiger le tout au meilleur ordre qu'il m'a été possible. Ne voulant point imiter en cela plusieurs, qui nous ont précédez, lesquels ont été tant Envieux du bien public, & Amateurs de la particularité, qu'ils n'ont voulu déclarer leur Matière que sous diverses & variables Allégories, non pas seulement montrer leurs Livres, comme j'en ai connu un de mon temps, qui tenoit tant chers & cachez des Papiers qu'il avoit recouvré d'un Gentilhomme Vénitien, que lui-même n'osoit les regarder à demi, se faisant accroire que nôtre grand Oeuvre devoit un jour sortir de-là, sans se tourmenter davantage que les garder dans un coffre bien fermé.

Mais telle manière de Gens doivent sçavoir que cette Oeuvre, tant Divine, ne nous est point donnée par cas fortuit, ainsi que disent les Philosophes, quand ils reprennent ceux qui travaillent à crédit; comme font presque tous les Opérateurs d'aujourd'hui ; desquels je ne doute point que je ne sois aigrément repris & taxé, pour avoir publié mon présent Opuscule, disans que je fais une grande folie de publier ainsi mon Oeuvre, même en Langage vulgaire ; attendu qu'il n'y a Science qui soit aujourd'hui tant haïe du commun populaire, que celle-ci.

Mais pour leur répondre : Je veux prémiérement qu'ils sçachent, s'ils ne l'ont encore connu, que cette Divine Philosophie n'est point en la puissance des Hommes ; moins peut-elle être connuë par leurs Livres, si notre bon Dieu ne l'inspire en nos cœurs par son Saint Esprit, ou par l'organe de quelque Homme vivant, comme je prouverai bien amplement dans la seconde Partie de cettui mien Opuscule. Tant s'en faut donc que je la publie par ce petit Traité. Et quant à ce que je l'ai mise en Langage vulgaire ; qu'ils sçachent que je n'ai rien fait en ceci de nouveau ; mais plûtôt imité nos Auteurs anciens, lesquels ont tout écrit en leur Langue, comme Hamec Philosophe Hébrieux en Langage Hébraïque ; Thébit & Haly Philosophes Chaldéens, en leur Langue Chaldaïque ; Homerus, Théophrastus, Démocritus & tant d'autres Philosophes Grecs, en leur Langue Grecque ; Abobaly, Géber, Avicenne, Philosophes Arabes, en leur Langage Arabique ; Morienus, Raymondus-Lullius & plusieurs autres Philosophes Latins, en leur Langue Latine; afin que leurs Successeurs connussent que cette Divine Science avoit été baillée aux Gens de leur Nation. Si donc j'ai imité tous ces Auteurs & plusieurs autres en leurs Ecrits, il n'est pas de merveille si je les ai ensuivis en leur façon d'écriture, afin mêmement que ceux qui sont aujourd'hui vivans, & qui nous suivront après, connoissent que notre benoît Dieu a voulu, par sa sainte & divine Miséricorde, gratifier en cela notre bon Païs de Guienne, comme il a fait d'autres fois les autres Nations.

Et quant à ce qu'ils disent: Notre Science est haïe du commun populaire; ce n'est pas elle: car la Vérité étant prémiérement connuë, a été toujours aimée ; ains ce sont les tromperies & fausses Sophistications, comme je déclarerai plus amplement en la prémiére Partie.

Mais, diront-ils, puisque je n'exprime bien clairement toutes les choses requises à la Composition de notre divin Oeuvre, afin que tous ceux, qui verront mon présent Opuscule, puissent travailler assurément; quel profit en rapporteront les Lisans? Je dis grand & double profit. Prémiérement, qui est aujourd'hui l'Homme, qui sçauroit exprimer ni déclarer le grand bien qu'on dépend ordinairement en la France, à la poursuite de ces maudites Sophistications; desquelles, si c'est le bon plaisir de Dieu qu'ils en soient retirez, mettant fin à tant de folles dépenses, par la lecture de mon Opuscule, ne seroit-ce pas en rapporter un grand profit ? Sans compter le second, que les bons & fidelles Lecteurs en rapporteront, en rangeant leur étude selon la vraie métode, que j'en ai baillée en la seconde Partie. Et si Dieu leur fait tant de graces qu'ils en puissent faire telle résolution que je dirai ci-après, la Tierce ne leur sera pas inutile, pour avoir entrée & grand accès à cette Divine Pratique. Je dis Divine, pource qu'elle est telle que l'entendement des Hommes ne la peut comprendre de soi, & fussent-ils les plus grands Philosophes qui fûrent oncques, comme donne assez à entendre Géber, quand il taxe ceux qui veulent travailler en considérant seulement les Causes naturelles, & la seule Opération de Nature: *En cela*, dit-il, *faillent les Opérateurs aujourd'hui, pource qu'ils pensent ensuivre Nature, laquelle notre Art ne peut imiter en tout.*

Cessent donc deformais tels & semblables Calomniateurs, lesquels je veux advertir qu'ils ne se peinent point à la lecture de mon préſent Opuſcule: Car ce n'eſt point pour eux que je l'ai compoſé; mais pour les Enfans bénévoles, dociles & amateurs de notre Science, leſquels je prie très-humblement, qu'avant ſe prendre à travailler, ils ayent réſolu en leurs entendemens toutes & chacunes les Opérations néceſſaires à la Compoſition de notre Divine Oeuvre, & icelles adaptées tellement aux Sentences, Contradictions, Enigmes, Equivoques, que l'on trouve aux Livres des Philoſophes, qu'ils n'y apperçoivent plus aucune Contradiction ni Variété quelconque. Car c'eſt le vrai moyen pour connoître la vérité, & principalement de cette Divine Philoſophie, comme trop mieux écrit Raſis, diſant : *Celui qui ſera pareſſeux à lire nos Livres, ne ſera jamais prompt à préparer les Matiéres : Car l'un des Livres déclare l'autre, & ce qui défaut en l'un, eſt adjoûté en l'autre.* Parce qu'il ne faut jamais attendre, & ce par jugement Divin, de trouver tout l'accompliſſement de notre Divin Oeuvre, écrit & déclaré par ordre; ainſi qu'à très bien écrit Ariſtote au Roi Alexandre, répondant à ſa priére : *Il n'eſt pas licite,* dit-il, *demander choſe que ne ſoit permiſe l'octroyer. Comment donc penſes-tu que j'écrive au long en papier, ce que les cœurs des Hommes ne pourroient porter, s'il étoit ré-*

digé par écrit. Donnant aſſez à entendre par le refus qu'il faiſoit au Roi, ſon Maître, qu'il eſt défendu par l'Ordonnance Divine, de publier notre Science en termes tels qu'ils ſoient entendus du Commun.

Parquoi *j'adjure* par la Préſente tous ceux, qui par le moyen de mon préſent Opuſcule, parviendront à la vraie Connoiſſance de cette Divine Oeuvre, qu'ils la *manient* tellement, que les Pauvres en ſoient nourris; les Oppreſſez, relevez d'affaire; les Ennuyez, ſoulagez pour l'amour de notre bon Dieu, qui leur aura communiqué un ſi grand Bien; duquel je les prie encore un coup reconnoître le tout, & comme venant de lui, en uſer ſelon ſes ſaints Commandemens. Ce faiſant, il fera qu'ils proſpéreront en leurs affaires, comme du contraire il permettera que le tout ſoit à leur confuſion.

Je te ſupplie donc, Ami fidéle, qu'en liſant nos Livres, tu ayes toûjours ce bon Dieu en tout entendement, pource que tout bien décend de lui, & ſans l'aide d'icelui, il n'y a rien de parfait en ce bas Monde; tant s'en faut qu'on puiſſe parvenir à la Connoiſſance de ce grand & admirable Bien, ſi ſon Saint Eſprit ne nous eſt donné pour Guide. Comme de vrai il le fera, ſi l'avarice ne te méne, & que tu ſois vrai Zélateur de Jesus-Christ; auquel soit loüange glorieuse aux Siécles des Siécles. Ainsi soit-il.

PREMIERE PARTIE.

Comment l'Auteur est parvenu à la Connoissance de cette Divine Oeuvre.

Hermès, justement appellé Trismegiste, qui est communément interprété Trois fois très-Grand, Auteur & prémier Prophéte des Philosophes Naturels, après avoir vû par expérience la certitude & vérité de cette Divine Philosophie, a très-bien & à bon droit laissé par écrit, que n'eût été la crainte qu'il avoit du Jugement universel, que le Souverain Dieu doit faire de toutes Créatures raisonnables, ès derniers jours de la consommation du Monde; il n'eût jamais rien laissé par écrit de cette Divine Science, tant il l'a estimée, & à juste occasion, grande & admirable. En cette opinion ont été tous les Auteurs principaux qui l'ont ensuivi. Qui est la cause qu'ils ont tous écrit leurs Livres de telle sorte, comme dit Géber en sa Somme, qu'ils concluent toûjours à deux parties, afin de faire faillir les Ignorans, &

déclarer, deſſous cette variété d'opinions, leur intention principale aux Enfans de la Science, Leſquels il convient errer du commencement; afin, diſent-ils, que l'ayant acquiſe avec grande peine & travail de corps & d'entendement, ils la tiennent plus chére & plus ſécrette. Ce qui, de vrai eſt une grande occaſion pour ne la publier point, pource qu'il faut une peine indicible à l'acquérir, ſans compter les frais & dépenſes qui ſont grandes, avant pouvoir parvenir à la parfaite Connoiſſance de cette Divine Oeuvre. Je parle de ceux qui n'ont autre Maître que les Livres, attendans l'inſpiration de notre bon Dieu, comme j'ai été l'eſpace de dix ans.

Car prémiérement, pour conter le vrai ordre du temps, & la façon comment j'y ſuis parvenu: Etant âgé de vingt ans, ou environ, après avoir été inſtruit par la *ſollicitude* & diligence de mes Parens, aux Principes de la Grammaire en notre maiſon; je fus envoyé par iceux à Bordeaux, pour ouïr les Arts au Collége, pource qu'il y avoit ordinairement des Maîtres fort ſçavans, où je fus trois ans étudiant preſque toûjours en la Philoſophie; en laquelle je profitai tellement par la grace de Dieu, & ſollicitude d'un mien Maître particulier, que mes Parens m'avoient baillé, qu'il ſembla bien à tous mes Amis & Parens

rens (pource que pendant ce temps, j'avois perdu Pére & Mére, qui me laissérent tout seul) que je fusse à Tolose, sous la charge de mondit Maître, pour étudier ès Loix. Mais je ne partis pas de Bordeaux, que je ne prisse accointance à d'autres Ecoliers, qui avoient divers Livres de Receptes amassées de plusieurs, lesquels me furent familiers, pource que mon Maître s'entremettoit d'y travailler. Je ne fus pas si paresseux, que je laissasse une seule feüille à *doubler* de tous les Livres que je pouvois recouvrer, de sorte qu'avant àller à Tolose, j'en avois un Livre bien grand, & gros de l'épaisseur de trois doigts; où j'avois écrit plus de Projections, un poids sur dix, un autre sur vingt, sur trente avec force Tiercelets & Medions pour le *Rouge*, l'un à dix-huit carats, l'autre à vingt, l'autre à l'Or d'écu, l'autre à l'Or ducat; d'autres pour en faire de plus haute couleur que jamais en fut. Les uns devoient soutenir les Fontes, les autres la Touche, les autres tous Jugemens, & d'autres infinies sortes. De même pour le *Blanc*; si bien que l'un devoit venir à dix Déniers, l'autre à onze, l'autre à Argent de Teston, l'autre Blanc de Feu, l'autre à la Touche: De sorte qu'il me sembloit que si j'avois une fois le moïen de pratiquer la moindre desdites Receptes, je serois le plus heureux Homme du Monde. Et principalement des Teintures que j'avois recouvrées. Les unes portoient le titre d'être l'Oeuvre de la Reine de Navarre, les autres du feu Cardinal de Lorraine; les autres du Cardinal de Tournon; & d'autres infinis noms; afin, comme je connus depuis, qu'on y ajoûtât plus de foi, comme de vrai je faisois pour-lors.

Car incontinent que je fus à Tolose, je me pris à dresser de petits Fours, étant avoüé du tout de mon Maître; puis des petits je devins aux grands, si bien que j'en avois une chambre toute entournée. Les uns pour distiller, d'autres pour sublimer, d'autres pour calciner, d'autres pour faire dissoudre dans le Bain Marie, d'autres pour fondre. De sorte que pour mon entrée, je dépendis en un an plus de deux cens écus, qu'on nous avoit baillé, pour nous entretenir deux ans aux Etudes, tant à dresser des Fours, qu'à achepter du charbon, diverses & infinies Drogues, divers Vaisseaux de verre, desquels j'en acheptois pour six écus à la fois; sans compter deux onces d'Or, qui se perdirent à pratiquer l'une des Receptes; deux ou trois marcs d'Argent à l'autre: ou bien si par fois s'en recouvroit, qu'étoit bien peu, il étoit aigre & noirci tellement de force de mêlanges, que lesdites Receptes commandoient y mettre, qu'il étoit presque du tout inutile. Si bien qu'à la fin de l'année mes deux cens écus s'en allérent en fumée, & mon Maître mourut d'une fiévre continuë, qui lui print l'Esté, de force de soufler, & de boire chaud ; pource qu'il ne partoit guéres de la chambre, pour la grande envie qu'il avoit de faire quelque chose de bon, où il ne faisoit guéres moins de chaud que dedans l'Arcenal de Venise, en la fonte des Artilleries. La mort duquel me fut grandement ennuyeuse ; car mes prochains Parens refusoient me bailler argent, plus que ne m'en falloit pour m'entretenir aux Etudes, & moi ne désirois autre chose que d'avoir le moyen pour continuer.

Ce qui me contraignit aller vers ma maison, pour sortir de la charge de mes Curateurs, afin d'avoir le maniement de tous mes Biens paternels ; lesquels j'arrentis pour trois ans à 4. cens écus, pour avoir le moyen de mettre sus une Recepte, entr'autres, qu'un Italien m'avoit baillée à Tolose, & assûré avoir vû l'expérience, lequel je retins avec moi, pour voir la fin de sa Recepte. Pour laquelle pratiquer, il me fallut achepter deux onces d'Or & un marc d'Argent, lesquels étans fondus ensemble, nous fîmes dissoudre avec Eau-forte, puis les calcinâmes par évaporation, nous essayant à les dissoudre avec d'autres diverses Eaux, par diverses Distillations, par tant de fois, que deux mois passèrent, avant que notre Poudre fut prête, pour en faire projection. De laquelle nous usâmes comme commandoit ladite Recepte; mais ce fut en vain, car tout l'*Augment* que j'en reçus, ce fut à la façon de la livre *diminuante*. Car de tout l'Or & l'Argent que j'y avois mis, n'en recouvrai qu'un demi marc; sans compter les autres frais, qui ne fûrent petits. Si bien que mes quatre cens écus, revinrent à deux cens trente, desquels j'en baillai à mon Italien vingt, pour aller trouver l'Auteur de ladite Recepte, qu'il disoit être à Milan, afin de nous redresser. Par ainsi je fus à Tolose tout l'Hiver, attendant son retour; mais j'y serois encore, si je l'eusse voulu attendre, car je ne le vis depuis.

Cependant l'Esté vint accompagné d'une grande pestilence, qui nous fit abandonner Tolose. Et pour ne laisser les Compagnons que je connoissois, m'en allai à Cahors, où je fus six mois, durant lesquels je n'oubliai pas à continuer mon entreprise, & m'accompagnai d'un bon vieil Homme, qu'on appelloit communément le Philosophe, auquel je montrois mes broüillards, lui demandant conseil & avis, pour voir quelles Receptes lui sembleroient être les plus apparentes, lui mêmement qui avoit tant manié de Simples en sa vie. Lequel m'en marqua dix ou douze, qui étoient à son avis des meilleures; lesquelles je commençai à pratiquer, incontinent que je fus retourné à Tolose, par la Fête de Toussaints, après que le danger de la peste fut cessé. Si bien que tout l'Hiver passa tandis que je pratiquois lesdites Receptes; desquelles je rapportai tel & semblable profit, que des prémieres. De sorte qu'après la Fête de la S. Jean, je trouvai mes quatre cens écus augmentez, & devenus à cent soixante-dix; non que pour cela je cessasse de poursuivre toujours mon entreprise.

Et pour mieux la continuer, je m'accostai avec un Abbé, près de Tolose, qui disoit avoir le *double* d'une Recepte pour faire notre grand Oeuvre, qu'un sien Ami, qui suivoit le Cardinal d'Armagnac, lui avoit envoyée de Rome; laquelle il tenoit toute assûrée, & qui devoit coûter deux cens écus, desquels j'en fournis les cent, & lui l'autre moitié. Et commençames à dresser de nouveaux Fourneaux, tous de diverses façons, pour y travailler. Et pource qu'il falloit avoir d'une Eau de vie fort souveraine, pour dissoudre un marc d'Or, nous achetâmes, pour la bien faire, une fort bonne piece de vin de Gaillac, duquel nous tirâmes notre

Eau avec un Pellican bien grand. De sorte que dans un mois nous eûmes de l'Eau passée & repassée par diverses fois, plus que n'en avions besoin. Puis nous fallut avoir divers Vaisseaux de verre pour la purifier & subtilier davantage; de laquelle nous en mîmes quatre marcs dedans deux grandes cornuës de verre, bien épaisses, où étoit le marc de l'Or, que nous avions prémiérement calciné par un mois à grande force de feu de flâme, & dressâmes ces deux Cornuës l'une dans l'autre, lesquelles étant bien luttées, nous mîmes sur deux Fours ronds & grands, & achetâmes pour trente écus de charbon tout à un coup pour entretenir le feu au-dessous desdites Cornuës un an entier. Durant lequel nous essayâmes toujours quelque petite Récepte, desquelles nous rapportâmes autant de profit comme de la grande Oeuvre. Laquelle nous eussions gardé jusqu'à présent, si eussions voulu attendre qu'elle se fût congelée au milieu du cul des Cornuës, comme promettoit la Récepte: Et non sans cause, car toutes Congélations sont précédées de Dissolutions; & nous ne travaillâmes point en la Matière dûë, pource que ce n'est pas l'Eau qui dissout notre Or; comme de vrai l'expérience nous le montra: Car nous trouvâmes tout l'Or en poudre, comme l'y avions mis, fors qu'elle étoit quelque peu plus déliée, de laquelle nous fîmes projection sur de l'Argent-vif échauffé, ensuivant la Recepte; mais ce fut en vain.

Si nous en fûmes marris, je vous le laisse à penser, mêmement Monsieur l'Abbé, qui avoit dèja publié à tous ses Moines (fort bon Sécrétaire public) qu'il ne restoit qu'à faire fondre une belle Fontaine de Plomb, qu'ils avoient en leur Cloître, pour la convertir en Or, incontinent que notre besogne seroit achevée. Mais ce fut pour une autre fois qu'il la fit fondre, pour avoir moyen de faire travailler en vain quelque Allemand, qui passa à son Abbaye, quand j'étois à Paris. Combien que pour cela il ne cessa de vouloir continuer son entreprise, & me conseilla que je devois me mettre au devoir pour recouvrer trois ou quatre cens écus, & qu'il en fourniroit autant, pour m'en aller demeurer à Paris, Ville aujourd'hui la plus fréquentée de divers Opérateurs en cette Science qui soit en toute l'Europe, & là m'accointer avec tant de façons de Gens pour travailler avec eux, que je rencontrasse quelque chose de bon, pour le départir entre nous deux comme Fréres : Et ainsi l'arrêtâmes. De sorte que j'arrentis de rechef tout mon Bien, & m'en allai à Paris avec huit cens écus en la bourse, délibéré de n'en partir que tout cela ne fût dépendu, ou que je n'eusse trouvé quelque chose de bon. Mais ce ne fut pas sans encourir la male grace de tous mes Parens & Amis, qui ne tâchoient qu'à me faire Conseiller de notre Ville, pource qu'ils avoient opinion que je fûsse grand Legiste. Si est-ce que nonobstant leurs priéres (après leur avoir fait accroire que j'allois à la Cour, pour en acheter un Etat) je partis de ma maison le lendemain de Noël, & arrivai à Paris trois jours après les Rois, où je fus un mois durant presqu'inconnu de tous. Mais après que j'eus commencé à frequenter les Artisans, comme Orfévres, Fondeurs, Vitriers, Faiseurs de Fourneaux, & divers autres; je m'accostai tellement de plusieurs, qu'il ne fut pas un mois passé, que je n'eusse la connoissance à plus de cent Opérateurs. Les uns travailloient aux Teintures des Métaux par Projection, les autres par Cimentation, les autres par Dissolution, les autres par Conjonction de l'essence (comme ils disoient) de l'Emeri, les autres par longues Décoctions, les autres travailloient à l'Extraction des Mercures des Métaux, les autres à la Fixation d'iceux. De sorte qu'il ne se passoit jour, mêmement les Fêtes & Dimanches, que ne nous assemblissions, ou au logis de quelqu'un, & fort souvent au mien, où à Notre Dame la grande, qui est l'Eglise la plus fréquentée de Paris, pour parlementer des besognes qui s'étoient passées aux jours précédents. Les uns disoient, si nous avions le moyen pour recommencer, nous ferions quelque chose de bon. Les autres, si notre Vaisseau eût tenu nous étions dedans. Les autres, si nous eussions eu notre Vaisseau de cuivre bien rond & bien fermé, nous avions fixé le Mercure avec la Lune: Tellement qu'il n'y en avoit pas un qui fît rien de bon, & qui ne fût accompagné d'excuse. Combien que pour cela je ne me hâtasse guéres à leur présenter argent, sçachant déja & connoissant très-bien les grandes dépenses que j'avois fait auparavant à crédit, & sur l'assurance d'autrui.

Toutesfois durant l'Esté il vint un Grec, que l'on estimoit fort sçavant Homme, lequel s'adressa à un Trésorier que je connoissois, lui promettant faire de fort belle besogne. Laquelle connoissance fut cause que je commençai à foncer comme lui pour arrêter, ainsi qu'il disoit, le Mercure du Cinabre. Et pource qu'il avoit besoin d'Argent fin en limaille, nous en achetâmes trois marcs, & les fîmes limer; duquel il en faisoit de petits Clouds, avec une pâte artificielle, & les mêloit avec le Cinabre pulverisé, puis les faisoit décuire dans un Vaisseau de terre bien couvert, par un certain temps; & quand ils étoient bien secs, il les faisoit fondre ou les passoit par la Coupelle; tellement que nous trouvions trois marcs & quelque peu davantage d'Argent fin, qu'il disoit être sortis du Cinabre, & que ceux que nous y avions mis d'Argent fin, s'en étoient volé en fumée. Si c'étoit profit, Dieu le sçait, & moi aussi, qui dépendis des écus plus de trente; toutesfois il assûroit toûjours qu'il y avoit du gain. De sorte qu'avant Noël suivant, cela fut tant connu en Paris, qu'il n'étoit Fils de bonne Mére, s'entremêlant de travailer en la Science; (c'est-à-dire aux Sophistications,) qui ne sçavoit, ou n'avoit entendu parler des Clouds de Cinabre; comme un autre temps après, fut parlé des Pommes de Cuivre, pour fixer là dedans le Mercure avec la Lune.

Tandis que ces jeunesses passoient, un Gentilhomme étranger arriva grandement expert aux Sophistications, si bien qu'il en faisoit profit ordinairement, & vendoit sa besogne aux Orfévres, avec lequel je m'accompagnai le plûtôt qu'il me fut possible. Mais ce ne fut pas sans dépendre, afin qu'il ne me pensât point *Soufreteux*. Toutesfois je demeurai près d'un an en sa compagnie; avant qu'il me *voulsist* déclarer rien. Enfin, il me montra son Sécret, qu'il estimoit fort grand, combien que de vrai il ne fût rien de parfait.

Cependant j'advertis mon Abbé de tout ce que j'avois pû faire, mêmes lui envoyai le double de la Pratique dudit Gentilhomme. Il me récrivit qu'il ne tint point à faute d'argent que je ne demeurasse encore un an à Paris, attendu que j'avois trouvé un tel commencement, lequel il estimoit fort grand, combien que contre mon opinion, pource que j'avois toûjours résolu en moi de n'user jamais de Matiére, qui ne demeurât toûjours telle, comme apparoissoit au commencement; ayant déja bien connu qu'il ne se falloit pas tant peiner pour être méchant, & s'enrichir au dommage d'autrui. Parquoi, continuant toûjours mon entreprise, je demeurai un an, fréquentant les uns, puis les autres, de qui l'on avoit opinion qu'ils eussent quelque chose de bon, & deux ans que j'y avois demeuré auparavant, fûrent trois.

Or j'avois dépendu la plus grande part de l'argent, quand je reçus des nouvelles de mon Abbé, qui me mandoit qu'incontinent après avoir vû sa Lettre, je l'allasse trouver. Ce que je fis, pource que je ne le voulois dédire en rien, comme nous avions juré & promis ensemble. Quand j'y fus arrivé, je trouvai des Lettres que le Roi de Navarre (qui étoit grandement curieux en toutes choses de bon esprit) lui avoit écrit qu'il fît de sorte, s'il avoit jamais délibéré de faire rien pour lui, que je l'allasse trouver à Peau en Béarn, pour lui apprendre le Sécret que j'avois appris dudit Gentil-homme, & d'autres que l'on lui avoit rapporté que je sçavois, & qu'il me feroit fort bon traitement, & me récompenseroit de trois ou quatre mille écus. Ce mot de quatre mille écus chatoüilla tellement les oreilles de l'Abbé, que se faisant accroire qu'il les avoit déja en sa bourse, il n'eut jamais cesse, que ne fûsse parti pour aller à Pau, où j'arrivai au mois de Mai, & où je fus sans travailler environ six semaines, pource qu'il fallut recouvrer les Simples d'ailleurs. Mais quand j'eus achevé, j'eus la récompense que je m'attendois. Car encore que le Roi eût bonne volonté de me faire du bien, si est ce qu'étant detourné par les plus grands de sa Cour, même de ceux qui avoient été cause de ma venuë en icelle, il me renvoya avec un grand-merci; & que j'advisasse s'il y avoit rien en ses Terres, qui fût en sa puissance de me donner ; si comme Confiscations, ou autres choses semblables, qu'il me les donneroit volontiers. Cette réponse me fut tant ennuyeuse, que sans m'attendre à ses belles promesses, je m'en retournai vers l'Abbé.

Mais pource que j'avois oüi parler d'un Docteur Religieux, qui étoit estimé (& à bon droit) sçavant en la Philosophie Naturelle, je le voulus aller voir en revenant, lequel me détourna grandement de toutes ces Sophistications. Et après qu'il connut que j'avois étudié en la Philosophie, & fait les Actes & être Maître en icelle, dans Bordeaux, ainsi que je lui contai, il me dit d'un fort bon zéle, qu'il me plaignoit grandement de ce que je n'avois recouvré tant de bons Livres des Philosophes anciens, qu'on peut recouvrer ordinairement, avant qu'avoir perdu tant de temps, & dépendu tant d'argent à crédit en ces maudites Sophistications. Je lui parlai de la besogne que j'avois faite ; mais il me sçut très-bien dire ce que c'étoit, & qu'elle ne soûtiendroit point beaucoup d'essais. Il me détourna tellement de toutes Sophistications pour m'occuper à la lecture des Livres des anciens Philosophes, afin de pouvoir connoître leur vraie Matiére (en laquelle semble gît toute la perfection de la Science) que je m'en allai trouver mon Abbé pour lui rendre compte des huit cens écus, qu'avions mis ensemble, & lui donner la moitié de la récompense que j'avois eu du Roi de Navarre. Etant donc arrivé devers lui, je lui contai le tout, de quoi il fut grandement marri, & encore plus de ce que je ne voulois continuer l'Entreprise encommencée avec lui, pource qu'il avoit opinion que je fusse bon Opérateur. Toutesfois ses priéres ne pûrent tant en mon endroit, que je n'ensuivisse le conseil du bon Docteur, pour les grandes & apparentes raisons qu'il m'avoit *adduites*, quand je parlai à lui. Et ayant rendu conte à mon Abbé de tous les frais que j'avois faits, il nous resta quatre-vingt-dix écus à chacun, & le lendemain après nous départîmes. Je m'en allai à ma maison, avec délibération d'aller à Paris, & étant-là, ne bouger d'un logis, que je n'eusse fait quelque Résolution, par la lecture de divers Livres des Philosophes Naturels, pour travailler à notre Grand Oeuvre, ayant donné congé à toutes les Sophistications.

Parquoi, après que j'eus recouvré davantage d'argent de mes Arrentiers, m'en allai à Paris, où j'arrivai le lendemain de la Toussaints, en l'année mil cinq cens quarante-six, & là j'achetai pour dix écus de Livres en la Philosophie, tant des Anciens que des Modernes; une partie desquels étoient imprimez, & les autres écrits de main: Comme la Tourbe des Philosophes, le bon Trévisan, la Complainte de Nature, & autres divers Traités, qui n'avoient jamais été imprimez: Et m'ayant loüé une petite Chambre au Faux-bourg S. Marceau, fus là un an durant avec un petit Garçon qui me servoit, sans fréquenter personne, étudiant jour & nuit ces Auteurs : Si bien qu'au bout d'un mois je faisois une Résolution, puis une autre, puis l'augmentois, puis la changeois presque du tout ; en attendant que j'en fisse une, où il n'y eût point de variété ni contradiction aux Sentences des Livres des Philosophes. Toutefois je passai toute l'Année, & une partie de l'autre, sans pouvoir gaigner cela sur mon étude, que je pûsse faire aucune entiére & parfaite Résolution.

Etant en cette perpléxité, je me remis à fréquenter ceux que je sçavois qui travailloient à cette Divine Oeuvre : Car je ne hantois plus tous les autres Opérateurs, que j'avois connus auparavant, travaillans à ces maudites Sophistications. Mais si j'avois contrarieté en mon entendement sortant de l'étude, elle étoit augmentée, en considérant les diverses & variables façons, dequoi ils travailloient : Car si l'un travailloit avec l'Or seul, l'autre avec Or & Mercure ensemble, l'autre y mêloit du Plomb qu'il appelloit *sonnant*, parce qu'il avoit passé par la Cornuë avec de l'Argent-vif. L'autre convertissoit aucuns Métaux en Argent-vif, avec diversité de Simples par Sublimations. L'autre travailloit avec un

Atramant noir artificiel, qu'il difoit être la vraie Matiére, de laquelle Raimond Lulle ufa, pour la Compofition de cette grande Oeuvre. Si l'un travailloit en un Alambic, l'autre travailloit en plufieurs autres, & divers Vaiffeaux de *Voirre*, & l'autre d'Airain, l'autre de Cuivre, l'autre de Plomb, l'autre d'Argent, & aucuns en Vaiffeau d'Or. Puis l'un faifoit fa Décoction en Feu, fait de gros charbons, l'autre de bois, l'autre de Raifins, l'autre de chaleur de Soleil, & d'autres au Bain Marie.

De forte que leur variété d'Opérations, avec les contradictions que je voyois aux Livres, m'avoient prefque caufé un défefpoir; lors qu'infpiré de Dieu par fon S. Efprit, je commençai à revoir d'une grande diligence les Oeuvres de Raimond Lulle, & principalement fon Teftament & Codicile, lefquels j'adaptai tellement avec un Epître, qu'il écrivoit en fon temps au Roi Robert, & un Broüillart que j'avois recouvré dudit Docteur, auquel il étoit inutile, que j'en fis une Réfolution du tout contraire à toutes les Opérations que j'avois vû auparavant; mais telle que je ne lifois rien en tous les Livres, qui ne s'adaptât fort bien à mon opinion, mêmement la Réfolution qu'Arnaud de Villeneuve a fait au fond de fon Grand Rofai-

re,

re; lequel fut Maître de Raimond Lulle en cette Science. Tellement que je demeurai environ un an après, sans faire autre chose que lire, & penser à ma Résolution jour & nuit, en attendant que le terme de l'assensement que j'avois fait de mon bien fût passé, pour m'en aller travailler chez moi: Où j'arrivai au commencement du Carême, délibéré de pratiquer madite Résolution; pendant lequel je fis provision de tout ce que j'avois de besoin, & dressai un Four pour travailler: si bien que le lendemain de Pâques je commençai.

Mais ce ne fut pas sans avoir divers empêchemens (desquels j'en sais les principaux) de mes plus prochains Voisins, Parens & Amis. L'un me disoit: Que voulez-vous faire, n'avez-vous pas assez dépendu à telles folies? L'autre m'assûroit que si je continuois d'achepter tant de ménu charbon, qu'on soupçonneroit de moi que je ferois de la fausse monnoye, comme il en avoit déja ouï parler. Puis venoit un autre, me disant que tout le monde, même les plus grands de notre Ville, trouvoient fort étrange que ne faisois profession de la Robe longue, attendu que j'étois licentié ès Loix, pour parvenir à quelque Office honnorable en ladite Ville. Les autres, qui m'étoient de plus près, me tançoient ordinairement, disans! Pourquoi je ne mettois fin à ces folles dépenses, & qu'il me vaudroit mieux épargner l'argent pour payer mes Créanciers, & pour achepter quelque Office; me menaçant en outre, qu'ils feroient venir les Gens de la Justice en ma maison, pour me rompre le tout. Davantage, disoient-ils, si ne voulez rien faire pour nous, ayez égard à vous-même. Considérez qu'étant âgé de trente ans ou environ, vous ressemblez en avoir cinquante, tant se commence votre barbe à mêler, qui vous represente tout envieilli de la peine qu'avez enduré en la poursuite de vos jeunes folies. Et mille autres semblables adversités, desquelles ils m'importunoient ordinairement.

Si ces propos m'étoient ennuyeux, je vous le laisse à penser, attendu mêmement que je voyois mon Oeuvre continuer de mieux en mieux, à la conduite de laquelle j'étois toûjours *ententif*, nonobstant tels & semblables empêchemens, qui sans cesse me survenoient ; & principalement des dangers de la peste, qui fut si grande en l'Esté, qu'il n'y avoit *marchier* ni *trafique* qui ne fût rompu : De sorte qu'il ne passoit jour, que je ne regardâsse d'une fort grande diligence l'apparition des trois Couleurs, que les Philosophes ont écrit devoir apparoître, avant la perfection de notre

Divine Oeuvre; lesquelles, graces au Seigneur Dieu, je vis l'une après l'autre; si bien que le propre jour de Pâques après, j'en fis la vraie & parfaite expérience sur l'Argent vif, échauffé dedans un *Crisol* lequel je convertis en fin Or devant mes yeux en moins d'une heure, par le moyen d'un peu de cette Divine Poudre. Si j'en fus aise Dieu le sçait. Si ne m'en *vantis-je* pas pour cela; mais après avoir rendu graces à notre bon Dieu, qui m'avoit tant fait de faveur & grâces par son Fils, notre Rédempteur, Jesus-Christ, & l'avoir prié qu'il m'illuminât par son S. Esprit, pour en pouvoir user à son honneur & loüange. Je m'en allai le lendemain pour trouver l'Abbé en son Abbaye, pour satisfaire à la foi & promesse que nous avions fait ensemble; mais je trouvai qu'il étoit mort six mois paravant, dequoi je fus grandement marri. Si fus bien de la mort du bon Docteur, dont fus averti en passant près de son Convent. Parquoi m'en allai en certain lieu, pour attendre là un mien Ami, & prochain Parent, ainsi qu'avions arrêté ensemble à mon partement, lequel j'avois laissé à ma maison avec Procure & charge expresse pour vendre tous & chacuns mes Biens paternels que j'avois, desquels il paya mes Créanciers, & distribua le reste sécretement à ceux qui en avoient besoin; afin que mes Parents & autres sentissent quelque fruit du grand bien que Dieu m'avoit donné, sans que personne s'en prînt garde. Mais au contraire, ils pensoient que moi, comme désespéré, en ayant honte des folles dépenses que j'avois faites, vendîsse mon Bien pour me retirer ailleurs; ainsi que me le rapporta ce mien Ami. Lequel me vint trouver le prémier jour du mois de Juillet; & nous allâmes à Losanne, ayant délibéré voyager & passer le reste de mes jours en certaine & plus renommée Ville d'Allemagne, avec fort petît train; afin que ne fûsse connu, même par ceux qui verront & liront cettui mien Livre, pendant ma vie en notre Païs de France, lequel j'en ai voulu gratifier; non pas pour être Auteur de tans de folles dépenses qu'on fait ordinairement à la poursuite de cette Science, qu'on estime communément Sophistique, pource qu'on ne voit rien en icelle du tout que Sophistications. D'autant que peu de Gens travaillent à la vraie & divine perfection: Mais plûtôt pour les en divertir, & les remettre au vrai chemin, au plus qu'il m'est possible.

Parquoi, pour conclusion de ma prémiére Partie, je supplie très-humblement tous ceux qui liront mon présent Opuscule, qu'il leur souvienne de ce que le bon Poëte nous a laissé par écrit, sçavoir: Ceux-là être bien-heureux, qui sont faits sages aux dépens & danger d'autrui; afin que voyans le discours comment je suis parvenu à la perfection de cette Divine Oeuvre, ils apprennent à cesser de dépendre, sous l'adveu des vaines & sophistiques *Déceptes*, pensant y parvenir par icelles. Car, comme je les ai déja une fois advertis en mon Epître Liminaire: *Ce n'est point par cas fortuit, qu'on y parvient, mais par longue & continuelle etude des bons Auteurs*, quand c'est le bon plaisir de notre Dieu, nous assister par son S. Esprit. Car à grand peine jamais ceux qui l'ont ainsi connuë, la publient. Lequel je supplie très-humblement, qu'il lui plaise me donner la grace pour en bien user; comme je fais aussi d'assister à tous bons Fidéles, qui feront lecture de mon Opuscule, afin qu'ils en puissent rapporter quelque profit, pour en user à son honneur, & la loüange de notre Redempteur Jesus-Christ, auquel soit honneur & gloire aux Siécles des Siécles. Ainsi soit-il.

SECONDE PARTIE.

Contenant la vraie Métode pour faire lecture des Livres des Philosophes Naturels.

ARISTOTE, au prémier Livre de Phisique, nous a très-bien appris, Qu'il ne faut pas disputer contre ceux qui nient les Principes de la Science; mais contre ceux qui les confessent, lesquels se proposent divers Argumens, qu'ils ne peuvent soudre, pour leur ignorance; & par ainsi, demeurent toûjours en doute. C'est donc pour eux, en ensuivant notre bon Maître, que je me travaille, & non point pour les autres. Car, comme dit le même Auteur, disputer avec telles maniéres de Gens, c'est disputer des couleurs avec les Aveugles nez, lesquels, pource qu'ils n'ont point le moyen (à sçavoir la vûë) pour en juger, ne pourroient être persuadez qu'il y eût diversité de couleurs.

Parquoi, afin que les bons Fidelles & Enfans débonnaires, puissent rapporter quelque profit de mon Opuscule, trouvant en icelui soulagement & repos d'esprit, je me suis peiné le plus qu'il m'a été possible, & d'autant que le Sujet de notre Divine Science le permet, à rédiger cette seconde Partie en vraie Métode, afin d'éviter la grande variété & confusion qui se présente ordinairement en la lecture des Livres des Philosophes. Ce qui me fait user du même ordre que j'ai tenu en mon étude, procédant par Divisions ; comme s'ensuit.

I. Et prémiérement, je montrerai avec l'aide de notre bon Dieu, par qui notre Science a été inventée, & de quels Auteurs nous avons usé en la *Compilation* du présent Opuscule ; déclarant la raison pourquoi ils l'ont écrite tant couvertement.

II. Puis nous prouverons la vérité & certitude d'icelle par divers Argumens, répondant au plus apparent qu'on a accoûtumé de faire, pour prouver le contraire ; pource que le Lecteur diligent pourra *colliger* des autres Membres de notre Division, toutes & chacunes Solutions de tous autres Argumens, qu'on pourroit faire au contraire, & mêmement du tiers Membre & du quatriéme.

III. Tiercement, nous prouverons en quoi notre Science est naturelle, & comment elle est appellée *Divine* en parlant de ses Opérations principales, où nous déclareront l'erreur des Opérations d'aujourd'hui.

IV. Ce fait, nous déduirons la façon comment Nature besoigne sous terre, en la procréation des Métaux, montrant en quoi l'Art peut ensuivre Nature en ses Opérations.

V. Puis nous déclarerons la vraie Matiére, qui est requise pour faire les Métaux sur Terre.

VI. Déclarant enfin les principaux Termes de notre Science, où nous accorderons les Sentences plus nécessaires des Philosophes, qui apparoissent plus contraires, en faisant la lecture de leurs Livres.

De sorte que les vrais Amateurs de notre Science en pourront rapporter un grand profit, & nos Envieux & Détracteurs ordinaires en remporteront leur grande confusion, bien témoignée par mon présent Opuscule, lequel j'ai voulu confirmer par les autorités des plus sçavans & anciens Philosophes & bons Auteurs: afin qu'ils ne prennent pour excuse que c'est un Auteur nouveau qui a entrepris de déclarer leur impiété & continuelles déceptions.

PREMIER MEMBRE,
ou Division.

Des prémiers Inventeurs de la Science.

POUR bien donc déclarer ceux qui ont été les prémiers Inventeurs de notre Science, nous faut *ramentevoir* la Doctrine que l'Apôtre Saint Jacques nous a laissée par écrit en sa Canonique, c'est *Que tout Don, qui est bon, & tout Bien qui est parfait, nous est donné d'en-haut, décendant du Pére des Lumiéres, qui est Dieu éternel.* Ce que je ne veux point adapter à notre propos en termes généraux, & tels qu'on peut adapter à toutes les choses créées ; mais singuliérement je dis que notre Science est tant *Divine* & tant *Supernaturelle* (j'entens en la seconde Opération, comme il sera plus amplement déclaré au tiers Membre de notre Division) qu'il est, & a été toûjours impossible, & sera à l'avenir à tous les Hommes la connoître, & la découvrir de soi-même ; fussent-ils les plus grands & experts Philosophes qui jamais fûrent au monde. Car toutes les raisons & expériences naturelles nous défaillent en cela. De sorte qu'il a été justement écrit par les Auteurs anciens, *Que c'est le secret, lequel notre bon Dieu a* réservé, & donné à ceux qui le craignent & honorent, comme dit notre grand Prophête Hermès : *Je ne tiens cette Science, dit-il, d'autres que par l'inspiration de Dieu.* Ce que confirme Alphidius, disant : *Sçache, mon Fils, que le bon Dieu a réservé cette Science pour les Postérieurs d'Adam, & principalement pour les Pauvres & les Raisonnables.* Géber a affirmé le même, en sa Somme, disant : *Notre Science est en la puissance de Dieu, lequel pour être juste & benin, la baille à ceux qu'il lui plaît.* Tant s'en faut donc qu'elle soit en la puissance des Hommes, en tant qu'elle est *Supernaturelle*, moins inventée par eux.

Mais quant à ce qu'elle est Naturelle, c'est-à-dire, en ce qu'en ses prémiéres Opérations elle ensuit Nature, il y a diverses opinions pour sçavoir qui en a été le prémier Inventeur. Les uns disent que c'est Adam, les autres Æsculapius ; les autres disent qu'Enoch l'a connuë le prémier, lequel aucuns veulent être Hermès Trismégiste, que les Grecs ont tant loüé, même lui ont attribué l'Invention de toutes les Sciences occultes & sécrettes. De ma part je m'accorderois volontiers à la derniére opinion, pource qu'il est assez notoire qu'Hermès étoit fort grand Philosophe, comme ses Oeuvres le témoignent; & que pour être tel, il a *enquis* diligemment les Causes des Expériences ès choses naturelles, par la connoissance desquelles il a connu la vraie matiére, de laquelle Nature use ès concavités de la Terre, en la procréation des Métaux. Ce qui me fait croire cela, c'est que tous ceux qui l'ont ensuivi, sont venus par ce moyen à la vraie connoissance de cette Divine Oeuvre, comme sont Pythagoras, Platon, Socrate, Zenon, Haly, Senior, Rasis, Géber, Morien, Bonus, Arnaud de Villeneuve, Raimond Lulle, & plusieurs autres qui seroient longs à raconter. Desquels, même des plus principaux, nous avons *compilé* & assemblé notre présent Opuscule. Mais si c'est avec peine, leurs Livres en pourront témoigner ; car ils les ont écrits de telle sorte ; (ayans la crainte de Dieu toûjours devant les yeux) qu'il est presqu'impossible de parvenir à la connoissance de cette Divine Oeuvre, par la lecture de leurs Livres, comme dit Géber en sa Somme : *Ne faut point,* dit-il, *que le Fils de la Science se désespere, & se défie de la connoissance de cette Divine Oeuvre. Car en cherchant, & pensant ordinairement aux Causes des Composez naturels, il y parviendra. Mais celui qui s'attend la trouver par nos Livres, il sera bien tard quand il y parviendra. Parce,* dit-il en un autre lieu, *que les Philosophes ont écrit la*

S s ij

vraie Pratique pour eux-mêmes, mêlans parmi la façon d'enquérir, les Causes pour venir à la parfaite connoissance d'icelle. Ce qui lui a fait mettre en sadite Somme, les principales Opérations, & choses requises à notre Divin Oeuvre, en divers & variables Chapitres : *Pource*, dit-il, *s'il l'avoit mise par rang & de suite, elle seroit connuë en un jour de tous ; voire en une heure, tant elle est noble & admirable.* Cela même a dit Alphidius, écrivant *Que les Philosophes, qui nous ont précédé, ont caché leur principale intention sous diverses Enigmes, & innumérables Equivoques, afin que par la publication de leur Doctrine, le monde ne fût ruiné :* Comme de vrai il seroit, car tout exercice de labourage & de cultivement de terre ; toute trafique; bref tout ce qui est nécessaire à la conservation de la vie humaine seroit perdu; pource que personne ne s'en voudroit entremettre, ayant en sa puissance un si grand Bien que cettui-ci. Parquoi Hermès, s'excusant au commencement de son Livre, dit : *Mes Enfans, ne pensez point que les Philosophes ayent caché ce grand Secret, pour envie qu'ils portent aux Gens sçavans & bien instruits, mais pour les cacher aux Ignorans & Malicieux, Car,* comme dit Rosinus, *par ce moyen l'Ignorant seroit fait semblable au Sçavans, & les Mali-*

tieux & Méchans en useroient au dommage & ruine de tout le Peuple. Semblables
excuses a fait Géber en sa Somme, au
Chapitre de l'Administration de la Médecine Solaire, disant *Qu'il ne faut point
que les Enfans de Doctrine s'émerveillent,
s'ils ont parlé couvertement en leurs Livres.
Car ce n'est pas pour eux, mais pour cacher leur Secret aux Ignorans, sous tant de
variété & confusion d'Opérations; & cependant entraîner & acheminer par icelle
les Enfans de la Science à la connoissance
d'icelui.* Pource que (ainsi qu'il est écrit en
un autre lieu) *ils n'ont point écrit la Science inventée, sinon pour eux-mêmes : mais
ont baillé les moyens pour la connoître.*

C'est donc la raison pourquoi tous les
Livres des Philosophes sont pleins de grandes difficultés. Je dis grandes, pource qu'elles sont *innumérables*. Car qu'est-il possible de voir au monde plus difficile, que
de trouver une contrariété si grande (entre tant d'Auteurs renommez & sçavans ?
Même dedans un Auteur seul y trouver
contradiction en sa Doctrine ? Comme témoignent assez les Ecrits de Rasis, quand
il dit aux Livres des Lumiéres : *J'ai assez
montré en mes Livres le vrai Ferment qui
est requis pour les multiplications des Teintures des Métaux ; lequel j'ai affermé en
un autre lieu n'être point le vrai. Levain ;*

en delaissant la vraie connoissance, à celui qui aura le jugement bon & subtil, pour le connoître.

D'autre part, si l'un écrit que *notre vraie Matière est de vil prix, & de néant; trouvée par les fumiers,* comme dit Zenon, en la Tourbe des Philosophes; incontinent en ce même Livre Barseus dit, *Ce que vous cherchez n'est point de peu de prix.* L'autre dira *Qu'elle est grandement précieuse, & ne se peut trouver qu'avec grands frais.*

Davantage, si l'un a appris à préparer notre Matière en divers Vaisseaux, & par diverses Opérations, comme a fait Géber en sa Somme ; il y en a un autre qui assurera, qu'on n'a besoin que d'un Vaisseau, pour parfaire notre Divine Oeuvre, comme disent Rasis, Lilium, Alphidius, & plusieurs autres.

Puis, quand on aura lû dans un Livre, *Qu'il faut demeurer neuf mois à la Procréation & Faction de notre Divine Oeuvre;* comme a écrit le même Rasis, on trouvera dans un autre, *Qu'il y faut un an,* comme dit Rosinus & Platon.

Et puis l'on trouve les termes d'iceux tant variables (j'entens en apparence) & mal déclarez, qu'il est impossible aux Hommes, ainsi que dit Raymond Lulle, découvrir la vérité d'entre tant de diverles opinions, si le bon Dieu ne nous inspire par son Saint Esprit, ou ne nous la révéle par quelque Personne vivante. Qui est le cause que nous ne voyons jamais personne qui l'ait faite, ni n'en sçavons rien, que jusqu'après leur mort; pource que l'ayant acquise avec une si grande peine, je croi fermement qu'ils la céleroient à eux-mêmes, s'il leur étoit possible; tant s'en faut qu'ils la communicâssent à un autre.

Parquoi, en ensuivant les raisons ci-dessus *amenées*, ne faut jamais trouver étrange, avec le commun Populaire, si l'on ne voit Personne, qui ait fait cette Divine Oeuvre; ains plûtôt s'émerveiller avec les Sçavans, comme il y en ait aucun qui soit parvenu à la vraie connoissance d'icelle.

II. MEMBRE.

De la Certitude & Vérité de la Science.

MAIS, poursuivant notre ordre commencé, il faut déclarer le second Membre de notre Division, sçavoir comme notre Science est certaine & véritable. Toutesfois avant que commencer, il faut que je contente les oreilles délicates des Calomniateurs, lesquels pour être *coûtumiers* à reprendre les labeurs d'autrui, (pource que les leurs ne connoissent point la lumière) diront que j'ai mal retenu la Doctrine d'Aristote, qui a écrit au 7. Livre de sa Phisique, *La Définition est la vraie forme du Sujet défini.* Et par ainsi, puisque j'ai entrepris traiter la déclaration, & vraie Métode de cette Science, (communément appellée Alchimie) je devois commencer par sa Définition, pour mieux déclarer la propriété des termes d'icelle. Mais je les renvoyerai volontiers aux Auteurs qui nous ont précédé, lesquels s'étant mis en devoir d'en bailler certaine Définition, ont été contraints confesser, qu'il est impossible d'en donner; comme témoignent les Ecrits de Morien, Lilium, & plusieurs autres. A raison dequoi ils en ont assigné, en leurs Livres, diverses & variables Descriptions, par lesquelles ils montrent les effets de notre Science; pource qu'elle n'a point des Principes familiers, comme en ont toutes les autres Sciences.

De ma part, j'en dirai ce que me semble. *C'est donc une partie de Philosophie Naturelle, laquelle démontre la façon de parfaire les Métaux sur terre, imitant Nature en ses Opérations, au plus près que lui est possible.* Laquelle Science nous disons être certaine pour beaucoup de raisons.

1. Prémiérement, il est tout résolu entre tous les Philosophes qu'il n'y a rien plus certain que la vérité; laquelle, comme dit Aristote, appert là où il n'y a point de contradiction. Or est-il ainsi que tous les Philosophes, qui ont écrit en cette Divine Philosophie, les uns après les autres; les uns écrivans en Hébreu, les autres en Grec, les autres en Arabe, les autres en Latin, & en autres diverses Langues, se sont tellement entendus, & accordez ensemble ; encore qu'ils ayent écrit sans Equivoques & Figures (pour les raisons ci-dessus amenées) qu'on jugeroit à bon droit qu'ils ont écrit leurs Livres en un même Langage, & à un même temps ; combien qu'ils ayent écrit les uns cent ans, les autres deux cens ans, voire mil, après les autres, comme dit Senior: *Les Philosophes, dit-il, semblent avoir écrit diverses choses, sous divers noms & similitudes; combien que de vrai ils n'entendent qu'une même chose.* Rasis, au Livre des Lumiéres, affirme le même, disant: *Que sous diverses Sentences, qui nous semblent contraires au commencement, les Philosophes n'ont jamais entendu qu'une même chose*; desquels nous avons un autre témoignage grandement évident : Car ceux-mêmes qui ont écrit en autres Sciences des Livres grandement sçavans & approuvez, en ont

aussi écrit en cette-ci, affermans icelle être fort véritable.

2. Et quand bien nous n'aurions autre *probation* que la Sentence du Philosophe, qui dit au 2. des Ethiques, *Que ce qui est bien fait, se fait par un Moyen*, cela seroit assez suffisant pour nous assurer de la vérité de notre Science. Car tous ceux qui ont écrit d'icelle, s'accordent en cela, *Qu'il n'y a qu'une seule voie pour parfaire notre Divine Oeuvre* ; comme dit Géber en sa Somme. *Notre Science*, dit-il, *n'est point parfaite par diverses choses ; mais par une seule, en laquelle nous n'ajoûtons ni diminuons aucune chose, fors les choses superfluës, que nous en séparons en sa préparation*. Cela même témoigne Lilium quand il écrit, *Que toute notre Maîtrise* (Magistére) *est parfaite par une seule Chose, par un seul Régime, & par un seul Moyen*. Autant en ont écrit tous les autres Philosophes, encore qu'ils apparoissent divers en leurs Sentences.

3. Davantage, nous tenons pour plus que certain, notre Science être très-véritable, par l'expérience très certaine que nous en avons vûë, qui est la principale assurance quant à nous, comme disent Rasis & Senior.

4. Mais pour la démontrer telle, au plus près qu'il nous sera possible, à ceux qui

en peuvent justement douter, il nous faut accorder avec tous les Philosophes, que notre Science est comprise sous la partie de la Philosophie Naturelle, qu'ils ont appellée assez proprement Opérative ; la conjoignant en cela avec la Médecine. Or est-il ainsi que la Médecine ne nous peut montrer la vérité & certitude de sa doctrine, que par expérience. Et qu'il soit vrai, quand nous lisons en ses Livres, que toute Colére est évacuée par la Rhubarbe, nous n'en pouvons croire rien *plus avant* de certain, que ce que l'expérience nous montre ; laquelle nous assure que ladite Colére est guérie par l'application dudit Simple. Ainsi nous dirons à notre propos, parlant par similitudes (parce que notre Divine Oeuvre ne peut recevoir aucune vraie comparaison) que si l'expérience nous montre que la fumée du Plomb, ou la fumée des Atramens, congéle l'Argent-vif, cela nous peut assurer (j'entens nous induire à croire) qu'il est faisable, pouvoir préparer une Médecine grandement parfaite, & semblable au naturel & qualité des Métaux, par laquelle nous puissions arrêter l'Argent-vif, & parfaire les autres Métaux imparfaits par sa projection ; attendu mêmement que les Composez Minéraux imparfaits congélent l'Argent-vif, & le réduisent à leur naturel. Par plus forte raison donc, les parfaits par notre Art, & dûement préparez par l'aide d'icelui, les congélent, & réduisent semblables à eux, tous autres Métaux imparfaits, par leur grande & exubérante Décoction, qu'ils ont acquise par l'administration de notre Art.

5. Et pour contenter *plus avant* les Gens curieux d'aujourd'hui, nous *adduirons* quelques autres Argumens pour mieux les induire à croire la vérité de notre Science. Or est-il certain que tout ce qui fait la même Opération d'un Composé, est du tout semblable à lui, comme dit Aristote au 4. des Météores, quand il déclare que tout ce qui fait Opération d'un œil est œil. Puis donc que notre Or (c'est-à-dire, celui que nous faisons par notre Divine Oeuvre) est du tout semblable à l'Or minéral, & que toute la doute est aujourd'hui en cela, pour voir si l'Or que nous faisons est parfait; il me semble avoir assez montré (en ensuivant l'autorité des Philosophes) que notre Science est très-certaine. Il est vrai, diront-ils, que c'est assez prouver, pour ceux qui en ont vû l'expérience ; mais non pas pour les autres; pour lesquels, afin qu'ils n'ayent aucune doute, j'aménerai les raisons suivantes.

6. Aristote au 4. Livre des Météores,

au Chapitre des Digeſtions dit, *Que toutes choſes qui ſont ordonnées pour être parfaites, leſquelles par faute de Digeſtion, ſont démontrées telles, peuvent être parfaites par continuelle digeſtion.* Or eſt-il ainſi, que tous les Métaux imparfaits ſont demeurez tels, par faute de Digeſtion. Car ils ont été faits, pour être convertis finablement en Or, & par ce moyen être parfaits; ainſi que l'expérience nous témoigne, comme nous déclarerons ci-après, en déclarant le quatriéme Membre de no-Diviſion. Ils pourront donc être parfaits par continuelle Décoction, que Nature fait aux *concaves* de la Terre. Et notre Art les parfait ſur Terre, par la projection de nôtre Divine Oeuvre; comme nous déclarerons *plus avant*, au pénultiéme Membre de nôtre Diviſion,

7. Davantage, ſi les quatre Elémens, qui ſont contraires en aucunes qualités, ſont convertis l'un en l'autre, comme dit Ariſtote au 2. Livre des Générations; par plus forte raiſon, les Métaux, qui ſont tous d'une même Matiére, & par ainſi non contraires en qualités, ſe convertiront l'un en l'autre. Qui eſt la raiſon pourquoi Hermès a appellé leur procréation circulaire; mais un peu improprement, comme lui-même témoigne; pource que les Métaux ne ſont point procréez par Nature, pour

de parfaits revenir imparfaits, & que l'Or fût fait Plomb, ou l'Argent Estain ; & ainsi des autres. Mais pour être faits parfaits, par ordre, & par continuelle Décoction, jusqu'à ce qu'ils soient parfaits ; & par conséquent faits Or ; comme l'expérience nous montre évidemment. Et par ainsi leur génération n'est point entiérement circulaire, combien qu'elle le soit en partie.

Ces raisons & autres semblable, (que je laisse pour le présent, pource que mon petit Opuscule ne pourroit comprendre tout discours, qu'on pourroit faire sur ce propos) seroient assez suffisantes, pour démontrer la vérité & certitude de notre Science, n'étoit les Argumens qu'on a accoûtumé de faire au contraire ; qui troublent tellement les entendemens des bons Enfans de Doctrine, qu'ils sont toûjours en doute, croyans tantôt l'un, puis l'autre ; si bien qu'ils n'ont jamais repos en leurs esprits. Mais afin que deformais ils puissent croire notre Science être très véritable, je leur veux apprendre la vraie solution du plus violent & apparent Argument, qu'on a accoûtumé de faire au contraire ; par laquelle ils connoîtront que leurs Argumens, & tous autres semblables n'ont rien qu'une seule apparence de vérité.

Ils font tous *coûtumiers* faire un Argument, qu'ils fondent fur l'autorité du Philofophe, au quatriéme des Météores, laquelle a été pareillement d'Avicenne, comme dit Albert le Grand : *En vain, dit il, fe travaillent les Opérateurs du jourd'hui pour parfaire les Métaux, car il n'y parviendront jamais, fi prémiérement ils ne les réduifent en leur prémiére Matiére.* Or eſt-il ainfi que nous ne les y réduifons point ; par conféquent ne faifons rien que Sophiſtications, comme en a écrit le même Albert, difant : *Tous ceux qui colorent les Métaux par diverfes façons de Simples, en diverfes Couleurs, font vraiement Gens trompeurs & déceveurs ; s'ils ne les réduifent en leur prémiére Matiére.*

De ma part, je fçai bien que beaucoup de Gens fçavans ont entrepris la folution de cet Argument, pource que c'eſt le plus apparent qu'on faſſe. De forte que les uns difent, qu'encore que par la projection de notre Divine Oeuvre fur les Métaux imparfaits, nous ne les réduifons point en leur prémiére Matiére ; fi eſt-ce qu'en la Compofition d'icelle, nous l'avons réduite en Soufre & Argent-vif, qui font la vraie Matiére des Métaux (comme nous déclarerons au quatriéme Membre de notre Divifion) & que pour la grande perfection qu'elle a acquife en fa Décoction, elle eſt suffisante pour parfaire tous les Métaux imparfaits en Or par sa projection, sans les réduire particuliérement en leur prémiére Matiére. Telle a été l'opinion d'Arnaud de Villeneuve en son grand Rosaire, lequel Raymond Lulle ensuit en son Testament. Mais *sauf* l'honneur & révérence de ces deux sçavans Personnages, il me semble que c'est parler contre toute l'opinion des Philosophes. Car puisqu'ils accordent qu'il faut réduire les Métaux en leur prémiére Matiére (ce qui se fait par mouvement & corruption, comme dit Aristote) ils veulent faire entendre, Que par la seule Fonte, & Projection de notre Divine Oeuvre sur les Métaux, ils sont corrompus & dénuez de leurs prémiéres Formes, qui est une chose indigne de tous les Philosophes. D'autres ont *amené* diverses & variables solutions, comme l'on peut voir en leurs Livres.

Quant à moi, j'en dirai ce qu'il m'en semble. Il est trop vrai que si nous voulions faire des Métaux de nouveau, ou bien si nous voulions faire d'iceux terres, pierres, ou autres choses semblables, totalement différentes des Métaux; il faudroit les réduire en leur prémiére Matiére, par les moyens ci-dessus déclarez. Mais puisque toute notre intention n'est autre que de parfaire les Métaux imparfaits en Or,

Or, sans les transformer en nouvelles Matiéres différentes de leur propre nature; mais plûtôt les purger & nettoyer, par la projection de notre Divine Oeuvre, afin qu'ils soient parfaits par la grande & exubérante perfection d'icelle; il n'est point de besoin les réduire en leur prémiére Matiére. Car il est trop notoire, que ce sont deux choses grandement différentes; parfaire l'imparfait, & le faire de nouveau. Autrement il s'ensuivroit qu'il faudroit remettre toute choses demi cuites en leurs prémiéres Formes, pour les achever de cuire; choses indignes de tous les Philosophes.

Quant à d'autres Argumens, qu'on a accoûtumé de faire, je m'en tais pour le présent, pource qu'on trouve la solution d'iceux dans les Livres des bons Auteurs, & puis le Lecteur diligent & studieux en pourra inventer la plus grande part, tant par ce que nous avons dit, que par ce que nous déclarerons ci-après; attendu mêmement qu'il me semble avoir déclaré le plus difficile, & mal-aisé à *soudre*, qu'on ait accoûtumé de faire. Toutesfois je ne veux oublier en ceci l'autorité d'Avicenne, lequel, parlant de la contradiction qu'Aristote a fait en sa jeunesse à l'opinion de tous les Philosophes anciens, dit: *Je n'ai point d'excuse légitime, pource que j'ai* connu l'intention de ceux qui nient notre Science, & de ceux qui l'estiment être véritable. Les prémiers, comme Aristote, & plusieurs usent de raisons qui ont quelque peu d'apparence, mais non point véritables. Les autres en ont fait d'autres, mais grandement éloignées de celles qu'on a accoûtumé de voir aux autres Sciences. Voulant dire par cela que notre Science ne peut être prouvée par certaines Démonstrations, comme toutes les autres; pource qu'elle procéde d'autre façon toute contraire aux autres, en célant & cachant la propriété de ses termes; au lieu que les autres s'efforcent de la déclarer.

III. MEMBRE.

Que la Science est naturelle; pourquoi appellée Divine, & qu'elles Opérations sont nécessaires pour faire l'Oeuvre.

PARQUOI, en continuant l'ordre de ma Division, je déclarerai le tiers Membre d'icelle, montrant quelles Opérations sont nécessaires à la *Faction* de notre Divine Oeuvre, déclarant prémiérement comment notre Science est Naturelle, & pourquoi elle est appellée Divine. En quoi l'on connoîtra les grandes & lourdes fautes des Opérateurs d'aujourd'hui.

Pour bien donc entendre en quoi notre Science est naturelle, il nous faut sçavoir ce qu'Aristote a enseigné des Opérations de Nature. Lequel a très-bien montré qu'elle besogne sous Terre, en la procréation des Métaux, des quatre Qualités; ou (pour parler communément) des quatre Elémens, appellez Feu, Air, Eau & Terre; desquelles les deux contiennent les deux autres. Sçavoir la Terre contient le Feu, & l'Eau contient l'Air. Et partant, parce que notre Matière est faite d'Eau & de Terre (comme nous dirons dans le pénultiéme Membre de nos Divisions.) elle est düe justement Naturelle, parce qu'en sa Composition les quatre Elémens y entrent; dont les deux sont cachez aux yeux corporels; sçavoir le Feu & l'Air, lesquels il faut comprendre des yeux de l'entendement, comme dit Raimond Lulle en son Codicile. *Considére bien*, dit-il, *en toi-même la nature & propriété de l'Huile, que les Sophistiques ont appellé Air (pource qu'ils disent qu'il abonde plus en sa qualité) car ton œil ne te montre point la différence & propriété d'icelui.* Montrant assez par cela que les quatre Elémens, ne sont pas tous évidens dans notre Divin Oeuvre, comme plusieurs ont faussement estimé, ainsi que nous dirons en déclarant les Termes de notre Science.

Davantage, elle est dite Naturelle, parce qu'en sa prémiére Opération, elle imite Nature au plus près qu'il lui est possible, car *elle ne la peut imiter en tout*, comme dit Géber en sa Somme. Qu'il soit vrai, les Philosophes Naturels, qui nous ont précédé, nous en assurent. Lesquels, après avoir diligemment connu, comme Raimond Lulle en son Epître au Roi Robert, & Albert le Grand en son Traité des Simples Minéraux, *Que la façon de quoi Nature travaille sous Terre en la procréation des Métaux, n'est que par Décoction continuelle de la vraie Matiére d'iceux; laquelle Décoction sépare le monde de l'immonde, le pur de l'impur, le parfait de l'imparfait, par évaporation continuelle, qui sont causées de la chaleur de la Terre minérale, échauffée en partie par la chaleur du Soleil.* Car il ne fait pas tout seul l'entiére & parfaite Décoction, ainsi que très-bien a déclaré le bon Trévisan, & comme même l'expérience nous montre ordinairement ès Miniéres, où il se trouve diversité de Métaux & de Matiéres, les unes grossiéres, les autres subtiles & pures, qui sont volontiers élevées au plus haut. Notre Science, donc, imitant en cela Nature, procéde au commencement en la prémiére Opération, par Sublimation, pour purifier très-bien notre Matiére ; pource qu'il nous eſt impoſſible la préparer autrement, comme dit Géber en ſa Somme, & Raſis au Livre des Lumiéres, quand il dit : *Le commencement de notre Oeuvre eſt ſublimer.* Parquoi elle eſt dite à bon droit Naturelle.

Ce qui a fait écrire à ceux qui nous ont précédé que notre Divine Oeuvre n'eſt point artificielle. Car ce que nous faiſons c'eſt miniſtrer par Art à Nature la Matiére dûë pour la Compoſition d'icelle, laquelle Nature n'a point ſçû conjoindre pour la perfection de notre Divine Oeuvre, parce que ſes actions ſont continuelles.

Et pour raiſon de cette admirable Conjonction d'Elémens, notre Science eſt appellée Divine. Laquelle Conjonction les Philoſophes ont appellé la ſeconde Opération, & d'autres l'appellent Diſſolution, diſant, *Que c'eſt le Sécret des Sécrets,* & Pythagoras, *C'eſt le grand Sécret,* dit-il, *que Dieu a voulu cacher aux Hommes.* Et Raſis, au Livre des Lumiéres, dit : *Si tu ignores la vraie Diſſolution de notre Corps, ne commence point à travailler ; car icelle ignorée, tout le reſte nous eſt inutile:* Laquelle il nous eſt du tout impoſſible ſçavoir par les Livres, moins par la connoiſſance des Cauſes naturelles, qui est la raison pourquoi notre Science est appellée Divine, comme dit Aléxandre: *Notre Corps (qui est notre Pierre cachée) ne peut être connu ni vû de nous, si le bon Dieu ne le nous inspire par son Saint Esprit, ou apprend par quelque Homme vivant, sans lequel Corps notre Science est perduë.* Et c'est la Pierre de laquelle parle Hermês en son quatriéme Traité, quand il dit: *Il faut connoître notre divine & précieuse Pierre, laquelle crie incessamment, déffends-moi, & je t'aiderai: rends-moi mon droit & je te secourirai.* De ce même Corps caché il parle en son prémier Traité, quand il dit: *Le Faucon est toûjours au bout des Montagnes, criant: Je suis le Blanc du Noir, & le Rouge du Citrin.*

Or la raison pourquoi notre Science nous est inutile sans ladite Conjonction, c'est qu'à la naissance & procréation de notre Divine Oeuvre, la partie volatile emporte quant & soi la fixe : & par ainsi nous ne sçaurions faire qu'elle fût fixe & permanente au feu, si nous ne faisions par un admirable (voire supernaturelle) Conjonction que le fixe retint le volatil ; afin que lors soit fait ce que tous les Philosophes commandent, sçavoir *le Volatil fixe, & le Fixe volatil* : Laquelle Conjonction se doit faire sur l'heure même de sa naissance, comme dit Haly au Livre de ses

Sécrets: *Celui qui ne trouvera notre Pierre sur l'heure de sa naissance, ne faut point qu'il en attende une autre en sa place.* Car celui qui a entrpris notre Divine Oeuvre, sans connoître l'heure déterminée de sa naissance, n'en rapportera que peine & tourment. Cette même Conjonction Rasis a appellée fort proprement *les Poids & Régimes des Philosophes*; nous conseillant, que si nous ne les connoissons très-bien, de ne nous entre-mettre point à travailler à notre Divine Oeuvre; disant, *Que les Philosophes n'ont rien tant caché que cela.* Comme de vrai, ils le démontrent assez en leurs Ecrits. Car si l'un dit que cette divine Conjonction doit être faite le septiéme jour; l'autre dit au quarantiéme; l'autre au centiéme; l'autre au bout de sept mois; l'autre à neuf, comme Rasis; l'autre au bout de l'an, comme Rosinus: De sorte qu'il n'y en a pas deux qui s'accordent; combien que de vrai il n'y ait qu'un seul terme, voire un seul jour, voire même une seule heure, en laquelle il faut faire no- Conjonction pour sa propre Décoction. Mais pour l'envie qu'ils ont de la tenir sécrette, ils ont de propos délibéré écrit les termes différens les uns des autres; encore qu'ils s'entendent très-bien entre eux, qu'il n'y a qu'un seul terme; sçachant très-bien qu'icelui connu, le reste n'est qu'Oeuvre de Femmes & Jeu d'Enfans, comme dit Socrate : *Je t'ai montré la vraie Disposition du Plomb blanchi ;* c'est-à-dire la vraie Préparation de notre Matière qui apparoît noire au commencement de Plomb, puis est faite blanche par notre continuelle Décoction : *Et si tu l'as très-bien continuë, le reste n'est qu'Oeuvre de Femmes & Jeu d'Enfans :* Voulant dire par cela qu'il n'y a besogne plus aisée, que la nôtre, après ladite Conjonction, comme de vrai il est. Et puisqu'il n'est besoin que de cuire les deux Matières dèja assemblées, & que pendant icelle Décoction on est en repos, il est très-certain qu'on y a grand plaisir ; comme dit Aristote au 2. des Ethiques : Qu'on a plus de plaisir en se reposant qu'en travaillant. Et qu'il soit vrai, Rasis, au Livre des trois Paroles, dit : *Que toutes les Dissolutions, Calcinations, Sublimations, Déalbations, Rubifications, & toutes autres Opérations, que les Philosophes ont écrit être nécessaires, pour parfaire notre Divine Oeuvre, se font dans le feu sans le bouger.* Pythagoras, en la Tourbe, a écrit le même, disant : *Que tous les Régimes, requis à la perfection de notre Divine Oeuvre, sont parfaits par la seule Décoction.* Barsenne, au même Livre, dit : *Qu'il faut Décuire, Teindre & Calciner notre Divine Oeuvre,*

Oeuvre ; mais toutes ces Opérations, dit-il, se font par la seule Décoction.

Toutesfois, afin que nos Calomniateurs ne disent que toutes leurs Opérations ne sont aussi que Décoctions, je veux leur alléguer d'autres Sentences des anciens Philosophes, pour leur ôter toutes excuses, & démontrer comme à l'œil leurs erreurs & ignorances.

Alphidius nous témoigne, *Que nous n'avons besoin en la Composition de notre Divine Oeuvre, que d'une seule Matière, qu'il appelle assez proprement Eau, & d'une seule Action, c'est la Décoction, laquelle se fait en un seul Vaisseau, sans jamais y toucher.*

Le Roi Salomon témoigne le même, quand il dit, *Qu'à la Faction de notre Divine Oeuvre, qu'il appelle notre Soufre, nous n'avons qu'un seul moyen.*

Lilium a écrit le même, disant, *Que notre Divine Oeuvre est faite dedans un seul Vaisseau, par un seul moyen, & par une seule Décoction.*

Mahomet déclare assez le semblable, disant: *Que nous n'avons qu'un seul Moyen, sçavoir la Décoction, & un seul Vaisseau, pour faire notre Divine Oeuvre, tant la Blanche que la Rouge.*

Avicenne a été de même opinion, quand il parle plus proprement que pas un, disant : *Que toutes les Dispositions, c'est-à-dire, toutes les Opérations, requises à la Composition de notre Divine Oeuvre, se font dans un seul double Vaisseau.*

Si donc notre Divine Oeuvre est faite dans un seul double Vaisseau, & par une seule Décoction, comme de vrai elle est ; il faut que la plûpart des Opérateurs d'aujourd'hui confessent leurs grandes fautes & erreurs, pource que je ne sçache en avoir vû aucun, qui n'eût des trois ou quatre Fourneaux ; tel étoit qui en avoit dix & douze ; l'un pour distiller ; l'autre pour calciner ; l'autre pour dissoudre ; l'autre pour sublimer ; accompagnez d'une infinité de Vaisseaux pour parfaire leurs Oeuvres. Mais ils y sont encore, & y seront toûjours, s'ils ne corrigent leurs fautes, avant qu'ils parviennent à la faction de notre Divine Oeuvre.

Je me tais d'un tas de séparations, qu'ils font, à ce qu'ils disent, des quatre Elémens ; pource qu'elle fera plus à mon propos, quand je déclarerai la nature des quatre Elémens, en déclarant les Termes de notre Science. Il me suffit pour le présent d'avoir montré la façon & vrai Moyen pour connoître, comme à l'oeil, ceux qui sont éloignez de la vérité de notre Science, ou ceux qui sont dans le vrai chemin. Car, comme nous avons montré ci-dessus, &

montrerons encore ci-après, il n'y a qu'un seul Moyen, une seule façon de faire, & ce dedans un seul Vaisseau (que Raimond Lulle appelle *Himen*) & dedans un seul Fourneau (que le bon Trévisan appelle *Feu clos, humide, vaporeux, continuel & digérant*) sans jamais y toucher, que notre Décoction ne soit parfaite. Tant s'en faut qu'il y faille tant de fatras, ni tant de folles dépenses qu'on a accoûtumé d'y faire.

Je n'ignore point qu'il n'y ait entr'eux quelques-uns qui lisent les Livres ; combien que de vrai ils soient bien Clercs, (car ils travaillent tous à crédit) qui me diront, Pourquoi nous taxez-vous ainsi ? vû que Géber, en sa Somme, nous apprend diverses Préparations, tant du Soufre que de l'Argent-vif, ensemble du Corps & de l'Esprit. Et Rasis, au Livre du Parfait Magistére, témoigne que les Corps & les Esprits sont préparez par divers Moyens, & en apprend beaucoup de maniéres. Mais il ne faut point me peiner grandement pour leur répondre, leur ayant déja répondu, parce que j'ai dit auparavant. Car telles & semblables Sentences ont été écrites, pour cacher la vraie Préparation de notre Divine Oeuvre, comme nous avons dit au prémier Membre de notre Division. Ce que même Géber témoigne en sa Somme, au Chap. des différences des Médecines; *Il y a,* dit-il, *une seule Voie parfaite, laquelle nous relève & soulage de nous peiner à toutes autres Préparations.*

IV. MEMBRE.

Comment la Nature travaille dans les Mines pour faire les Métaux.

AINSI, en continuant notre Division, je déclarerai la façon comment Nature besogne aux concavitez de la Terre dedans les Mines, en la procréation des Métaux. En quoi l'on connoîtra en quelles Opérations l'Art se peut ensuivre, & conséquemment quelle est la vraie Matière, requise pour les parfaire sur Terre, Mais parce que c'est le principal Point de nôtre Science, comme dit Géber au commencement de sa Somme, & Avicenne, qui défend de s'entremettre de la Pratique d'icelle, si l'on n'a prémiérement connu les vrais Fondemens & Matière des Mines, j'ensuiverai, en la déclaration d'icelle, les principaux Auteurs & plus expérimentez en la Pratique des Mines, comme témoignent leurs Ecrits.

Or est-il tenu pour tout résolu, & plus que certain entre tous les Philosophes, Que tous *Simples*, qui sont congelez, par le froid, abondent en leur prémiére Matiére, en humidité aquatique; comme a écrit Aristote, au quatriéme des Météores. Parquoi, puisque les Métaux étans fondus, sont congelez par le froid; il faut dire qu'ils abondent en leur prémiére Matiére en humidité aquatique. Toutesfois, Albert le Grand (qui a de plus près enquis les Causes en la procréation des Métaux, que tout autre) montre très-bien que cette humidité aquatique, n'est point l'humidité commune, que nous voyons en l'Eau, & en autres *Simples*. Car l'expérience nous montre qu'elle est réduite & convertie en fumée par la violence du feu. Mais il est ainsi que les Métaux, étans fondus, ne sont point convertis en fumée. il faut donc dire que leur Humidité est mêlée avec quelqu'autre Matiére qui les retient sur le feu, & qui *garde* qu'ils ne soient convertis en fumée par la violence d'icelui. Or il n'y a Matiére, qui resiste plus au feu que l'Humidité visqueuse, quand elle est mêlée avec la partie terrestre & subtile; comme témoigne Bonus, Philosophe Italien, & ainsi que l'expérience nous le certifie. Parquoi donc il faut dire que l'Humidité, qui est aux Metaux, est telle.

Mais pource que nous voyons qu'il y a des Humidités en iceux, qui sont consumées par le feu, sans que pour cela ils soient consumez, comme l'expérience nous montre en leur purgations: Il nous faut nécessairement confesser, avec les principaux Auteurs de notre Science, Qu'en la composition des Métaux il y entre deux façons d'Humidités visqueuses; l'une au dehors, qu'ils appellent *extrinséque*, & l'autre au dedans, qu'ils appellent *intrinséque*. Et pource que la première est grossière, & n'est point bien & parfaitement mêlée avec sa Matiére terrestre & subtile, elle est facilement *arse* & consumée par le feu. Mais la seconde est grandement subtile, & tellement mêlée avec sa partie terrestre, que toutes deux ensemble ne sont qu'une simple Matiére; laquelle ne peut être en partie consumée par le feu, qu'elle ne le soit du tout entièrement. Et d'icelle est procréé & fait le Vif-argent que nous voyons communément. Ce que ses effets montrent par expérience (comme a très-bien dit Arnaud de Ville-neuve,) laquelle nous certifie que les deux susdites Matiéres sont conjointes parfaitement en lui. Car, ou le Terrestre retient l'Humidité avec soi, ou l'Humidité l'emporte, ainsi que dit Albert le Grand. Lequel, en cherchant les Causes des Compositions Métalliques, a très-bien connu, que la Cause pourquoi l'Argent-vif est toujours remuant, c'est pource que l'Humidité *surdomine* sur la Partie terrestre;

comme par même raison (sçavoir par la mixtion indicible, & univoque) le Terrestre, dominant sur l'Humide, est cause que l'Argent-vif ne mouille point ce qu'il touche, ni le bois sur quoi il est mis.

Par ceci donc, il nous est montré assez évidemment, que la Sentence d'Albert le Grand est fort véritable, quand il dit en son Livre des simples Métalliques, *Que la première Matière des Métaux, c'est l'Humidité visqueuse, incombustible, & grandement subtile, mêlée par une mixtion forte & admirable, avec la partie terrestre & subtile, dedans les Cavernes des Terres Minérales.* Ce qui ne contrarie en rien à ce que Géber a écrit dans sa Somme, disant: *Que l'Argent-vif est la vraie Matière des Métaux.* Car Nature, qui n'est jamais oisive, a procréé l'Argent-vif de cette Matière. Ce qui est la cause que Bonus a dit très-bien: *Qu'il est la plus prochaine Matière des Métaux; mais que la première & principale, c'est ladite Humidité visqueuse, mêlée avec sa partie terrestre & subtile,* comme dit Albert. Géber a très-bien déclaré le même, quand il a dit à la Définition qu'il baille de l'Argent-vif en sa Somme. C'est, dit-il, *une Humidité visqueuse, qui a été épaissie, par l'aide de sa partie terrestre, qui entre en sa Composition.*

Or, à présent nous faut considérer bien subtilement la façon comment Nature procéde à la procréation de toutes choses, en lesquelles elle a mêlé une propre Matiére, que les Philosophes appellent *Agent*, pource qu'elle ne se produit point soi-même, comme dit Aristote; c'est-à-dire, ne montre point ses effets. Parquoi Nature en la procréation des Metaux, après avoir créé leur Matiére; sçavoir l'Argent-vif; elle, qui est toute sçavante, lui adjoint son propre Agent, à sçavoir une façon de Terre minérale, qui est comme la crême & graisse d'icelle, décuite & épaissie par la chaleur, qui est dans la Caverne des Mines, par longue Décoction, laquelle Terre nous appellons communément Soufre; lequel est en même dégré, en faisant comparaison de lui à l'Argent-vif, comme le *Caillé*, en le comparant au Lait; l'Homme, en le comparant à la Femme, & l'Agent, en le comparant à la Matiére sujette. Lequel Soufre, les Philosophes ont dit être en deux sortes; l'un est facile à fondre de sa propre nature, & l'autre est tant seulement congelé & non fusible.

Parquoi, afin que Nature montrât la puissance & force de l'Agent; à sçavoir, du Soufre, en la Matiére à laquelle il est conjoint; elle a fait par une admirable

Composition, que les Métaux fûssent congélez par l'action du Soufre fusible; afin qu'ils fûssent fondans: Comme elle a composé les autres simples Métallions par l'action non fusible, afin qu'ils ne fûssent pas fondans; comme la Magnésie, les Marcafites, & autres semblables. Mais pource que l'Agent ne peut être aucunement partie matérielle du Composé, comme dit Aristote, Nature en besognant sous terre à la procréation des Métaux, après avoir mêlé ledit Soufre avec l'Argent-vif, par une Composition indicible, elle en fait & procrée le principal Métal, sçavoir l'Or, en séparant d'icelui (par une parfaite Décoction) son Agent, sçavoir le Soufre: Qui est la cause pourquoi l'Or est plus parfait que tous les autres Métaux, pource que c'est la principale & derniére intention de Nature en leur procréation; ainsi que l'expérience nous certifie, quand elle ne la transmuë en meilleur. Et c'est la raison pourquoi l'Argent-vif se mêle mieux & plus aisément avec l'Or qu'avec tout autre Métal: pource que ce n'est rien qu'Argent-vif, décuit par son propre Soufre, & du tout séparé d'icelui par ladite Décoction. Or, tout ainsi que la séparation du Soufre est cause de la perfection de l'Or; de même aussi, à cause qu'il en demeure aux autres Métaux, ils sont dits imparfaits. Et voilà la cause pourquoi l'Argent est moins parfait que l'Or; & le Cuivre plus imparfait que l'Argent; à sçavoir, par faute de Décoction; car par elle seule, leur Agent (sçavoir le Soufre) en est séparé.

En quoi est déclaré le plus grand & principal Secret de notre Science: Car puisqu'il faut qu'il ensuive Nature en ses Opérations, il est nécessaire qu'avant que parfaire notre divine Oeuvre, nous en séparions son Agent, sçavoir le Soufre; ce que tous les Philosophes ont caché en leurs Ecrits, nous renvoyant aux Opérations de Nature, lesquelles me semble avoir assez déclaré.

Mais afin que l'on connoisse parfaitement en quoi notre Science peut ensuivre les Opérations de Nature, il nous convient déclarer la façon principale, & plus coutumière, dont elle use en la perfection des Métaux. Nous avons déja dit, Que la perfection ou imperfection des Métaux est causée par la privation ou mixtion de leur Agent, sçavoir du Soufre & avons montré la première façon de laquelle Nature use en composant le principal, & plus parfait de tous, qui est l'Or. Mais, elle a usé d'une autre, qui semble être diverse de la première, combien que de vrai soient toutes unes, si l'on considère la fin & vraie intention de Nature; laquelle n'est autre que purger & nettoyer les Métaux de leur Soufre. Car ce qu'elle fait en la prémiére façon, avec une parfaite Décoction, elle le fait en la seconde, par une continuelle & longue Digestion, digérant & purifiant les Métaux imparfaits peu à peu, tant qu'ils soient réduits en Or. Qu'il soit vrai, l'expérience nous montre qu'aux Mines de l'Argent, l'on trouve ordinairement du Plomb, & en aucunes l'on trouve les deux tellement mêlez ensemble, que ceux qui sont experts au fait des Mines, disent (après avoir découvert l'Argent, qui apparoît presqu'imparfait par faute de Digestion) qu'il les faut laisser ainsi, & refermer la Mine, afin que rien de la Matiére subtile n'évaporât, par trente ou quarante ans, & que par ce moyen le tout sera parfait. Comme récite Albert le Grand avoir été fait en son temps au Royaume d'Esclavonie. Et moi j'ai oüi *affermer* le même à un Maître qui étoit grandement expert au fait des Mines. (1)

---

(1) BARBA, Directeur Général des Mines du Pérou, sous Charles-Quint, rapporte dans un Traité qu'il a composé sur la maniére de travailler les Mines, qu'en ayant fait épuiser une d'Argent, il la fit remplir de ses Décombres, & que vingt ans après, repassant dans le même endroit, il reconnut que cette Mine recomblée, étoit presqu'aussi abondante que

C'est donc en cette seconde façon, que Nature tient pour parfaire les Métaux, que notre Art l'ensuit en ses Opérations; à sçavoir, en parfaisant les Métaux imparfaits par la privation de leur Soufre, lequel en est séparé par la Projection que nous faisons de cette divine Oeuvre sur iceux, quand ils sont fondus & les parfait en fin Or, par sa parfaite & éxubérante Décoction, qu'elle a acquise par l'administration de notre Art.

Et tout ainsi que les diverses façons dequoi Nature use à la purification des Métaux, ne font point que nous trouvions diverses façons d'Or, (j'entens en perfection;) Aussi la diverse façon dequoi nous usons pour les faire sur terre, (qui est toute autre & différente des Opérations de Nature) ne fait point que notre Or & le Minéral soient en rien différens ; attendu mêmement que nous usons de même Matiére qu'elle use sous terre dedans les Mines. Ce que confirme Aristote au 9 de sa Métaphisique, disant: *Quand l'Agent & la Matiére sont semblables, les Opérations sont toûjours semblables*, encore que

---

quand il l'avoit fait ouvrir la première fois, & qu'il l'avoit fait travailler de nouveau avec grand profit. Ce qui démontre que les Décombres de cette même Mine étoient chargez de *Parties Mercurielles & Sulfureuses*, que la Nature avoit achevé de conduire à la perfection de l'Argent.

les *Moyens, pour les faire, soient divers.* Car les Moyens & la Matiére sont deux choses. Pource que si la Matiére est une & du tout semblable, toutes les Opérations, qui semblent au commencement contraires, font enfin un même effet, comme témoigne le même Philosophe.

Or, qu'il soit vrai que notre Matiére, de laquelle nous usons pour parfaire les Métaux sur terre, soit du tout semblable à celle de quoi Nature use sous terre pour la procréation des Métaux, Géber en sa Somme dit: *Que notre Science ensuit Nature au plus près qu'il lui est possible.* Le même dit Hermès, Pythagoras, Senior, & plusieurs autres. Puis donc qu'elle ensuit Nature, il faut nécessairement confesser qu'elle use de semblable Matiére; laquelle ne peut être qu'une seule & même en notre Science; Tout ainsi que nous avons assez montré ci-dessus, Qu'il n'y a qu'une seule Matiére en Nature, laquelle Matiére nous avons appellée Argent vif; non pas en tant qu'il est seul, mais quand il est mêlé avec son propre Agent, qui est son vrai Soufre.

Cette même Matiére donc que les Philosophes ont appellée Argent-vif animé, sera la vraie Matiére de notre Science, pour parfaire notre Divine Oeuvre; vû qu'icelle même, sans autre, est la vraie

Matiére de laquelle Nature uſe aux concavitez de la Terre, & dedans les Mines, en la procréation des Métaux; comme nous avons aſſez montré ci-devant.

Or la raiſon pourquoi ils l'ont appellée *Argent-vif animé*, c'eſt pour montrer la différence qui eſt entre lui & l'*Argent-vif commun*, qui eſt demeuré tel, pource que Nature ne lui a pas adjoint ſon Agent propre. Tant s'en faut donc que l'Argent-vif commun, ni le Soufre commun ſoient la vraie Matiére des Métaux, comme pluſieurs ont fauſſement eſtimé. Et qu'il ſoit vrai, l'expérience nous témoigne que jamais on n'a trouvé l'Argent-vif commun, ni le Soufre commun mêlez enſemble dedans les Mines. Comment donc ſeroient-ils la vraie Matiére des Métaux aux concaves de la Terre, & par conſéquent de notre Science? Ainſi que témoigne Géber en ſa Somme, quand il parle des Principes d'icelle, Lequel en un autre lieu dit très-bien; *Que notre Argent-vif n'eſt autre choſe qu'une Eau viſqueuſe, épaiſſie par l'action de ſon Soufre Métallique.*

C'eſt notre vraie Matiére, laquelle Nature a préparée à notre Art, (comme dit Valerandus Sylvenſis) *& l'a réduite en une Eſpéce certaine, aux vrais Philoſophes connuë, ſans la tranſmuer davantage de ſoi-même.* Tant s'en faut donc que touces les Matiéres, que nous pourrions mêler ensemble, fussent-elles Métalliques ou non, soient la vraie Matiere de notre Science, attendu que Nature nous l'a dèja préparée: De sorte qu'il ne nous reste que deux choses, à sçavoir, purifier ladite Matiére, & la parfaire & conjoindre par sa propre Décoction. C'est de cette Matiére que Rasis a écrit au Livre des Préceptes: *Notre Mercure*, dit-il, *est le vrai Fondement de notre Science, duquel seul on tire & extrait les vraies Teintures des Métaux*, Alphidius a déclaré le même, quand il dit: *Regarde bien, mon Enfant, car toute l'Oeuvre des Sçavans Philosophes consiste au seul Argent-vif*, qui est la raison pourquoi Hermés nous commande garder très-bien ce Mercure, lequel il appelle coagulé & caché dedans les Cabinets dorez. De ce même Mercure a parlé Géber, où il dit, Liv. 2. Part. 1. Chap. 7, *Loüé soit le Dieu Très-haut, qui a créé cet Argent-vif, & lui a donné telle puissance, qu'il n'y en a point d'autre qui lui soit semblable, pour parfaire le vrai Magistère de notre Science*. Bref, il n'y a Auteur sçavant, qui ait écrit, qui ne soit de cette opinion.

Mais je sçai bien que les Opérateurs du jourd'hui me taxeront, disant: Comment est-ce que j'ose reprendre tant de sçavans Personnages, qui nous ont précédé, lesquels nous ont laissé par écrit, non pas la Théorique seulement de notre Science, mais la pratique d'icelle ? En laquelle ils nous apprennent de sublimer l'Argent-vif, qu'ils appellent Mercure, avec du Vitriol & du Sel; puis montrent comme il le faut revivifier avec de l'eau chaude, afin de le mêler avec de l'Or, qu'ils appellent Sol, & par ce moyen le dissoudre pour le fixer; afin de parfaire par ce moyen notre divine Oeuvre: Comme écrit Arnaud de Villeneuve en son grand Rosaire, & Raimond Lulle en son Testament.

Mais afin que je les contente, leur déclarant leur ignorance, je ne veux qu'ensuivre les mêmes Auteurs qu'ils m'alleguent, les Ecrits desquels nous témoignent que toutes ces diverses Opérations, Distillations, Séparations d'Elémens, Réductions & autres semblables, n'ont été écrites par eux, que pour cacher & envelopper là-dessous la vraie Pratique de notre Science. Et qu'il soit vrai, après qu'Arnaud de Villeneuve nous a appris toutes ces diverses Opérations en sondit Rosaire, *Au dernier Chapitre qui est le* 32. il dit à la fin en Récapitulation : *Nous avons montré la vraie Pratique & vrai Moyen pour parfaire notre Divine Oeuvre; mais*

en

en paroles fort courtes, lesquelles sont assez prolixes pour ceux qui les entendront. Tant s'en faut donc, qu'en parlant de tant de diverses & longues Opérations, il ait toûjours entendu parler de la vraie Préparation & Pratique de cette Divine Oeuvre. Le même nous témoigne la fin du Codicile de Raimond Lulle, quand il répond à ceux qui lui voudroient demander pourquoi il a écrit l'Art, puisqu'il a témoigné un peu auparavant, Qu'il ne se faut point attendre de parvenir à la vraie connoissance d'icelui ; par la lecture des Livres : Pour que, dit-il, *le Lecteur fidelle soit introduit & habilité en la vraie connoissance de notre Divine Oeuvre; la Préparation de laquelle nous n'avons jamais déclarée au vrai.* Tant s'en faut donc que les grandes & diverses Préparations, qu'il a enseignées en ses Livres, soient la seule & unique Pratique, qui est requise pour parfaire notre Divine Oeuvre.

Il y en aura d'autres, qui seront plus sçavans, & me réprendront volontiers, disans: Pourquoi j'ai écrit que notre Divine Oeuvre est faite d'une seule Matière, à sçavoir du seul Vif-argent animé, vû que Géber en sa Somme, au Chapitre de la Coagulation du Mercure, dit, *Qu'elle est extraite des Corps Métalliques préparez avec leur Arsenic.* Rosinus au contraire

Tome II. * X x

dit : *Que c'est le vrai Soufre incombustible auquel notre Divine Oeuvre est faite.* Salomon, fils de David, témoigne le même, quand il dit : *Dieu a préféré à toutes les choses qui sont sous le Ciel notre vrai Soufre.* Pythagoras, en la Tourbe des Philosophes, a écrit, *Que notre Divine Oeuvre est parfaite quand les Soufres se conjoignent l'un avec l'autre.* Par ainsi elle est faite de Soufre, & non d'Argent-vif animé seulement.

Mais pour leur bien répondre & contenter leurs Esprits dévoiez de la vraie voie ; il faut leur *ramentevoir* ce que nous avons déclaré ci-devant, parlant de la Matière des Métaux, où nous avons montré comment Nature a ajoint l'Agent propre à l'Argent-vif dedans les Mines.

V. MEMBRE.

Divers noms de l'Oeuvre, de la Matière, & quelle elle est.

OR, pource que nôtre Divine Oeuvre n'a point de nom propre, les uns lui ont donné un nom, les autres un autre ; tellement que Lilium a très-bien écrit : *Que notre Divine Oeuvre a autant de noms, comme il y a de choses au Monde :* Voulant dire par-là qu'elle a des noms infinis.

Car combien qu'elle soit toûjours une même, faite d'une seule Matiére; toutesfois les Philosophes lui ont donné divers & variables noms, selon la diversité des Couleurs qui apparoissent en la Décoction d'icelle.

Ainsi, ceux qui l'ont appellée Argent vif animé, comme nous, ont consideré que notre prémiére Matiére, que les anciens Philosophes ont appellé *Cahos*, participe à son commencement, & est vraîment du tout semblable à la nature & matiére de l'Argent vif, duquel Nature compose & parfait les Métaux aux concavités de la Terre; comme nous avons assez montré ci-dessus.

De même, ceux qui ont appellé notre Divine Oeuvre *Pierre Philosophale* (qui est le nom aujourd'hui le plus reçû de tous) ont eu égard à la fin de la Décoction de notre Matiére; pource qu'enfin elle est fixe, & ne s'envole point du feu. Pour raison qu'ils ont ce terme commun entr'eux, d'appeller Pierre, toutes choses qui ne se sont évaporées ni sublimées au feu.

D'autres ont Inventé plusieurs autres noms, (les causant sur diverses raisons) lesquels seroient longues à reciter, comme dit Malvesinthus : *Si nous appellons notre Matiére Spirituelle, il est vrai : Si nous la*

Xx ij

disons Corporelle, ne mentons point : Si nous l'appellons Céleste, c'est son vrai nom : Si nous l'appellons Terrestre, nous parlons fort proprement. Déclarant assez par cela, que la variété des noms, que ceux qui nous ont précédé, ont donné à notre Divine Oeuvre, a été causée par diverses raisons, fondées sur la diversité des Couleurs & autres Opérations, qui apparoissent à sa Décoction.

Ainsi ceux qui l'ont appellée Soufre (comme témoignent les autorités qu'on pourroit amener contre moi) ont regardé à la derniére Décoction, en laquelle notre Matiére est fixe. Laquelle, tout ainsi qu'au commencement, montroit la vraie apparence d'Argent-vif ; pource qu'elle étoit volatile ; ainsi, enfin, est-elle dite fixe. Et lors ce qui étoit au dedans inconnu (sçavoir les Parties fixes, que nous appellons Soufre) est fait manifeste par la continuelle & derniére Décoction, en laquelle il domine le volatil. Qui est la raison pourquoi notre Matiére n'est plus appellée volatile ; (j'entens de ceux qui considérent la derniére Décoction) mais *Soufre fixe*, comme dit Arnaud de Villeneuve en son grand Rosaire, quand il a parlé de la derniére Décoction de notre Divine Oeuvre : C'est, dit-il, *le vrai Soufre rouge, par lequel l'Argent-vif peut être parfait en fin Or.*

Par ainsi, nous pouvons justement & au vrai résoudre : *Que la Matière de laquelle nous composons notre Divine Oeuvre, n'est qu'une seule, du tout semblable à la Matière, de laquelle Nature use sous terre dedans les Mines, en la procréation des Métaux,* nonobstant les autorités que nous avons *amenées* ci-dessus au contraire, & toutes autres semblables. Car, comme dit Aristote, (& même l'expérience nous témoigne) la diversité des noms ne fait point la chose diverse.

VI. MEMBRE.

Déclaration des principaux Termes de la Science.

POUR mettre fin à notre Division, il nous reste déclarer les Termes de notre Science. J'entens déclarer; c'est-à-dire, conférer les Sentences des bons & principaux Auteurs, qui nous ont précédé. Lesquels usent entr'autres de quatre Termes, en parlant de la Composition de notre Divine Oeuvre; sçavoir de *Quatre Elémens,* du *parfait Levain,* du *vrai Venin,* & du *parfait Coagule,* qu'ils ont autrement appellé *Le Mâle,* le comparant aux Fémelles, comme il comparent leurs Caille ou Coagule au simple Lait.

Afin donc de bien déclarer qu'est-ce qu'ils entendent par *quatre Elémens*, il nous faut sçavoir ce que tous les Philosophes Naturels ont déclaré touchant la prémière Matiére, qu'ils appellent *Cahos*, en laquelle ils ont dit que tous les quatre Elémens étoient confus; mais par leur contrarieté, chacun en démontrant ses actions, se nous est manifesté. Qui est la raison pourquoi Aléxandre a écrit en son Epitre : *Que tout ce qui s'est démontré à nos Anciens être de qualité chaude, ils l'ont appellé Feu : Ce qui étoit sec & coagulé, Terre : Ce qui étoit humide & labile, Eau : Et ce qui étoit froid & subtil-venteux, ils l'ont appellé Air.* Desquels les deux sont enclos dans les deux autres, comme dit Rasis au Livre des Préceptes : *Tous Composez sont faits des quatre Elémens, les deux cachez dans les deux autres apparens : sçavoir, l'Air au dedans de l'Eau, & le Feu au dedans de la Terre*, comme nous avons dit ci-devant. Toutesfois pource que les deux enclos, sçavoir l'Air & le Feu, ne peuvent montrer leurs actions sans les autres deux, ils les ont appellez *les deux Elémens débiles*, & les autres deux, *les forts* : Ce qui est la cause pourquoi ils disent que les Composez sont parfaits, quand l'humide & le Sec (sçavoir l'Eau & la Terre) sont conjoints également par l'aide de Nature, avec le froid & le chaud; c'est-à-dire avec l'Air & le Feu. Ce qui se fait par la conversion de l'un en l'autre. Parquoi Aléxandre, au Livre de ses Sécrets, dit : *Si tu convertis les Elémens l'un en l'autre, tu trouveras ce que tu cherches.* Laquelle Sentence il nous faut bien déclarer, pource qu'icelle bien entenduë, nous montre comme au doigt la vraie Matiére & parfaite Pratique de notre Science.

Mais pour le bien entendre, il nous faut parler un peu plus proprement des quatre Elémens, & de la nature d'iceux, en tant qu'ils sont nécessaires en la Composition de notre Divine Oeuvre. Hermès quand il en parle, dit : *Que de notre Terre sont créez tous les autres Elémens.* Au contraire, Alphidius dit : *Que l'Eau est le principal Elément, de laquelle tous les autres Elémens, requis à la Composition de notre Divine Oeuvre, sont créez.* En quoi il n'y a point de contradiction, comme il semble, pource qu'au commencement de la procréation de notre Divine Oeuvre, il n'apparoît rien qu'Eau, laquelle les Philosophes ont appellé *Eau Mercuriale.* Et d'icelle est procréée la Terre, lorsqu'elle est époissie par la Conjonction & Décoction supernaturelle, sans laquelle elle nous est inutile. Hermès donc a fort bien dit, Que de la Terre sortent les autres Elémens, pource qu'en la seconde Opération, elle seule montre ses qualités, comme l'Eau les montroit au commencement. Ce qui a fait écrire à Alphidius, à Valerandus, & aux autres, Qu'elle étoit le principal Elément en la Composition de notre Divine Oeuvre. Et ce sont ces deux Elémens, que les Philosophes ont commandé connoître avant s'entremettre de travailler, comme dit Rasis au Livre des Lumiéres: *Avant*, dit il, *que commencer, il faut bien connoître la nature & qualité de l'Eau & de la Terre, pource qu'en ces deux sont compris les quatre Elémens: Autrement le Volatil emportera le Fixe; & par ainsi notre Science nous sera inutile.* Qui est la raison pourquoi il nous est commandé *convertir les quatre Elémens*, afin que notre Divine Oeuvre soit bien qualifiée & finalement faite fixe, pour pouvoir résister à toute violence de Feu, corruption de l'Air, rouillure de la Terre, gâtement & pourriture de l'Eau, ni plus ni moins que l'Or minéral; pour raison de sa grande perfection.

Laquelle *Conversion d'Elémens* n'est autre chose, comme dit Raimond Lulle, *Que faire la Terre, qui est fixe, volatile; & l'Eau, qui est humide & volatile, la faire séche & fixe.* Ce qui se fait par notre continuelle Décoction dedans notre Vaisseau,

seau, sans jamais l'ouvrir, de peur que nos Élémens ne soient gâtez, & qu'ils ne s'envolent en fumée. Cela même témoignent les Ecrits de Rasis & d'autres divers Philosophes, quand ils disent, *Que la vraie Séparation, & Conjonction des quatre Elémens se fait dedans notre Vaisseau, sans y toucher des mains & des pieds: Pource, disent-ils, que notre Pierre se Dissout, se Coagule, se Lave, se Purge, se Blanchit, & Rougit soi-même, sans y mêler chose quelconque d'étrange.* Arnaud de Villeneuve est de cette même opinion en son grand Rosaire, où il dit en peu de paroles: *Il ne faut se peiner à tuer l'Eau; c'est-à-dire la fixer, car si elle est morte, tous les autres Elémens sont tuez, c'est-à-dire fixez.*

Tant s'en faut que la fausse & sophistique Séparation, que font les Opérateurs du jourd'hui des quatre Elémens, comme ils disent, soit bien fondée sur ces Ecrits; moins sur les Sentences de tous les Philosophes, qui défendent nommément de ne gâter point les *Simples* en leur préparation; pource, disent-ils, *Qu'il est impossible à l'Art bailler les premiéres Formes.* Or est-il tout résolu que les quatre Elémens ne pourroient être composez, sans les détruire. Parquoi il n'est besoin user de cette sophistique & fausse Séparation d'Elémens, pour la Composition de notre

Divine Oeuvre. Et qu'il soit vrai que telle Séparation soit fausse, il a été assez prouvé ci-devant, que les deux Elémens sont enclos dedans les deux autres. Tant s'en faut donc que nous puissions connoître la parfaite Séparation d'iceux, moins leur vraie & dûe Conjonction. Et puis l'expérience nous montre, comme a très-bien écrit Valerandus : *Que les Elémens, qu'ils disent avoir séparez, ne participent en rien de la nature des vrais Elémens; témoin leur Huile, qu'ils appellent Air, lequel moüille tout ce qu'il touche, contre le vrai naturel de l'Air.* Parquoi il me sufit avoir montré ceci de la nature & qualité des Elémens, & Conversion d'iceux, qui est requise en notre Science, pour découvrir l'ignorance des Opérateurs d'aujourd'hui, & introduire les vrais Enfans de la Science à la connoissance d'iceux.

Continuant donc notre derniére Division, nous déclarerons qu'est-ce que les Philosophes ont entendu par ce terme *Levain* ou *Ferment* : Disant, qu'ils l'ont pris en deux significations; en usant de la prémiére, quand ils comparent notre Divine Oeuvre aux Métaux. Pource que tout ainsi qu'un peu de Levain énaigrit, & convertit beaucoup de pâte à sa nature; ainsi notre Divine Oeuvre convertit les Métaux à sa nature, & pource qu'elle est

Or, elle les convertit en Or. Mais parce qu'ils n'en ont guéres usé en cette signification (car il n'y a point de difficulté) nous parlerons de la seconde, en laquelle gît toute la difficulté de notre Science. Car ils entendent, par ce terme, *Levain*, le vrai Corps & vraie Matiére, qui parfait notre Divine Oeuvre; lequel est inconnu aux yeux, mais le faut connoître d'entendement. Car au commencement notre Matiére apparoît volatile (comme nous avons assez déclaré ci-devant) laquelle il nous faut conjoindre avec son propre Corps, afin que par ce moyen il retienne l'Ame, laquelle par le moyen de cette Conjonction (faite moyennant l'Esprit) montre ses divines Opérations en notre Divine Oeuvre. Comme est écrit en la Tourbe des Philosophes, où il est dit, *Que le Corps a plus grande force que ses deux Fréres*, qu'ils appellent *Esprit* & *Ame*: Non pas qu'ils l'entendent, ainsi qu'a déclaré Aristote & les autres Philosophes, (ce qui est grandement notable:) Mais ils appellent *Corps* tout simple qui de son propre naturel peut soutenir le feu, sans aucune diminution; qu'ils appellent autrement *Fixe*. Et ont appellé *Ame*, tout simple qui est volatil de soi, ayant puissance d'emporter quant & soi le Corps dessus le feu; qu'ils l'appellent autrement *Vo-*

Iull. Appellant *Esprit*, celui qui a la puissance de retenir le Corps & l'Ame & les conjoindre tellement ensemble, qu'ils ne puissent être séparez, soient-ils faits parfaits ou imparfaits. Combien que de vrai, en notre Divine Œuvre, n'entre rien de nouveau au commencement (j'entens après sa prémiére Préparation,) ni au milieu, moins à la fin. Mais les Philosophes, selon divers respects & diverses considérations, ont appellé une même chose Corps, Ame & Esprit; comme nous avons assez déclaré ci-devant.

Ainsi, quand au commencement notre Matiére étoit volatile, ils l'ont appellée Ame, pource qu'elle emportoit quant & soi le Corps. Mais quand ce qui étoit *Caché*, a été fait *Manifeste* en notre Décoction ; lors le Corps a démontré ses forces par le moyen de l'Esprit ; c'est-à-dire, a retenu l'Ame ; & la réduisant à sa propre nature (qui est d'être faite Or) l'a fait Fixe par sa puissance, étant aidée par notre Art.

En quoi est déclaré la vrai interprétation de ce que Hermès a écrit : *Que nulle Teinture ne se fait sans la Pierre rouge.* Car, comme dit Rosinus : *Notre vrai Soleil apparoît blanc & imparfait en notre Décoction, & est parfait en sa Couleur rouge.* Et c'est le Levain, duquel a parlé

Arnaud de Villeneuve en son Grand Rosaire, lequel se montre en ces deux Couleurs, sans jamais y toucher ni mêler rien dans notre Matiére, comme l'on pourroit penser par ses Ecrits. Qu'il soit vrai, Anaxagoras dit: *Que leur Soleil est rouge & ardent, lequel est conjoint avec l'Ame qui est blanche, & de la nature de la Lune, par le moyen de l'Esprit.* Combien que de vrai le tout ne soit qu'Argent-vif des Philosophes. Cela même déclare Morien, disant: *Qu'il n'est possible parvenir à la perfection de notre Science, jusqu'à ce que la Lune soit conjointe avec le Soleil, sans lequel notre Science nous est inutile;* comme dit Hermès, & tous les Philosophes. Par ainsi donc il appert, comme il faut entendre ce que dit Rasis, au Livre des Lumiéres: *Le Serviteur rouge a épousé la Femme blanche, à la fin de la perfection de notre Divine Oeuvre.* Ensemble ce que dit Lilium: *Que la vraie union du Corps & de l'Ame est faite en la Couleur blanche & rouge par un Moyen.* Ce qui se fait en certain temps par l'aide de notre Décoction, laquelle il faut gouverner tellement que notre Matiére n'en soit point gâtée ; parce qu'ainsi qu'il est écrit en la Tourbe: *Le profit & le dommage de notre Divine Oeuvre provient de l'administration du feu.* Parquoi je conseillerai, avec Rasis, que personne ne s'entremette de pratiquer en notre Science, que prémiérement il ne connoisse tous & chacuns les Régimes du feu, qui sont requis à la Composition de notre divine Oeuvre, pource qu'ils sont grandement divers: Autrement le tiers Terme, qu'ils appellent le *Venin*, lui sera appliqué. Ce qui advient en la seconde Opération, comme nous avons dit ci-devant. Non pas que pour cela il faille mettre aucune chose venimeuse en notre Matiére, moins de la Thériaque, ni autre chose étrange, comme aucuns ont pensé, s'arrêtans à l'apparence de la lettre: Mais faut être soigneux & vigilans pour ne perdre point la propre heure de la naissance de notre Eau Mercuriale, afin de lui conjoindre son propre Corps, que nous avons ci-devant appellé *Levain*, & maintenant l'appellons *Venin*, pour deux raisons: L'une, quant à nous, pour ce que tout ainsi que le Venin n'apporte rien au Corps humain que dommage; ainsi, si nous faillons à le conjoindre à son heure déterminée, ne nous apporte que dommage; comme nous avons déclaré ci-dessus. Par même ou semblable raison il est dit Venin, quant à notre Mercure, que nous appellons Eau mercuriale, pource qu'il le tuë & fixe. En quoi il est déclaré la vraie interprétation de ce qu'Hamec a écrit, disant: *Quand notre Matiére est parvenuë à son terme, elle est conjointe avec son Venin mortifére,* Ensemble de ce que dit Rosinus: *Que ce Venin est de grand prix;* Haly, Morien, & tous les autres ont témoigné le semblable. Et quant à ce qu'ils l'appellent *Thériaque,* c'est par même comparaison, comme dit le même Morien; car ce que la Thériaque fait au Corps humain, notre Thériaque le fait au Corps des Métaux. Combien que ce qu'ils en ont écrit se puisse *adapter* à la Conjonction du parfait Levain, quand elle est faite sur l'heure déterminée; pource que par icelle notre divine Oeuvre est parfaite. Telles & semblables autorités donc se doivent entendre selon le sens *allégorique,* & non pas selon l'apparence de la lettre, comme plusieurs ont faussement estimé.

Semblable est l'interprétation du dernier Terme, qui est le plus usité de tous, & le plus mal entendu. Car la plûpart l'entendent de notre divine Oeuvre, quand elle est parfaite. Disans, que tout ainsi qu'un peu de *Caille* ou *Coagule* congéle beaucoup de Lait, ainsi un peu de notre Matiére jettée sur l'Argent vif, le congéle & le réduit à sa propre nature. Mais c'est s'éloigner grandement de la vérité. Car ils concluënt par-là que notre Matiére ne pourroit être accomparée aux Métaux, pource qu'ils sont déja congelez. Par quoi il faut entendre que quand notre Mercure *apparoît simple*, il est labile, lequel les Philosophes ont appellé *Lait*, appellans son *Caillé* ou *Coagule*, ce que nous avons ci-dessus appellé *Levain*, *Venin*, & *Theriaque*. Pource que tout ainsi que le Caillé n'est en rien différent du Lait, que d'un peu de Décoction : Ainsi notre Coagule n'est en rien différent de notre Mercure, que par la Décoction qu'il a acquise auparavant. Qui est le grand & *supernaturel* Secret, qui a causé & émeu les Philosophes d'appeller notre Science Divine, pource que tout Sens humain & raisons humaines y défaillent, comme nous avons déclaré ci-devant. Et c'est ce Coagule qu'Hermès appelle *la Fleur de l'Or*, duquel les Philosophes entendent parler, quand ils disent, *Qu'en la Congélation de l'Esprit est faite la vraie Dissolution du Corps ; & du contraire, en la Dissolution du Corps est faite la vraie Congélation de l'Esprit*. Pource que par son moyen le tout est parfait, comme dit Senior : *Lors que j'ai vû que notre Eau*, (c'est-à-dire notre Mercure,) *se Congeloit soi-même ; j'ai cru fermement que notre Science étoit véritable*. Par cette même raison Alexandre a écrit, *Qu'il n'y a rien de creé en notre Science, que ce qui est fait de Mâle & de Femelle* : Appellant notre

Coagule le Mâle, pource qu'il agit, & que tous les Philosophes ont attribué l'action au Mâle, & la passion à la Femme; appellant notre Mercure Fémelle, pource que ledit Coagule agit & montre sa puissance sur lui. Qui est la raison pourquoi ils ont écrit que la Femme a des aîles, pource que notre simple Mercure est volatil; lequel est retenu par sondit Coagule. Ce qui leur a fait écrire: *Qu'il nous faut faire monter la Fémelle sur le Mâle, & puis le Mâle sur la Fémelle*: Entendant le même, quand ils disent en la Tourbe des Philosophes: *Qu'il faut honorer notre Roi & la Reine sa Femme, & nous garder bien de les brûler*; c'est-à-dire, de hâter nôtre Décoction. Car comme dit Arnaud de Villeneuve en son grand Rosaire, *La principale faute en notre divine Oeuvre, est la soudaine Décoction.*

Semblables & variables Termes ont écrit les anciens Philosophes en leurs Livres: Mais pource que ceux-ci sont les principaux, je mettrai fin à la Déclaration d'iceux, pource qu'iceux bien entendus la vraie Matière est connüe; & par ainsi tous les Livres nous sont déclarez & faits faciles, comme dit le bon Trévisan.

Par quoi je conclurai avec tous les Auteurs les Escrits desquels j'ai rédigé au meilleur ordre qu'il m'a été possible: *Qu'il* n'y a qu'une seule Matière, de laquelle notre Divine Oeuvre est faite ; laquelle est composée de seul simple Mercure, que les Philosophes ont appellé en propres termes & sans aucun équivoque, Eau Mercuriale, & Coagulée par l'action de son propre Soufre ; qu'Hermès a appellé fort proprement la Fleur de l'Or ; ayant acquis par notre longue & continuelle Décoction une perfection si grande & excellente, qu'elle peut parfaire tous Corps Métalliques imparfaits, étant conjointe avec eux par sa projection, les convertissant en fin Or tel que le minéral, pour diverses raisons, que nous avons ci-devant déduites ; par lesquelles il est assez déclaré pourquoi les Métaux imparfaits sont parfaits par icelle. Car d'autant qu'il n'y a Simples au monde différens en tout, & contraires en qualités, qui puissent être conjoints & mêlez parfaitement ensemble ; notre divine Oeuvre, pour être faite du seul Argent-vif animé, ne peut endurer d'être mêlée avec le Soufre, qui est demeuré aux Métaux par faute de digestion ; comme nous avons montré ci-dessus. Mais elle, étant toute-puissante & parfaite en très-grande digestion, sépare ledit Souffre des Métaux, & parfait l'Argent-vif qui reste en iceux en fin Or. Qu'il soit vrai, l'expérience nous le montre : Car quand nous faisons projecction d'icelle fur de l'Argent-vif commun, nous le trouvons prefque tout converti en Or: Ce qui advient du contraire fur les Métaux; car d'un Marc d'aucuns d'iceux ne s'en recouvre point fix Onces. Mais tant plus font *décuits*, tant moins fe diminuent, pour la même raifon.

Parquoi, pour continuer mon petit Opufcule, je mettrai fin à la Seconde Partie, & commencerai la Tierce & derniére en laquelle je montrerai la vraie & parfaite Pratique de notre Science fous diverfes Allégories; lefquelles notre bon Dieu manifeftera, s'il lui plaît, à fes vrais fidelles & parfaits Amateurs d'icelle, qui fe peineront à la lecture de mes Ecrits, la vraie intelligence defquels il leur déclarera par fon S. Efprit, pour en ufer à l'honneur de notre cher Seigneur, Frére & vrai Rédempteur JESUS-CHRIST; auquel foit loüange & gloire aux Siécles des Siécles. Ainfi foit-il.

TROISIEME PARTIE

En laquelle la Pratique eft montrée fous Allégorie.

LEs Philofophes & vrais Cofmographes ont laiffé par écrit, Que la Terre, qui eft aujourd'hui habitable, eft divifée en trois Parties principales ; sçavoir, en l'Asie, l'Afrique & l'Europe, qu'ils ont dit être sous quatre régions ; sous l'Orient & Occident, sous le Midi & Septentrion (1). Lesquelles sont *régies* & gouvernées par divers Empereurs, Rois, Princes, & grands Seigneurs ; chacun desquels a diverses & variables choses en grande recommendation, tant pour la rareté d'icelles que pour la valeur & *singularité* qu'ils y ont trouvé : Laquelle n'a point eu si grand crédit en leur endroit, comme la première ; ainsi que l'expérience m'a témoigné, lors que j'étois voyageant par diverses Contrées. Car la *part* ou la *fréquence* des Gens de sçavoir étoit fort grande, je vis à mon très-grand regret & dommage, les Gens sçavans fort pauvres & grandement reculez, & les Ignorans riches & avancez en toute sorte. Mais ou la *faute* & rareté des Gens de sçavoir étoit grande, l'Ignorance y régnoit ; tellement que la plûpart & presque tous n'étoient que Gens ignares & mal appris : Là, dis-je, étoient les Gens sçavans en fort bonne opinion de tous, & favorisez des plus Grands.

---

(1) L'Amérique ayant été découverte en 1492. par Améric Vespuce, & la Conquête en ayant été commencée dès 1491 par Christophle Colomb, il est étonnant que Zachaire, qui n'a écrit que vers le milieu du quinziéme Siécle, rapporte ici que la Terre n'est divisée qu'en trois Parties, l'Asie, l'Afrique & l'Europe.

Ainsi, la faute des richesses des Mines, desquelles l'Or nous est communiqué, ensemble tous les autres Métaux, à cause qu'aucun d'iceux a été, & sera à l'avenir, en grande estime en la plus grande partie desdites Régions; comme l'abondance d'icelui a fait aux autres Régions; qu'il a été & sera toûjours méprisé des grands Seigneurs d'icelles: Au lieu qu'ils ont en grande estime les choses qui sont de peu de valeur, voire de néant, qui n'ont rien de parfait *fors* la seule apparence; laquelle a toûjours ébloüi les yeux, les empêchant de connoître les choses grandes & parfaites. Lesquelles se fâchans de leur façon de faire (comme font volontiers les Gens sçavans, quand ils voyent que les Ignorans leur sont préferez) se retirent ailleurs, délibérez de montrer leur sçavoir & puissance (1).

Or étoient ces Régions (comme une partie du Monde est aujourd'hui) gouvernées par un, qui les rangea & renforça de telle façon, avec une si grande diligence,

(1) Ce discours semble rouler sur le mépris que les Grands de la Cour du Roi de Navarre avoient fait de la Science de Zachaire, qui n'étoit pas encore Adepté, quand il se rendit à Pau. Il roule peut-être aussi sur les importunes sollicitations, que ses Parens & ses Amis, peu versez dans la Philosophie Hermétique, lui faisoient pour l'engager à quitter ses travaux chimiques, & à se pourvoir d'une Charge de Judicature.

qu'il se fit accroire qu'avant de vouloir cesser, le reste du Monde, lui seroit assujetti par l'aide & faveur de ses Compagnies, & principalement par le conseil de son fidelle Pourvoyeur. Mais pendant qu'il étoit en ces délibérations, il s'accompagna de divers & non féaux Etrangers, lesquels desirant & s'attendant d'être très-bien reçûs, & mieux récompensez des Empereurs, Rois & autres grands Princes, (comme font les Espions (1) d'aujourd'hui) se retirérent devers eux, pour leur découvrir ce qu'ils avoient pû apprendre de l'entreprise de ce bon Gouverneur. De laquelle ils ne tinrent aucun conte, se faisant accroire qu'il n'y avoit Puissance terrienne,

───

(1) Par les Espions, qui viennent avertir les Rois, les Princes & les grands Seigneurs du dessein que le bon Gouverneur forme de les subjuguer par le conseil de son Pourvoyeur, Zachaire entend, je crois, parler des Sophistes, qui, par les promesses qu'ils font, non pas à des Puissances effectives, mais sous cette fiction, à des Personnes riches & avares, de leur faire faire autant d'Or & d'Argent qu'ils peuvent en souhaitter, les engagent, sur cette vaine espérance, dans des Entreprises au-dessus de leurs forces, & dans lesquelles ils ne manquent point de succomber. Ce que justifiera bientôt la conduite de notre Empereur parabolique, qui n'est avec tous les Princes & grands Seigneurs, ses Alliez, que l'Emblême des Soufres arsénicaux & des Matières hétérogènes, qui empêchent les Principes matériels du Mercure Philosophique de se conjoindre radicalement, leur Conjonction ne pouvant se faire que par le secours des Colombes de Diane, & c'est cette Conjonction, si difficile à faire, que les Philosophes appellent le Travail d'Hercule.

qui pût résister à la leur ; tant s'en falloit que l'entreprise dudit Gouverneur leur fût redoutable.

Parquoi, lorsqu'il ne se parloit en leurs Cours & grands Palais, que de rire, de chanter, de mener l'amour, fréquenter ordinairement les festins, entreprendre des mommeries, picquer Chevaux, dresser Tournois pour combattre pour les couleurs & faveurs des Dames, joüer à la paume, aller à l'Assemblée, priser les Flatteurs, Causeurs & Rapporteurs enveillis, se mocquer des pauvres Gens sçavans, les appellans par mocquerie Philosophes (qui est le titre bien convenant aujourd'hui à peu de Gens ; mais tel que les grands Monarques ne l'ont point dédaigné anciennement, & encore ne feroient pas ceux du jourd'hui, s'ils étoient bien conseillez) lors, dis je, ce bon Prince tout chenu, accompagné de ses bonnes Compagnies, & fidelle Pourvoyeur, fit battre aux champs, & avoit déja assiégé une des principales Ville de l'Empire, quand l'Empereur fit assembler son Camp, accompagné de plusieurs Rois & grands Seigneurs, lesquels tous ensemble le vinrent trouver. De sorte qu'ils lui firent abandonner le Siége bientôt après qu'ils furent arrivez. Et non sans cause ; pource que son fidelle Pourvoyeur le fâchoit ordinairement, le voulant faire retirer dans quelque Fort, qui fût digne de lui; où il n'endurât pas si grand chaud. Et puis outre le secours que ceux de dedans la Ville leur donnoient (faisans journellement de grandes & vaillantes Sorties sur les Compagnies de ce bon Prince.) L'Empereur étoit accompagné de cinquante mille Hommes de pied & de six mille Chevaux, comme l'on disoit, sans conter force Noblesse & grands Seigneurs, qui suivoient sa Cornette; étant renforcez d'un grand nombre d'Artillerie qui faisoit merveille de bien tirer.

Parquoi ce bon Prince, après avoir assemblé le Conseil de toutes ses Compagnies, qui s'accordoient au bon avis de son fidelle Pourvoyeur, leva le Siege de devant ladite Ville (aussi étoit-elle défendue d'un Fort, qui étoit en partie de fer) se retirant le mieux qu'il pouvoit, & avec le meilleur ordre qu'il lui fut possible de garder, pource qu'il se sentoit encore foible. Qui fut la cause qu'il laissa au derriere sur la queuë, par le conseil de sondit Pourvoyeur, des plus vaillantes Compagnies qu'il avoit, pour entretenir toûjours l'escarmouche avec les Gens de l'Empereur, qui le suivoient de près; pour garder & deffendre par ce moyen son Arriere-Garde, qui étoit foible, n'eût été un Ruisseau, qui lui fut favorable. Lesquelles
Compagnies

Compagnies firent si bien leur devoir, qu'il n'y en eut aucunes des autres qui fussent *occises*, encore qu'elles eussent bien des affaires; même il y en eut quelques-unes d'abbatuës, qui furent relevées par la proüesse & vaillantise des autres.

Mais l'écheveau ne se démêla pas ainsi: Car le lendemain, l'Empereur suivit de si près ce bon Prince avec tout son Camp, qu'il fut contraint (suivant en cela le bon conseil de son fidelle Pourvoyeur) gagner un Fort, qui a toûjours été estimé imprenable; pourceque il étoit tout rond & assis sur un *Cerceau*, entouré de murailles, où il recevoit tant de Vivres & Munitions qu'il vouloit d'une forte Tour, qui étoit tout joignant, laquelle étoit pourvûë de tout ce qu'il avoit besoin, par le moyen d'un seul Homme, sçavoir-dudit Pourvoyeur (1), sans que personne s'en prînt garde, non plus que le Sultan Soliman, ni les Gens, souloient faire de l'avitaillement, qu'on faisoit ordinairement à Napoli de

---

(1) Le Pourvoyeur, c'est l'Artiste: Le Gouverneur, c'est le Soufre Solaire, conjoint avec le Mercure Philosophique: Le Fort imprenable, entouré de murailles, c'est le Matras de Verre, dans lequel l'Artiste entretient sa Matière, après qu'il l'a préparée dans le prémier Oeuvre: La Tour par laquelle ils reçoivent les Vivres & les Munitions, c'est l'Athanor, dans lequel l'Artiste jette du Charbon pour entretenir une chaleur continuelle, qui est comme la nourriture de l'Elixir durant le second Oeuvre.

Romanie, par dessous une Roche, quand il la tint assiégée vingt ans durant ou davantage.

Or ce bon Prince logea à l'environ de cette Tour toutes ses Compagnies, se logeant dedans le Corps du Château, en une belle petite Chambre bien entournée & garnie de toutes choses requises à la commodité d'une Chambre, qui fût digne d'un si grand Seigneur. Et entr'autres elle étoit enrichie d'un beau Cabinet grandement excellent, semblable en partie à ceux qu'on voit en la Duché de Lorraine; duquel il ne bougea, tant qu'il demeura dedans ledit Château, jusqu'à la fin du Siége, pour le grand & singulier plaisir qu'il regardoit par quatre fenêtres, sans bouger de là, par lesquelles il voyoit la contenance de ses Ennemis, lesquels ne lui pouvoient en rien nuire; pource que sa principale porte étoit fermée; tellement qu'il n'y avoit personne qui la sçût ou pût ouvrir, fors son principal & fidelle Pourvoyeur, qui donna tel ordre, que rien ne leur fallût durant un an, que l'Empereur le tint assiégé. (1) Lequel lui donna di-

---

(1) Le Cabinet, dans lequel le bon Gouverneur demeure jusqu'à la fin du Siége, c'est le Matras de Verre, ou Oeuf Philosophique, dont nous venons de parler. Zachaire, mieux qu'aucun autre Philosophe, en présente à l'imagination de son Lecteur une peinture très-exacte.

vers assauts du commencement par l'aide & faveur des grands Seigneurs qu'il avoit *quant & lui*. Ce qui contraignit ce bon Prince (qui avoit dèja été si rudement assailli) de *partir* toutes ses Compagnies en cinq Enseignes Colonelles, (1) afin que chacune fit la garde par rang, & soutint les assauts qui se présentoient durant leur Quartier. Et afin qu'il resistât à la force & ennui que l'Empereur lui faisoit ordinairement, étant conseillé de ceux qui étoient auprès de lui. Car ils lui disoient: Si nous le laissons ainsi, il aura juste occasion pour se mocquer de Nous; lui mêmement qui a été en notre puissance d'autres fois, attendu qu'il dit s'en être retiré, par le mauvais traitement qu'il y a reçû. Ce qui lui causera juste occasion de vengeance sur nous & les nôtres, s'ils peut une fois sortir d'ici.

Tels & semblables propos fûrent cause que l'Empereur se délibéra l'avoir par famine, & cependant le fâcher ordinairement par divers assauts. Mais pource que l'Hi-

(1) Les cinq Enseignes Colonelles, sont les cinq Métaux imparfaits, qui soutiennent les intérêts du Composé Philosophique, pendant qu'il passe par les Régimes d'un feu gradué, dans l'espérance qu'après que l'Artiste l'aura élévé au dégré de plus que perfection, & qu'il sera devenu un Or propre à communiquer une Teinture aurifique, il leur fera part de sa nouvelle perfection, & les convertira en sa propre nature d'Or.

ver s'approchoit, il se retira avec une partie de l'Armée, laissant le reste au devant du Château, sous la charge d'un grand Seigneur, qui l'avoit suivi à ce voyage: Lequel ne *chomma* point; de sorte qu'il ne passoit guére de jour, qu'ils ne vinssent à l'assaut jusqu'au combat de la main, Car de Sorties ceux de dedans n'en faisoient point, pource que leur Prince l'avoit défendu: Lequel étant averti par son fidelle Pourvoyeur, de l'ordonnance que l'Empereur avoit fait à son *partement*, (1) qu'on ne levât le Siége de là devant, qu'un an entier ne fût passé; ou qu'il ne fût rendu, ordonna tant pour la conservation de sa Personne, que pour l'avancement de son Régne, que chacune desdites Enseignes Colonelles lui apporteroit, durant son Quartier, une Enseigne, qu'elle auroit conquise aux assauts sur ses Ennemis; autrement elles auroient sa *male grace*. Mais s'il avenoit que par leur dili-

---

(1) Zachaire marque ici le temps qu'il a employé à faire la Pierre des Philosophes; mais il est à supposer, comme les Sçavans, le pensent, qu'il avoit son Mercure tout préparé, & cela paroit d'autant plus vrai-semblable, que la guerre que l'Empereur fait au bon Gouverneur, désigne le temps qu'il a mis à faire le premier Oeuvre, & que le temps du second Oeuvre est désigné par l'Année que le Siége doit être continué devant le Fort, c'est-à-dire, le temps que l'Artiste doit employer à faire passer par les Régimes son Composé Philosophique, & l'exhalter jusqu'au Rouge parfait.

gence & hardiesse, elles accompliſſent ſes commandemens, il les aſſura que lui-même, étant aidé de ſon fidelle Pourvoyeur, gagneroit l'Enſeigne Colonelle des Ennemis, y dût-il employer ſa vie, & leur feroit telle part du butin, qu'elles porteroient ſa propre & naturelle Enſeigne, & ſeroient par ce moyen plus riches que pas un de tous ceux qui l'avoient aſſiégé. (1)

Si cette Ordonnance fut agréable à ces bonnes Compagnies, qui ne déſiroient autre choſe que voir leur Prince grand, pour en pouvoir augmenter; l'expérience qui s'en enſuivit en a rendu certain témoignage. Car avant que leur terme paſſât, on lui apporta les Enſeignes qu'il avoit de-

---

(1) Par les Enſeignes des Ennemis que le bon Gouverneur veut, ſur peine de ſa diſgrace, que ſes propres Enſeignes gagnent chacune durant ſon Quartier, nous devons entendre les Couleurs par leſquelles le Compoſé Philoſophique paſſe ſous le Régime de chaque Planette, comme la *Noire* ſous les Régimes de Mercure & de Saturne, la *Griſe* ſous le Régime de Jupiter, la *Blanche* ſous le Régime de la Lune, la *Verte* ſous le Régime de Vénus, & la *Citrine* ſous le Régime de Mars. Pour lui, il promet d'emporter l'Enſeigne Colonelle de ſes Ennemis par l'aide de ſon fidelle Pourvoyeur; c'eſt-à-dire, qu'en paſſant du Régime de Mars à celui du Soleil, il remporte par le travail de l'Artiſte la victoire ſur ce qui l'empêchoit d'obtenir, par le ſecours de l'Art une Teinture exubérante, pour communiquer la perfection de l'Or aux Métaux imparfaits, en ſéparant de leur Mercure Principe les Soufres aduſtibles & les ſuperfluités impures, qui ont détourné la Nature d'en faire des Métaux parfaits.

mandées, moyennant le bon ordre que son fidelle Pourvoyeur y donna, par la duplication du Cercle qu'un grand Prince de France (voire admirable par son sçavoir) lui avoit appris.

Or, la prémiére Enseigne étoit Pistoliers Allemans. La seconde étoit semée de diverses couleurs de l'Amie, que l'Amant avoit portée à l'assaut. La tierce approchoit grandement de semblance à la Cornette du Roi François. Et la quatriéme étoit celle même enrichie d'un beau & grand Croissant. La cinquiéme étoit grandement semblable à l'Enseigne Colonelle de l'Empereur, laquelle anima tellement le cœur de ce bon Prince, que lui-même s'en alla le lendemain sur la bréche, où il fut long-temps, ayant toûjours près de lui son fidelle Pourvoyeur, qui étoit grandement soigneux de ses affaires : Et là endura une peine indicible, & mêmement grand chaud, qui le fâchoit fort. Mais, enfin, il tint promesse à ses Compagnies, & gagna la propre Enseigne Colonelle de l'Empereur. (1)

(1) Tous les Régimes, dont nous venons de parler, sont marquez ici, principalement le Régime du Soleil, par la chaleur excessive qu'y endure le bon Gouverneur ; l'Artiste, pendant ce dernier Régime, poussant le feu à son quatriéme dégré, avec la précaution néanmoins de ne pas le pousser jusqu'à faire casser le Matras, dans lequel est le Composé parvenu au Rouge.

DE D. ZACHAIRE.

Parquoi, après avoir été bien nettoyé & rafraîchi par sondit Pourvoyeur, qui le fêtoya grandement avec ses premières viandes, qu'il avoit de réserve depuis le commencement du Siége, il mit en route tout le Camp à sa sortie, qu'il fit le lendemain, accompagné de son bon & *léal* Pourvoyeur, & de ses bonnes Compagnies, qui portoient toutes & avoient en leur puissance la propre Couleur naturelle de leur bon Conducteur. (1) De sorte qu'il n'y eut ni sera à l'avenir Pape, Empereur, Roi, Sultan, ni autres Princes ou grands Seigneurs, qui ne se vinssent rendre à lui & aux siens, pour lui faire hommage : Tellement qu'ils lui en font encore, & lui en feront tant qu'ils demeureront en ce bas Monde, par l'Ordonnance du haut & souverain Dieu, qui distribuë ses grands & admirables Biens à ceux qui le craignent & honorent, gardans les Saints Commandemens, que son

---

(1) Par le Rafraîchissement du Pourvoyeur, il faut entendre les Imbibitions que fait l'Artiste, quand il a retiré du Matras la Pierre parfaite au Rouge ; & les premières viandes, qu'il a de réserve, dont il régale le bon Gouverneur, c'est le Mercure Philosophique, que le même Artiste a conservé pour faire ces Imbibitions. Après quoi, fermentant sa Pierre avec l'Or purifié, & la multipliant ensuite, il en fait une Poudre, qu'il projette sur les Métaux imparfaits, pour les convertir en Or, par l'attraction de leur Mercure aurifique, comme nous venons de l'expliquer dans la pénultième Note de cette Parabole.

cher Fils, & notre seul Rédempteur Je-SUS-CHRIST, nous a déclaré en son saint Evangile. Auquel soit loüange & gloire au Siécle des Siécles. Ainsi soit-il.

La façon de s'aider de notre grand Roi pour la Projection, pour faire les Perles, & pour la Santé.

AFin que notre Opuscule ne demeure imparfait, il me reste déclarer, pour mettre fin à la tierce & derniére Partie, la façon comment il faut faire Projection de notre grand Roi sur ses Compagnies : Ensemble, comment l'on en peut user sur les Pierres précieuses : Déclarant enfin, quel profit en rapportent les Corps humains pour la santé.

Pour faire la Projection sur les Métaux.

POUR bien convertir tous les Métaux imparfaits à la nature de notre grand Roi, en faut prendre une once d'icelui, aprés qu'il est multiplié & rafraîchi, & la jetter sur quatre onces de fin Or fondu, & trouverez toute votre Matière frangible, laquelle pulvériserez & ferez décuire par trois jours dans un Vaisseau propre &
bien

bien fermé, au dedans de la Montagne close, avec la chaleur du dernier assaut. Et d'icelle Poudre en jetterez une once sur vingt-cinq marcs d'Argent, ou de Cuivre : Ou bien sur dix-huit marcs de Plomb, ou d'Estain : Ou bien sur quinze marcs d'Argent vif commun échauffé dans un Creuset, ou congelé avec le Plomb. Mais faut que prémiérement ils soient bien fondus & échauffez, & verrez bien-tôt après votre Matiére couverte d'une écume bien épointe. Puis, quand elle aura fait son Opération, il vous semblera que le Creuset ait éclaté. Lors ferez refondre votre Matiére, & la trouverez en fin Or.

Mais si d'avanture n'aviez gardé le poids susdit, vous n'y trouverez vos Matiéres comme en rien changées de leur prémiére Couleur. Parquoi les faudra passer par une grande Coupelle, sans y mettre du Plomb, & dans trois heures après la Coupelle aura consumé tout ce qui n'avoit été parfait, par faute de n'avoir mis assez de notre Divine Oeuvre ; & le reste demeurera au dessus tout net, lequel passerez par le Ciment Royal, durant l'espace de six heures, & trouverez tout l'Or, qui aura été converti, par l'aide de notre grand Roi, aussi fin que l'Or Minéral. Et c'est ce moyen que Raimond Lulle a enseigné en son Codicille, lequel apprend le second en son Testament, comme il s'ensuit.

La façon d'user de notre Divine Oeuvre pour les Perles & Rubis.

POur faire les Perles rondes & de telle grosseur qu'on voudra, faudroit nettoyer & rafraîchir notre grand Roi, incontinent après que ses bonnes Compagnies lui ont rapporté cette belle Enseigne blanche, semée de ce grand Croissant, sans attendre la fin du Siége. Et quand aura été rafraîchi une fois seulement, en prendrez deux ou trois onces (car c'est le Mercure que Raimond Lulle appelle exubéré) lequel mettrez sur des cendres dedans un Alambic petit, propre & bien fermé, pour le distiller à bien petit & lent feu au commencement. Et quand ne distillera plus par ce feu, changerez le Récipient, lequel étant bien luté, lui donnerez bon & fort feu, tant que ne distille plus. Puis prendrez cette seconde Liqueur, & la mettrez dedans un nouveau Alambic pour la distiller bien proprement dedans un Bain Marie par trois fois, l'une après l'autre; remettant chaque fois ce qui aura distillé, sur les féces, qui seront visqueuses & se dissoudront chaque fois avec ladite Eau en peu de temps. Mais à la tierce fois, ferez distiller du tout par cendres. Puis prendrez ce qui sera distillé, & metterez en nouveau Alambic, pour distiller bien proprement par Bain, par quatre fois; mettant toûjours les féces à part, tant que votre Eau, qui sera distillée, soit très-claire & luisante en blancheur, comme de Perles Orientales, de laquelle userez comme s'ensuit.

Mettez des Perles, qui soient bien claires, mais tant menuës que voudrez, au fond d'une petine Cucurbite, & mettrez de votre Eau au dessus l'époisseur d'un dos de coûteau, & la couvrirez très-bien de sa Chappe, & dans trois heures après, les Perles se fondront en pâte blanche; mais au dessus viendra une Liqueur claire, laquelle vuiderez doucement par inclination, sans rien troubler, ni sans mettre de ladite pâte dans l'autre Alambic; lequel étant bien couvert & lutté, mettrez dans le Bain (comme si la vouliez sublimer) par trois jours, puis l'ôterez. Ce fait, ayez un *Moste* (Moule) d'argent tout creux & rond, *parti* par le milieu, & doré au dedans, de la rondeur & grosseur que voudrez vos Perles, y faisant un petit trou par le milieu de l'entre-deux, afin qu'un petit fil d'Or, comme un poil, y puisse passer, & remplirez la moitié du *Mosle* de ladite pâte avec une Spatule d'Or, puis l'autre tout incontinent, & mettrez ledit fil au milieu dans la moitié de son trou, & fermerez très-bien le *Mosle*, en passant & repassant le fil par son trou, afin que les Perles soient bien percées. Puis l'ouvrirez & mettrez votre Perle sur une plaque d'Or, & la couvrirez d'un Couvercle d'Or, sans la toucher des mains; la faisant sécher à l'ombre, sans que le Soleil y touche. Et quand aurez fait ainsi toutes vos Perles, & qu'elles seront bien seches, les enfilerez dedans ledit fil d'Or, sans les toucher des mains, & mettrez ledit fil dans un tuyau de verre, fait comme un Roseau, qui ait un petit trou dans un bout, & l'autre tout ouvert; lequel pendrez dans un Matras, où sera la Liqueur sublimée, sans qu'il y touche. Puis luttez très-bien le tout, afin que rien n'exhale, & le mettez à l'air par huit jours, sans que le Soleil y touche; puis au Soleil par trois jours, remuant votre Matras de trois en trois heures également; & par la vapeur de ladite Liqueur les Perles seront parfaites.

De même façon pourrez faire Rubis de telle forme & grosseur que voudrez, y procédant par même moyen avec le Mercure rouge, après l'avoir nettoyé, & rafraîchi une fois seulement.

La Façon d'user de notre Divine Oeuvre aux Corps humains, pour les guérir de maladies, & les conserver en santé.

POUR user de notre grand Roi pour recouvrer la santé, il en faut prendre un grain pesant après sa sortie, & le faire dissoudre dans un Vaisseau d'Argent avec de bon vin blanc; lequel se convertira en Couleur citrine. Puis faites boire au Malade, un peu après la minuit, & il sera guéri en un jour, si la maladie n'est que d'un mois; & si la maladie est d'un an, il sera guéri en douze jours; & s'il est malade de fort long-temps, il sera guéri dans un mois, en usant chaque nuit comme dessus. Et pour demeurer toûjours en bonne santé, il en faudroit prendre au commencement de l'Automne, & sur le commencement du Printemps, en façon d'Electuaire confit : Et par ce moyen l'Homme vivroit toûjours joyeux & en parfaite santé, jusqu'à la fin des jours que Dieu lui aura ordonné, comme ont écrit les Philosophes. Lesquelles admirables Opérations ils ont attribuées à notre Divine Oeuvre, pour la grande & éxubérante perfection que notre bon Dieu lui a donnée par notre Décoction; à ce que par ce moyen les Pauvres & vrais Membres de notre Seigneur JESUS-CHRIST, & vrai Rédempteur, en soient soulagez & nourris. Auquel soit loüange & gloire avec le Pére & le Saint Esprit aux Siécles des Siécles. Ainsi soit-il.

FIN du deuxiéme Volume.

TABLE DES CHAPITRES

Contenus dans ce deuxiéme Volume.

La Tourbe des Philosophes, ou l'Assemblée des Disciples de Pythagoras, appellée Code de Vérité. Page 1

La Distinction de l'Epitre qu'Aristeus a composée pour sçavoir ce précieux Art.
p. 47

Entretien du Roi Calid, & du Philosophe Morien sur le Magistére d'Hermès rapporté par Galip, Esclave de ce Roi. p. 56

Seconde & principale partie de l'Entretien du Roi Calid, & du Philosophe Morien, sur le Magistére d'Hermès p. 70

Troisiéme Partie de l'Entretien du Roi Calid, & du Philosophe Morien, p. 101

Table du Livre d'Artephius, ancien Philosophe, qui traite de l'Art Secret, ou de la Pierre Philosophale, pag. 112. & suivantes.

Le Livre de Synesius, sur l'Oeuvre des Philosophes. 175

Premiere Opération. De la Sublimation, 183

TABLE

Deuxiéme Opération. De la Déalbation.
Page 187
Troisiéme Opération. De la Rubification.
p. 191
De la Projection. p. 192
Epilogue suivant Hermès. p. 193
Le Livre de Nicolas Flamel, contenant l'Explication des Figures Hyérogliphiques qu'il a fait mettre au Cimetiére des SS. Innocens à Paris. p. 195
Des Interprétations Théologiques, qu'on peut donner à ces Hyéroglifiques, selon mon sens Chap. I. p. 213
Les Interprétations Philosophiques selon le Magistère d'Hermès. Chapitre II. p. 218
Premiere Figure. Une Ecritoire dans une Niche faite en forme de Fourneau.
Chap. III. Explication de cette Figure, avec la maniére du Feu. p. 221
Seconde Figure. Deux Dragons de couleur jaunâtre, bleuë & noire comme le Champ.
Chap. IV. Explication de cette Figure. p. 225
Troisiéme Figure. Un Homme & une Femme, vêtus de Robbe Orangée, sur un Champ azuré & bleu, avec leurs Rouleaux.
Chapitre V. Explication de cette Figure. p. 234
Quatriéme Figure. Un Homme semblable

DES CHAPITRES

à S. Paul, *vêtu d'une Robbe blanche Orangée, bordée d'Or, tenant une Epée nuë, ayant à ses pieds un Homme à genoux, vêtu d'une Robbe Orangée blanche & noire, tenant un Rouleau, où il y a*; Dele Mala quæ feci. *C'est-à-dire, Ôté le mal que j'ai fait.*

Chap. VI. Explication de cette Figure. p. 240

Cinquiéme Figure. *Sur un champ verd, deux Hommes & une Femme, qui ressuscitent entiérement blancs, deux Anges au-dessus, & sur les Anges la Figure du Sauveur venant juger le Monde, vêtu d'une Robbe parfaitement Orangée blanche.*

Chapitre VII. Explication de cette Figure. p. 274

Sixiéme Figure. *Sur un Champ violet & bleu, Deux Anges de couleur Orángée avec leurs Rouleaux.*

Chapitre VIII. Explication de cette Figure. p. 251

Septiéme Figure. *Un Homme semblable à S. Pierre, vêtu d'une Robe Orangée rouge, tenant une Clef en la droite, & mettant la main gauche sur une Femme vêtuë d'une Robe Orangée, qui est à ses pieds à genoux, tenant un Rouleau, où est écrit*, Christe, precor, esto pius. *Je vous prie, ô Christ, soyez-moi miséricordieux.*

Chapitre IX. Explication de cette Figure.
　　　　　　　　　　　　　　　　p. 255

Huitiéme Figure. Sur un Champ Violet obscur, un Homme rouge de Pourpre, tenant le pied d'un Lyon rouge de Laque, qui a des ailes, & semble ravir & emporter l'Homme.

Chapitre X. Explication de cette Figure.
　　　　　　　　　　　　　　　　p. 259
Avertissement touchant les Figures de Flamel. 　　　　　　　　　p. 261
Petit Traité d'Alchymie, intitulé le Sommaire Philosophique de Nicolas Flamel.
　　　　　　　　　　　　　　　　p. 263
Le Desir Désiré de Nicolas Flamel. Avant-Propos. 　　　　　　　　p. 285
Premiere Parole des Philosophes. 　p. 289
Deuxieme Parole des Philosophes. 　p. 290
Troisieme Parole des Philosophes. 　p. 291
Quatriéme Parole des Philosophes. 　p. 292
Cinquiéme Parole des Philosophes. 　p. 294
Sixiéme Parole des Philosophes. 　p. 298
Le Livre de la Philosophie Naturelle des Métaux de Messire Bernard Comte de la Marche Trévisanne 　　　　　p. 325
Premiere partie. Des Inventeurs qui les premiers trouverent cet Art précieux. p. 330
Deuxiéme Partie, où je mettrai ma peine & dépense depuis le commencement jusqu'à la fin, selon la vérité. 　　p. 334

DES CHAPITRES

Troisiéme Partie, où il est traité des Principes & Racines des Métaux, par raisons évidentes & Philosophales. p. 367

Quatriéme Partie, où est mise la Pratique en Paroles paraboliques. p. 386

La Parole delaissée, Traité Philosophique de Bernard, Comte de la Marche Trévisanne. p. 400

Premier Degré. p. 403

Deuxiéme Dégré. p. 419

Troisiéme Dégré. p. 431

Le Songe Verd, veridique & véritable, parce qu'il contient vérité. p. 437

Opuscule de la Philosophie Naturelle des Métaux, composée par D. Zachaire, Gentilhomme de Guyenna, Préface. p. 447

Premiere Partie. Comment l'Auteur est parvenu à la connoissance de cette Divine Oeuvre. p. 455

Seconde Partie. Contenant la vraie Méthode pour faire lecture des Livres des Philosophes Naturels. p. 478

Premier Membre, ou Division. Des premiers Inventeurs de la Science. p. 481

Deuxiéme Membre. De la Certitude & Vérité de la Science. p. 487

Troisiéme Membre. Que la Science est naturelle ; pourquoi appellée Divine, & quelles Opérations sont nécessaires pour faire l'Oeuvre. p. 498

TABLE

Quatriéme Membre. Comment la Nature travaille dans les Mines pour faire les Métaux. p. 508

Cinquiéme Membre. Divers noms de l'Oeuvre, de la Matiére, & quelle elle est. p. 522

Sixiéme Membre. Déclaration des principaux Termes de la Science. p. 525

iſiéme Partie en laquelle la Pratique est ontrée ſous Allégorie. p. 539

a façon de s'aider de notre grand Roi pour la Projection, pour faire les Perles, & pour la ſanté. p. 552

Pour faire la Projection ſur les Métaux. p. 552

La façon d'uſer de notre Divine Oeuvre pour les Perles & Rubis. p. 554

La façon d'uſer de notre Divine Oeuvre aux Corps humains, pour les guérir de maladies, & les conſerver en ſanté. p. 557

Fin de la Table des Chapitres du deuxiéme Volume.

www.ingramcontent.com/pod-product-compliance
Lightning Source LLC
Chambersburg PA
CBHW060751230426
43667CB00010B/1519